重点大学计算机教材

程序设计实践教程

C语言版

苏小红 邱景 郑贵滨 赵玲玲 袁秀丽 张凡龙 编著

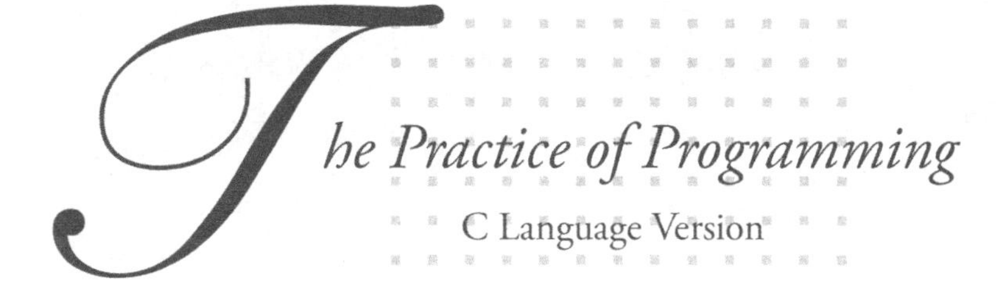

机械工业出版社
China Machine Press

图书在版编目（CIP）数据

程序设计实践教程：C 语言版 / 苏小红等编著．—北京：机械工业出版社，2020.10（2021.7 重印）

（重点大学计算机教材）

ISBN 978-7-111-66802-2

I. 程…　II. 苏…　III. C 语言 - 程序设计 - 高等学校 - 教材　IV. TP312.8

中国版本图书馆 CIP 数据核字（2020）第 202689 号

本书根据 ACM CC2013 专业实践教学体系对程序设计基础课的要求编写而成，通过循序渐进的内容设计和多版本递进的项目课程设计的配合来体现系统化思想。

本书分为三个部分，第一部分介绍集成开发环境，第二部分以专题的形式介绍经典的案例，第三部分设计了一系列综合性、有一定规模的大型案例。通过动手实践的方式，读者能够更深入地理解程序设计过程，掌握程序员必备的技能。

本书可作为高等院校“程序设计”相关课程的教材，也适合对程序设计、程序调试感兴趣的初学者阅读。

出版发行：机械工业出版社（北京市西城区百万庄大街 22 号　邮政编码：100037）

责任编辑：唐晓琳　　责任校对：李秋荣

印　刷：北京捷迅佳彩印刷有限公司　　版　次：2021 年 7 月第 1 版第 2 次印刷

开　本：185mm×260mm　1/16　　印　张：22.5

书　号：ISBN 978-7-111-66802-2　　定　价：59.00 元

客服电话：(010) 88361066　88379833　68326294　　投稿热线：(010) 88379604

华章网站：www.hzbook.com　　读者信箱：hzjsj@hzbook.com

前言

世界上没有最好的计算机编程语言，只有最适合的编程语言。C 语言兼顾了高级语言和汇编语言的优点，不仅具有良好的可读性和可移植性，而且简洁、运行效率高，特别适合用来编写对运行效率要求较高的嵌入式软件和系统软件。因此，C 语言作为一种高级语言，其实并不“高级”，但正是这种“低级”给了我们更多思考的机会。

C 语言也是一门古老而长青的语言。据不完全统计，在过去的 40 多年里，诞生了 2000 余种编程语言，可谓百花齐放。然而，大浪淘沙，很多编程语言已经销声匿迹，只有 C 语言依然傲视群雄，独放异彩，可谓长盛不衰。在著名的 TIOBE 编程语言排行榜中，C 语言始终名列前茅，足见其魅力。

学习程序设计是一件充满挑战的事情，想要达到“下笔如有神”的境界，只有一种方法，就是“实践，实践，再实践”。当然，学习程序设计的过程也充满趣味性，本书将通过大量生动、有趣的实践案例，帮助读者体会 C 语言编程的乐趣。

本书中的程序采用统一的代码规范编写，并且在编码中注重程序的健壮性。书中实践案例的选取兼具趣味性和实用性。全书内容分为三大部分。第一部分是集成开发环境，主要介绍 Visual Studio、Code::Blocks、Dev-C++ 这三种常用的 C 语言集成开发环境的使用和程序调试方法。第二部分是经典案例，涵盖基本运算和基本 I/O、基本控制结构、枚举法、递推法、近似迭代法、递归法、趣味数字、矩阵运算、日期和时间、文本处理、结构、查找和排序、大数运算和近似计算、贪心与动态规划等常见问题。第三部分是综合案例。其中，综合应用案例包括餐饮服务质量调查、小学生算术运算训练系统、青年歌手大奖赛现场分数统计、随机点名系统 4 个案例；游戏设计案例包括火柴游戏、文曲星猜数游戏、2048 数字游戏、贪吃蛇游戏、飞机大战、Flappy bird、井字棋游戏、杆子游戏、俄罗斯方块 9 个典型的趣味游戏。

每个实践案例均给出了多种编程方法，并且大部分案例采用循序渐进的任务驱动方式，引导读者举一反三、触类旁通。相信这些实践案例一定有助于读者修炼编程的内功，让大家爱上编程、爱上 C 语言。

本书第一部分由郑贵滨执笔，第二部分和第三部分主要由苏小红执笔，部分游戏设计案例由邱景、赵玲玲、袁秀丽（济宁学院）、张凡龙（广东工业大学）执笔。

因编者水平有限，书中错误在所难免，欢迎读者给我们发邮件或在网站上留言，对本书内容提出意见和建议。我们会在每次重印时予以更正，读者也可随时从我们的教材网站（http://sse.hit.edu.cn/book/）或华章网站上下载最新勘误表。编者的 E-mail 地址为 sxh@hit.edu.cn。

编者

2020 年于哈尔滨工业大学计算学部

目　录

第三部分 综合案例

第一部分

开发环境

第 1 章　集成开发环境简介

1.1　程序调试

1.1.1　程序调试的概念

程序调试（Debug）是将编制的程序投入实际运行前，用手工或编译程序、调试工具等方法进行测试，修正程序错误（bug）的过程。

从编写程序到程序顺利运行起来，需要经过如下步骤：

1）编辑：依据语法规则编写源程序，编写完成后保存文件，C 语言程序文件的扩展名为“.c”。

2）编译：用专门的“编译程序”对源程序进行语法检查，并将符合语法规则的源程序语句翻译成计算机能识别的二进制机器指令，生成由机器指令组成的目标程序，扩展名为“.obj”。

3）链接：编译后的程序可能存在一个文件引用了另一个文件中的符号（变量或者函数调用等）或者在程序中调用了某个库函数等情况。因此，必须把这些符号、库函数的处理过程（“代码”）链接（“插入”）到经过编译生成的目标程序中，最终生成可执行文件。Windows 平台下的可执行文件的扩展名为“ .exe”，而 Linux 平台对可执行文件的后缀名没有特别要求。

4）运行：运行链接后生成的可执行程序。

在程序设计、编写的过程中，不可避免地会发生各种各样的错误，尤其是代码规模比较大的程序，出错的可能性更高、错误的种类也更多。通过调试来查找和修改错误是软件设计开发过程中非常重要的环节。调试也是程序员必须掌握的技能，可以说，不会调试就无法开发软件。

1.1.2　程序错误的种类

在调试程序、分析程序错误之前，需要了解程序会遇到哪些错误。接下来，我们结合例 1 介绍程序可能出现的几种常见错误。

【例 1】以下程序预期实现“计算数组 a 中所有元素之和”的功能。

```
1    #define MAXSIZE 5
2
3
4    int  Add(int a[], int n);
5    int main()
6    {
7        int sum
8        int a[MAXSIZE] = {5,4,3,2,1};
9        sum = Add(a, MAXSIZE);
```

```
10        printf("sum =%d\n", sum);
11        return 0;
12    }
13    int Add (int a[],  int n)
14    {
15        int sum, i;
16        sum = 0;
17        for (i=0; i<n;)
18        {
19            sum -= a[i];
20        }
21        return sum;
22    }
```

1. 编译错误

在编译阶段，编译器根据 C 语言的语法规则能够发现的错误就是编译错误，如保留字输入错误、括号不匹配、语句少分号等。编译器一般会指出编译错误的位置（错误所在的代码行号）、错误的内容，所以这一类错误能方便地根据编译器给出的出错提示进行修改。例 1 中第 7 行，由于缺少分号会导致编译错误。

2. 链接错误

通常由于函数名书写错误、缺少包含文件或包含文件的路径错误等原因会导致链接时出错。

3. 运行时错误

在程序通过编译、链接之后，虽然能够运行，但在运行过程中也可能出现错误，如无法停止执行、访问冲突等，这类错误称为运行时错误。

例 1 中，第 17 行的 for 循环内没有对循环变量进行更新处理，虽然在语法层面没有错误，编译时不会报错，但会使 for 语句的循环无法停止，出现死循环，这个错误就属于运行时错误。

与编译错误相比，运行时错误难发现、难修改。运行时错误产生的原因有以下几种：

- 程序采用的算法本身存在错误，注定不会产生正确结果，例如计算时用了不正确的计算公式；
- 代码实现（编程）层面存在错误，如数组越界访问、堆栈溢出等；
- 缺少对错误输入的容错考虑，程序产生了不正常的计算结果。

所以在编写程序时，需要仔细检查程序的算法、逻辑以及执行顺序等是否正确。利用编程环境的调试工具跟踪程序的执行，了解程序在运行过程中的状态变化情况，如关键变量的数值等，可以帮助我们快速定位和修改错误。

1.1.3　常用调试方法

调试程序也需要借助工具软件，即调试器来实现。一般来说，集成开发环境都带有调试功能，常用的调试方法有如下几种。

1. 设置断点

所谓断点（Breakpoint），就是在程序运行过程中将暂停运行的代码位置（代码行）。暂停时，断点所在代码行尚未执行。程序暂停后，可以方便我们观察程序运行过程中变量的数值、函数调用情况等，对分析程序是否运行正常及运行异常的原因等非常有用。调试工具都有在程序中设置断点的功能。一个程序可以设置多个断点。每次运行到断点所在的代码行，程序就暂停。

条件断点是指给断点设置条件，该条件满足时，这个断点才会生效，暂停程序的运行。条件断点在调试循环程序时非常有用。试想有一个循环1000次的程序，如果每次循环都中断，是令人无法接受的。而通过观察循环程序的特点，用可能导致程序异常的变量数值、边界数值等，对断点设置一定的条件，仅在该条件为“真”的时候才暂停，调试将变得更高效、更直接。一般的调试工具都支持条件断点功能。

2. 单步跟踪

当程序在设置的某断点处暂停时，调试工具会提供单步运行并暂停的功能，即单步跟踪。通过单步跟踪可以逐个语句或逐个函数地执行程序，每执行完一个语句或函数，程序就暂停，从而实现逐个语句或逐个函数地检查执行结果。

断点所在行的代码是下一行要被执行的代码，叫作当前代码行。此时对程序的单步跟踪执行有6个选择。

1）**单步执行**（Step over）：执行一行代码，然后暂停。当存在函数调用语句时，使用单步执行会把整个函数视为一次执行（即不会在该函数中的任何语句处暂停），直接得到函数调用结果。该方式常用在多模块调试时期，可以直接跳过已测试完毕的模块，或者直接通过函数执行后的值来确定该测试模块中是否存在错误。

2）**单步进入**（Step into）：如果此行中有函数调用语句，则进入当前所调用的函数内部调试，在该函数的第一行代码处暂停；如果此行中没有函数调用，其作用等价于单步执行。该方式可以跟踪程序的每步执行过程，优点是容易直接定位错误，缺点是调试速度较慢。所以一般在调试时，先划分模块，对模块进行调试，尽量缩小错误范围，找到错误模块后再使用单步执行和断点来快速跳过没有出现错误的部分，最后使用该方式来逐步跟踪找出错误。

采用单步进入方式一般只能进入用户自己编写的函数。有的编译器提供了库函数的代码，利用单步进入可以跟踪到库函数里执行。如果库函数没有源代码，就不能跟踪进入了，此时有的调试器会以汇编代码的方式单步执行函数，有的调试器则忽略函数调用。

3）**运行出函数**（Step out）：继续运行程序，当遇到断点或返回函数调用者时暂停。当只想调试函数中的一部分代码时，调试完想快速跳出该函数，则可以使用该命令。

4）**运行到光标所在行**（Run to cursor）：将光标定位在某行代码上并调用该命令，程序会执行到断点或光标定位的那一行代码时暂停。如果我们想重点观察某一行（或多行）代码，但不想从第一行启动，也不想设置断点，则可以采用这种方式。这种方式比较灵活，可以一次执行一行，也可以一次执行多行；可以直接跳过函数，也可以进入函数内部。

5）**继续运行**（Continue）：继续运行程序，当遇到下一个断点时暂停。

6）**停止调试**（Stop）：程序运行终止，停止调试，回到编辑状态。

3. 监视窗

当程序暂停时，需要通过监视窗来查看某个变量的值，以便确定语句是否有错误。每当运行到需要观察的变量语句处，就可以观察程序执行了哪些操作以及程序产生了哪些结果。因此，通过调试和观察变量能方便地找出程序的错误。

如果程序比较大，调试工作会变得格外耗时、耗力。此时可以将程序划分为模块，先对单个或多个模块分别进行调试，最后将模块组合在一起进行整体调试。组合的时候需要注意模块和模块之间的接口一致性。在单个模块中调试比较简单，能缩小错误的范围，如果一个模块正确，就可以排除该模块，继续测试下一个模块。对于出错的模块，可逐条仔细检查各个语句，再结合一些调试方法，便能找出错误所在。

1.2　经典集成开发环境

使用高效便捷的集成开发环境有利于降低程序编制、调试的难度，提高工作效率。本节介绍 Windows 平台下三种经典和常用的 C 语言集成开发环境：Microsoft Visual Studio、Code::Blocks 和 Dev-C++。

1.2.1　Visual Studio 集成开发环境的使用和调试方法

Microsoft Visual Studio（简称 VS）是美国微软公司开发的产品，是目前最流行的 Windows 平台应用程序的集成开发环境，它不仅支持 C++ 语言，也兼容 C 语言。VS 功能强、软件规模庞大、价格昂贵。但从 2013 版开始推出了免费的社区版，即 Visual Studio Community 2013，其功能上与专业版相同。目前已经推出了 Visual Studio Community 2019，其安装程序可以从微软官网直接下载。本节将介绍如何在 Visual Studio Community 2019（以下简称 VS2019）下开发和调试 C 语言程序。

1. 创建项目

在 VS 中，以解决方案（Solution）为管理单位，一个解决方案可以包括多个项目（Project）。下面创建一个名为 VS2019Demo 的解决方案，其包含一个名为 Test1 的项目。

第一步：启动 VS2019，首次启动的界面如图 1-1 所示。

图 1-1　VS2019 启动界面

第二步：创建 C 语言程序的项目。在图 1-1 所示的界面中，点击“创建新项目（N)”。也可以点击图 1-1 中窗口右下角的“继续但无需代码（W)”，并在如图 1-2 所示的后续窗口界面中选择“文件”/“新建”/“项目”菜单。

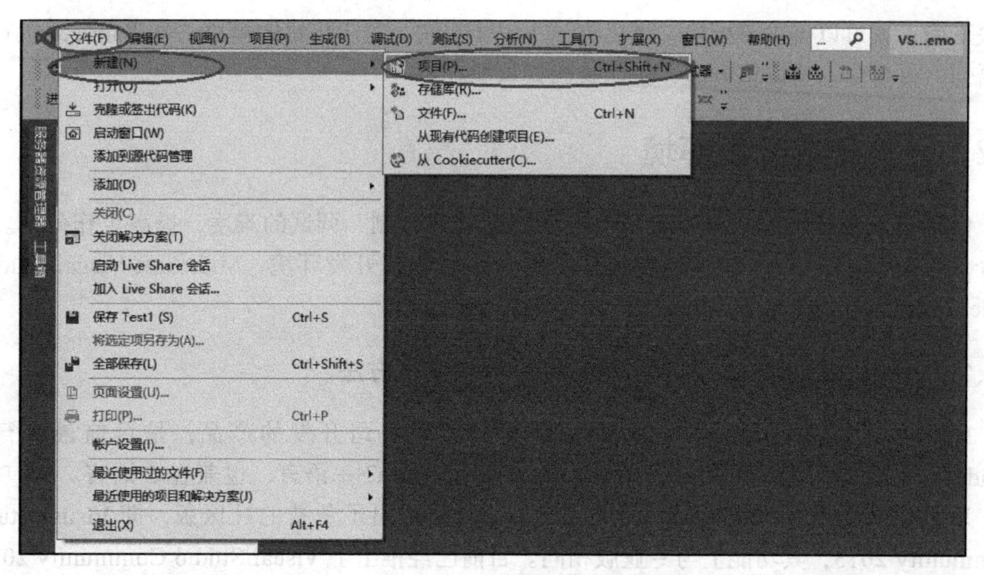

图 1-2 VS2019 中建立 C 语言程序项目

第三步：选择项目类型“空项目”。在如图 1-3 所示的窗口中，选择“C++”/“空项目”。

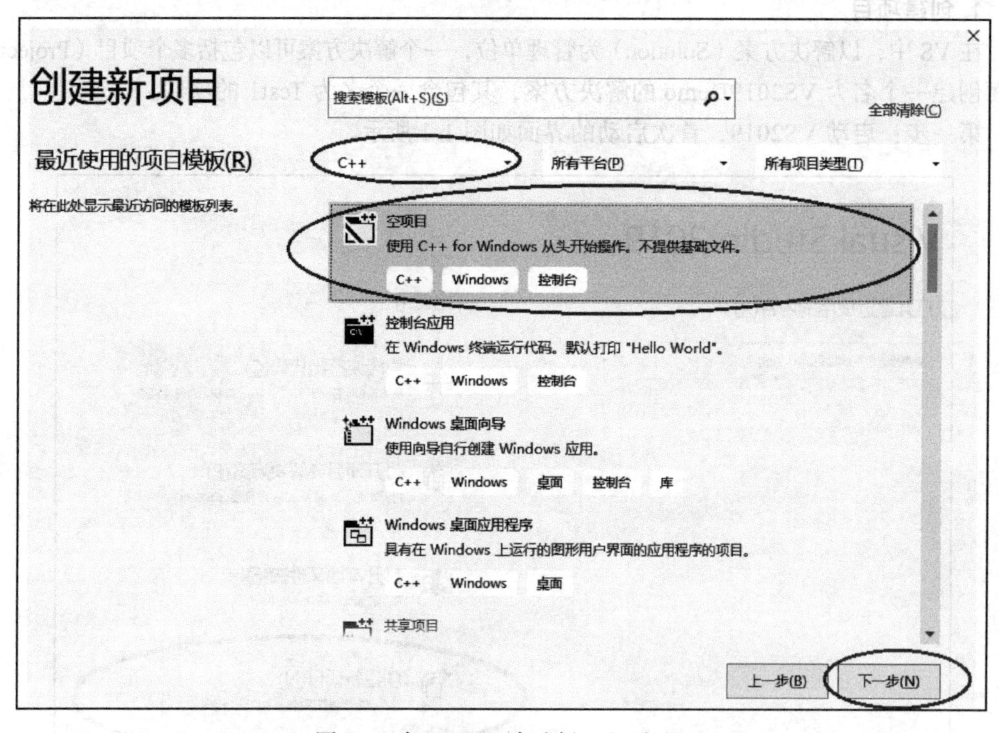

图 1-3 在 VS2019 中选择“空项目”

第四步：配置新项目。在如图 1-4 所示的窗口中，设定项目名称、保存位置、解决方案名称。在 VS 中，解决方案（Solution）是最大的管理单位，一个解决方案可以包含多个项目（Project），每个项目可以包含多个代码文件。在本例中，项目名称为“Test1”，解决方案名称为“VS2019Demo”，保存位置为“D:\C_Programming\”，然后单击“创建”按钮，完成项目创建。

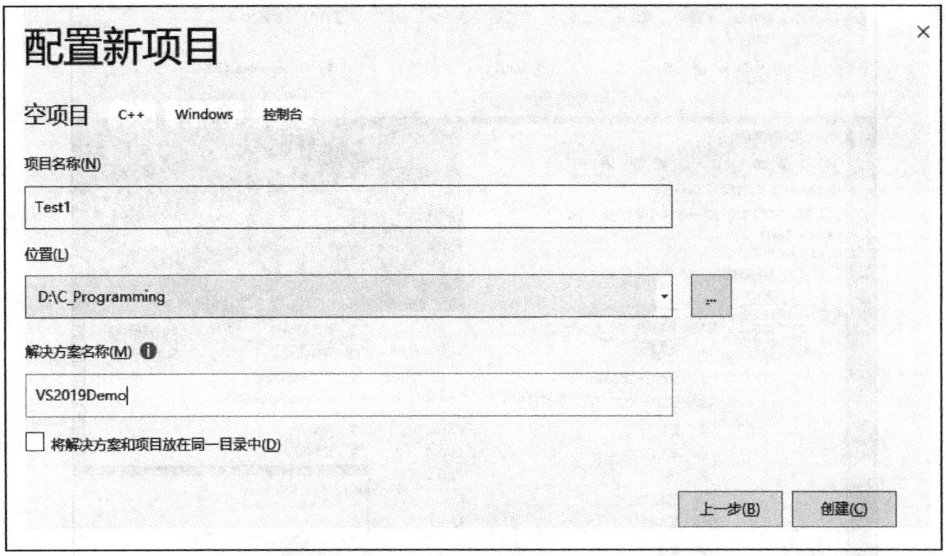

配置新项目

空项目　C++　Windows　控制台

项目名称(N)

Test1

位置(L)

D:\C_Programming

解决方案名称(M)

VS2019Demo

将解决方案和项目放在同一目录中(D)

上一步(B)　创建(C)

图 1-4　VS2019 创建项目的设置界面

第五步：完成项目创建后，进入如图 1-5 所示的界面。由于之前选择的是创建“空项目”，因此没有任何代码文件。但在“D:\C_Programming\”下会有新建的与解决方案同名的文件夹“VS2019Demo”，在该文件夹下有 VS2019 的解决方案文件“VS2019Demo.sln”和项目 Test1 对应的子文件夹“Test1”。

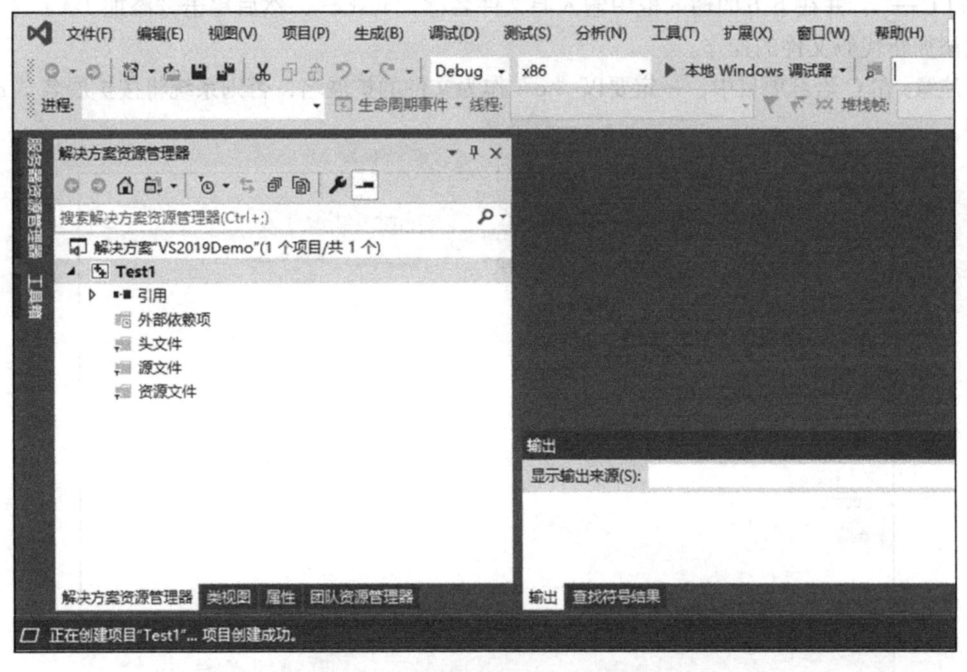

图 1-5　VS2019 创建项目后的界面

第六步：添加代码文件。在图 1-5 中的“解决方案资源管理器”窗口内的“源文件”上单击鼠标右键，选择“添加（D)”/“新建项（W)”，界面如图 1-6 所示。也可以在工程名字“Test1”上单击鼠标右键，选择“添加（D)”/“新建项（W)”进行操作。

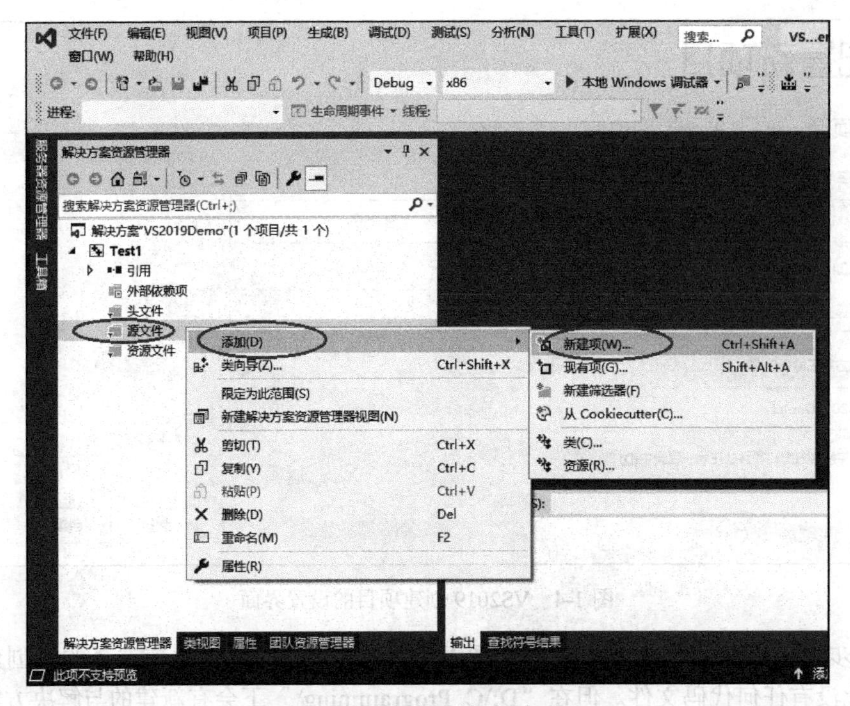

图 1-6　为项目添加新建项

第七步：设定添加项的类型、名称。在如图 1-7 所示的界面中，选择“C++ 文件（.cpp）/ Visual C++”，并在下方的输入框中输入源文件名称“test.c”，然后单击“添加（A）”按钮，完成添加新代码文件的操作。

注意：在 C 语言项目中，一定要以“.c”作为文件的扩展名，否则系统将按扩展名“.cpp”保存。

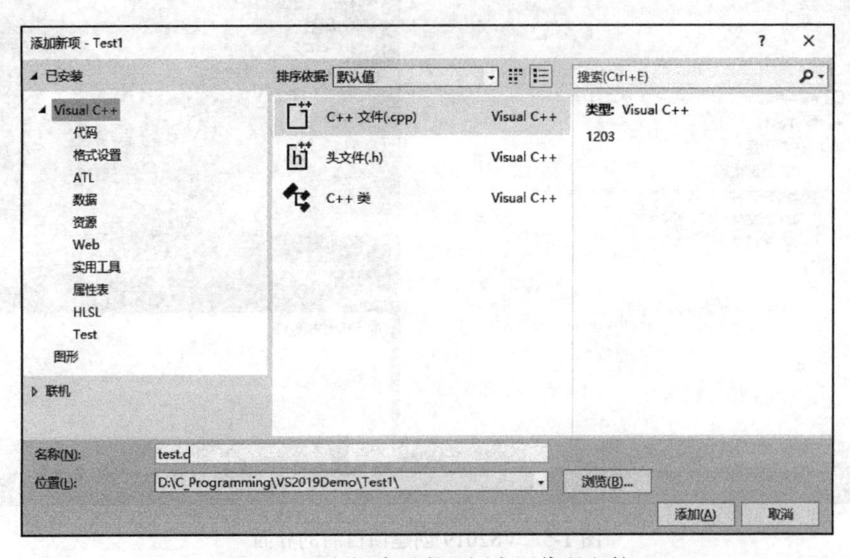

图 1-7　设定新建项为 C 语言源代码文件

添加文件 test.c 后，界面如图 1-8 所示。新添加的 test.c 是一个空文件，此时就可以在 VS2019 中编写程序了。

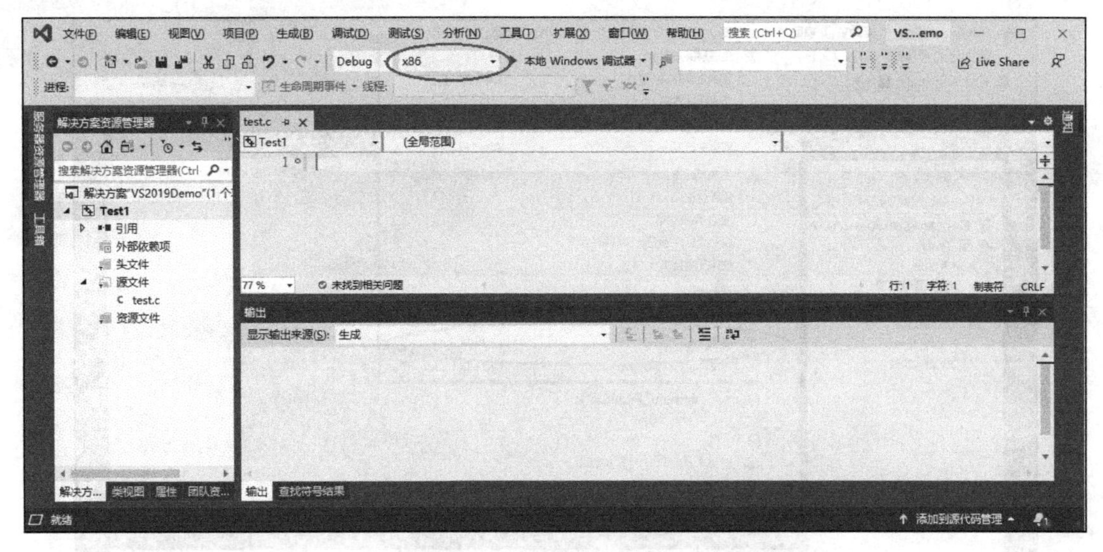

图 1-8 VS2019Demo 中添加代码文件 test.c 后的界面

在 VS2019 的编辑器中编辑该文件，写入完整的代码。除了文本编辑功能以外，VS2019 编辑器还有许多专门为编写代码而开发的功能，比如：

- 关键字高亮显示；
- 代码提示；
- 智能缩进；
- 按 Ctrl+] 自动寻找配套的括号；
- 按 Ctrl+K+C 快捷注释选中代码；
- 按 Ctrl+K+U 取消注释选中代码。

如果事先已经创建并编辑了代码文件 test.c，则可通过“添加（D）”/“现有项（G）”将源代码文件或头文件添加到工程中。用这个方法可以将各种类型的文件添加到项目中。

2. 编译和运行

将 1.1.2 节的示例代码编辑到 test.c 中，然后单击菜单栏中“生成（B）”/“编译（M）”按钮或按 Ctrl+F7 键，开始编译，如图 1-9 所示。“重新生成解决方案”将把整个项目的所有源代码重新编译，生成可执行程序。注意：在图 1-8 圆圈中的“ x86”表示将程序编译成 32 位程序，这是 VS 的默认值。如需要编译成生成 64 位的可执行程序，在编译前从下拉列表中选择“x64”即可。

VS 完成编译后，在“输出”窗口内显示如图 1-10 所示的信息：生成失败。

为了便于查看程序的编译错误，可通过菜单“视图（V）”/“错误列表（I）”，将错误列表窗口打开，如图 1-11 所示。

随后，单击“错误列表”标签，打开错误列表窗口，如图 1-12 所示。在窗口中的消息区内列出了所有错误和警告及其发生的位置与可能原因。双击错误提示信息，光标立刻跳转到发生错误的代码行。

小提示：如果警告数量太多，影响查看，点击图 1-12 中圆圈内的“警告 1”按钮，则可关闭或打开警告信息的显示。类似地，也可以点击圆圈内的“错误 3”来关闭或打开错误信息的显示。

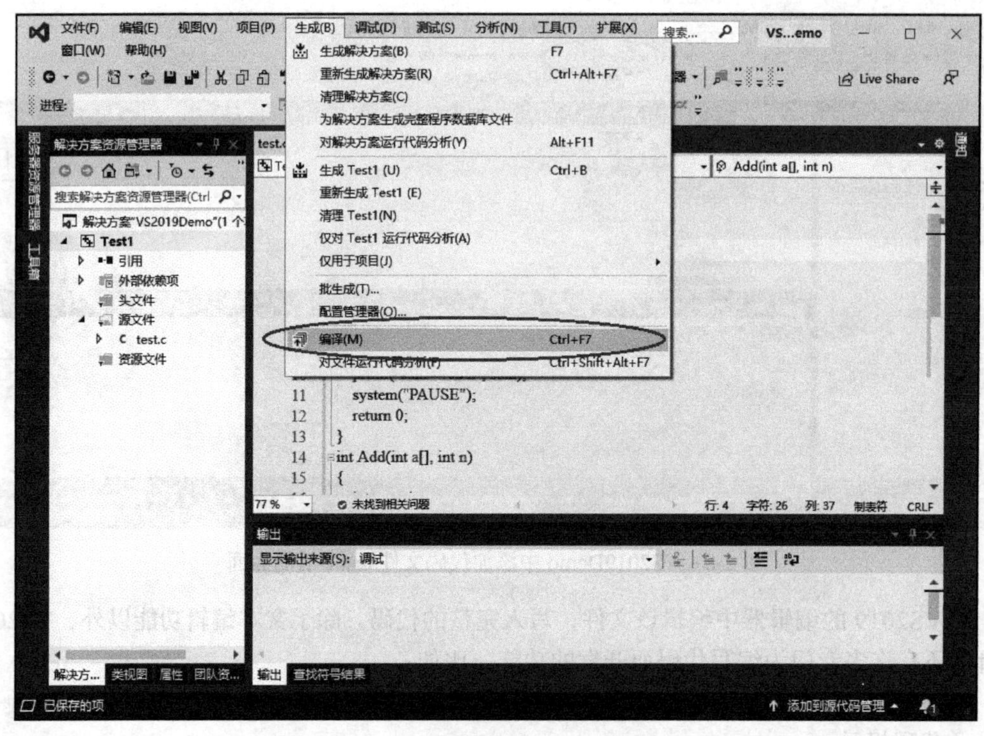

图 1-9　在 VS2019 中编译程序

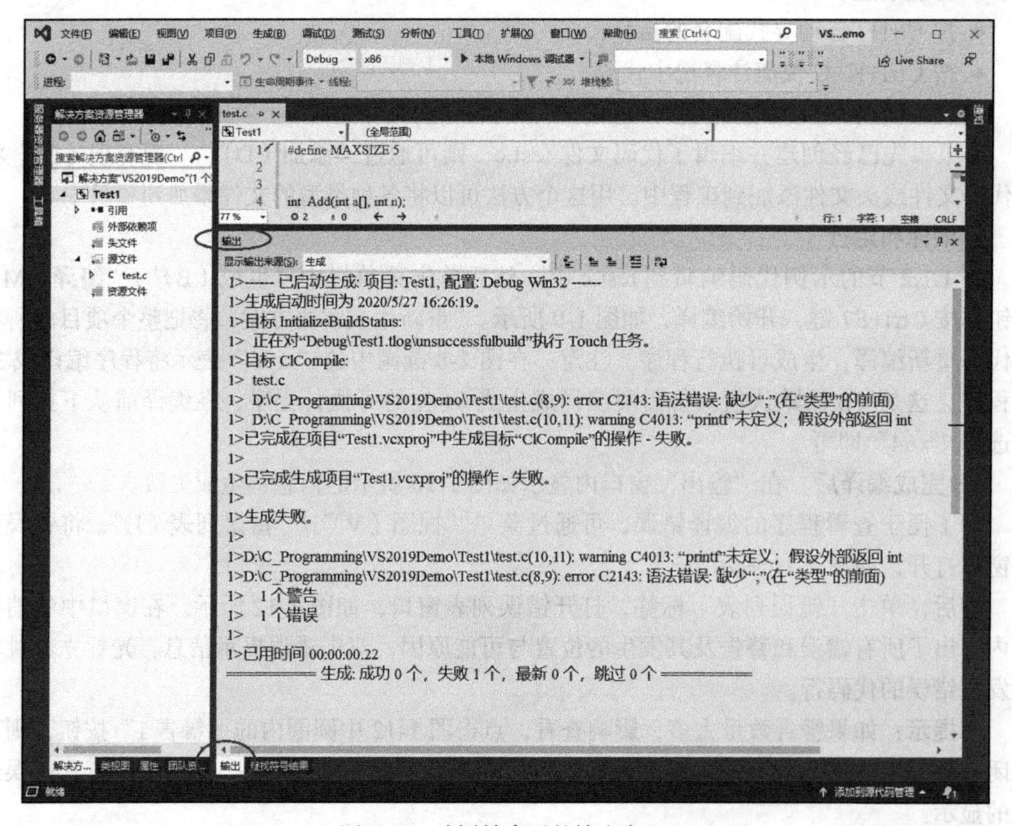

图 1-10　编译结束后的输出窗口

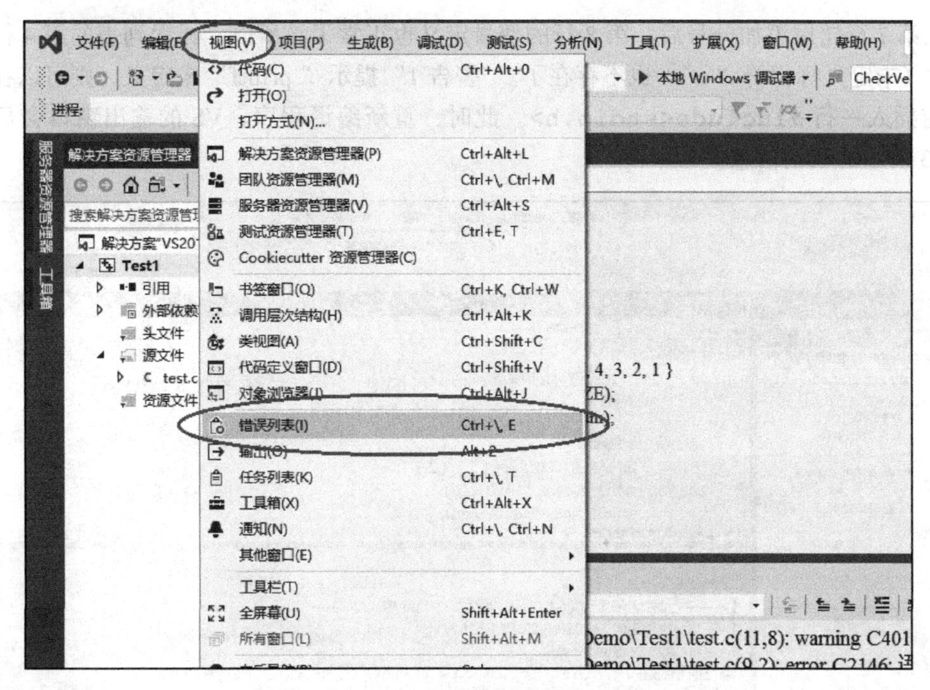

图 1-11　打开错误列表窗口

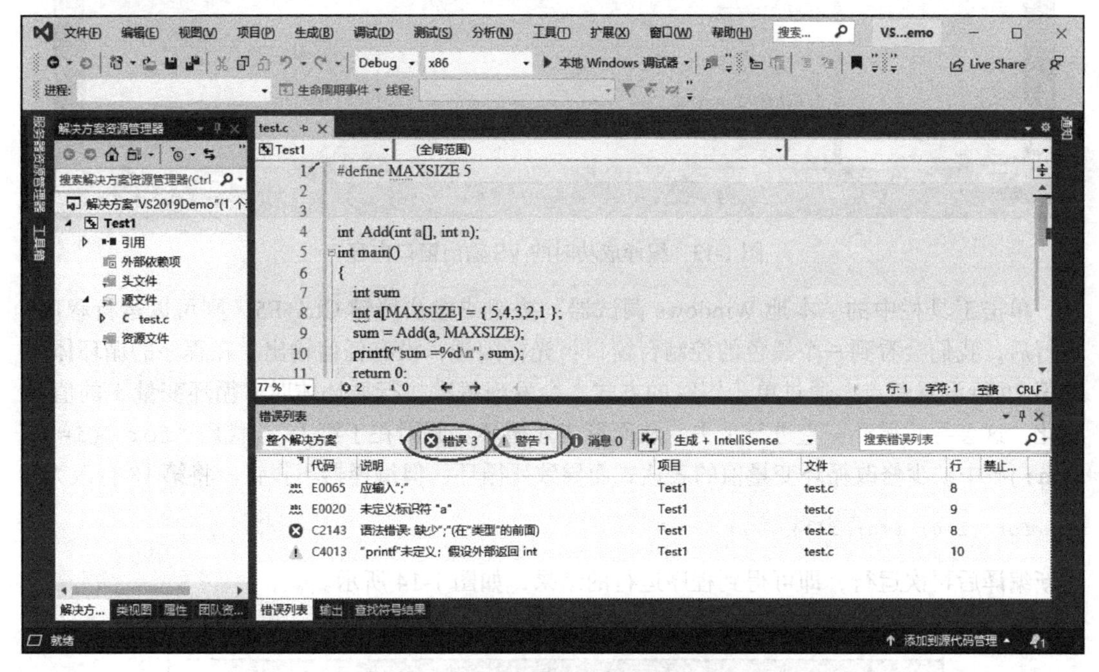

图 1-12　VS 中显示编译错误提示信息

根据错误列表的第 1 行错误提示信息（第 8 行的类型名前缺少分号“；”），我们在第 7 行语句后面加上分号，即修改为

```
int sum;
```

错误列表的第 3 行提示和第 1 行提示源自同一个错误。

在第 7 行句尾添加分号后，第 8 行的变量定义也正常了。所以，错误列表的第 4 行提示的错误（未定义标识符“a”）也不存在了。“警告 1”提示“printf”未定义，则可以在代码首行前插入一行 `#include<stdio.h>`。此时，重新编译程序，VS 的输出窗口会显示如图 1-13 所示的成功信息。

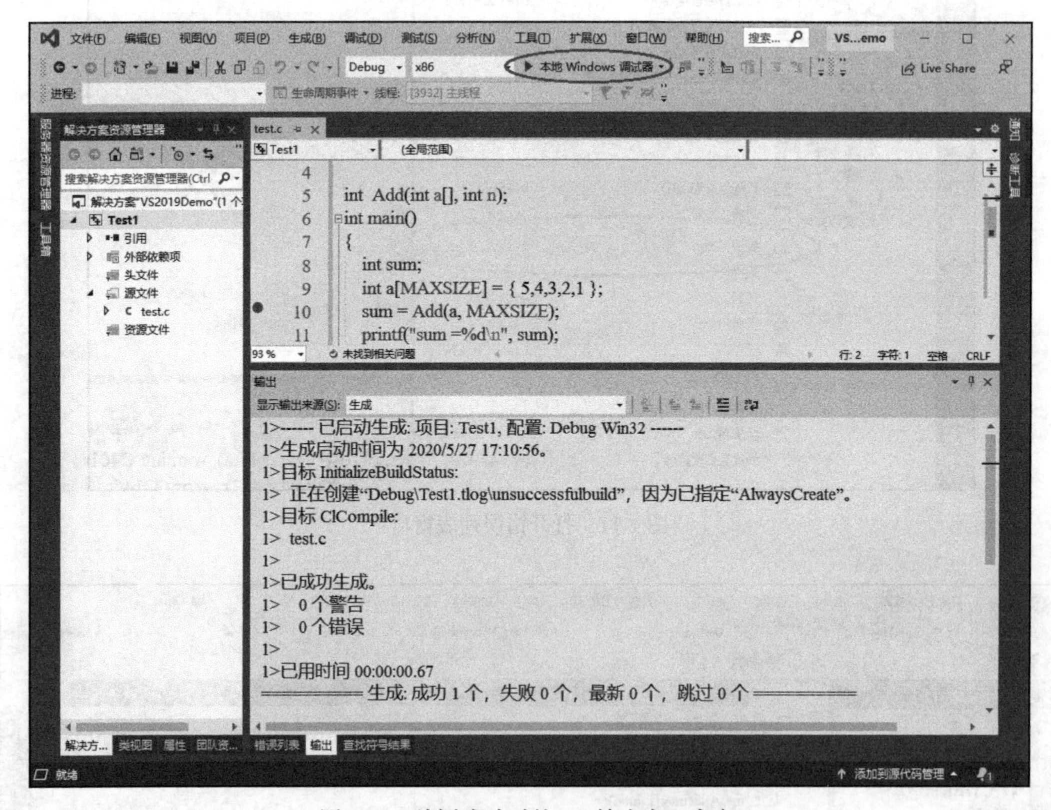

图 1-13　编译成功时的 VS 输出窗口内容

单击工具栏中的“本地 Windows 调试器”按钮或按快捷键 Ctrl+F5，则可以运行程序。运行后，我们会看到一个黑色的控制台窗口：光标闪烁，没有任何输出。在程序的循环体中的第 20 行设置断点，通过单步跟踪的方式，会发现每次执行循环体时，循环变量 `i` 的值不变化，这会导致循环一直进行下去，从而形成死循环。原因在于第 18 行代码 `"for (i=0; i<n;)"` 中缺少修改循环变量值的表达式而导致死循环，但编译器不报错。将第 18 行改为

```
for (i=0; i<n; i++)
```

重新编译后再次运行，即可得到程序运行的结果，如图 1-14 所示。

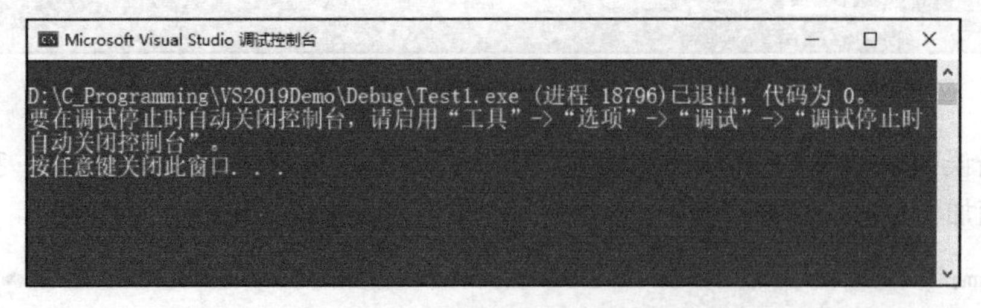

图 1-14　VS2019 中 C 程序的运行结果显示

3. 调试程序

由图 1-14 可见，程序正常编译并且运行成功，结果是 −15，而正确结果应该是 1+2+3+4+5=15，这说明程序中包含逻辑错误。要找出错误，就要用到之前提及的调试。

在默认情况下，VS 中的程序都是采用调试模式进行编译的。如图 1-15 所示，单击 Debug 右侧的下三角按钮图标，在弹出的下拉框中有“ Debug” 和“ Release” 两个解决方案配置类型选项。每个选项代表 VS 工作模式的一系列参数设定，这些设定是 VS 默认的。用户可以根据需要通过 “菜单” / “项目” / “属性” 修改、调整默认设定。“ Debug” 表示将 VS 设定为调试程序的工作模式，该模式下生成的编译结果包含调试信息，可以方便地调试程序，但程序运行速度慢。而 Release 模式会在程序编译过程中优化代码运行速度或者大小。程序优化后生成的可执行文件尽管功能、计算结果不会变，但与源程序的代码往往不一致，不适合调试程序，也没有调试信息。因此，在程序开发阶段，需要频繁调试的时候，通常使用 Debug 模式。当完成调试工作后，需要将软件交付给用户时，则采用 Release 模式编译。

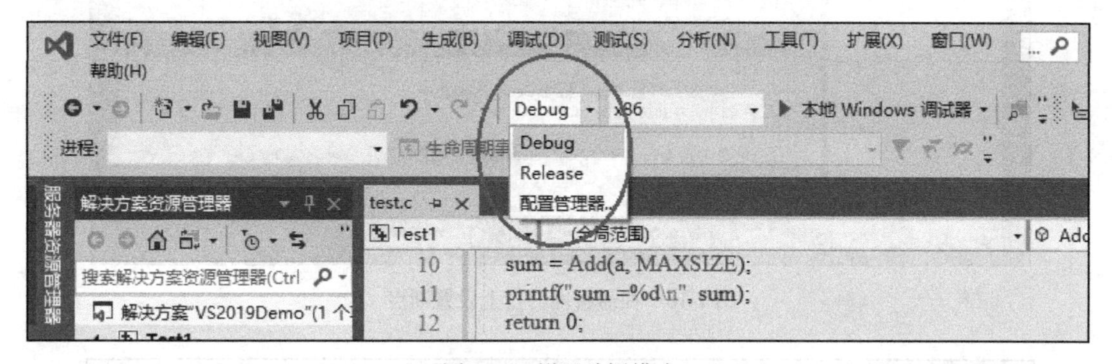

图 1-15 设置编译模式

（1）VS 中的基本调试操作

- 按钮表示开始或继续调试，快捷键为 F5。
- 按钮表示单步进入或逐语句执行，可以跟进函数内部调试，快捷键为 F11。
- 按钮表示单步执行或逐过程执行，可以直接得到函数结果，快捷键为 F10。
- 按钮表示停止调试，快捷键为 Shift+F5。
- 按钮表示重新开始，快捷键为 Ctrl+ Shift+F5。
- 按钮表示跳出函数。

（2）设置断点的方法

若希望程序执行完第一条可执行语句（即第 9 行）后暂停，则可采用以下任意一种方法：

1）编辑代码的光标移至第 10 行，按 F9 键，这行代码左侧会出现一个红色的圆点，标志着设置断点成功。

2）直接在左侧深灰色一栏的第 10 行的位置单击鼠标左键，也可以设置断点，设置后如图 1-16 所示。

按 F5 键开始调试这个程序，程序遇到断点就暂停，进入跟踪状态，如图 1-17 所示。需要注意一点，当程序在断点处暂停时，断点所在代码行并未执行。

（3）在监视窗口中观察变量值

从图 1-17 可见，程序在第 10 行暂停，但是下面局部变量窗口中的 sum 值仍是 −858993460。

原因是第 10 行的语句尚未执行，sum 还未被赋值。而在程序中尚未被赋值的变量，其数值可能是一个和编译器有关的随机值，在这里是 -858993460。

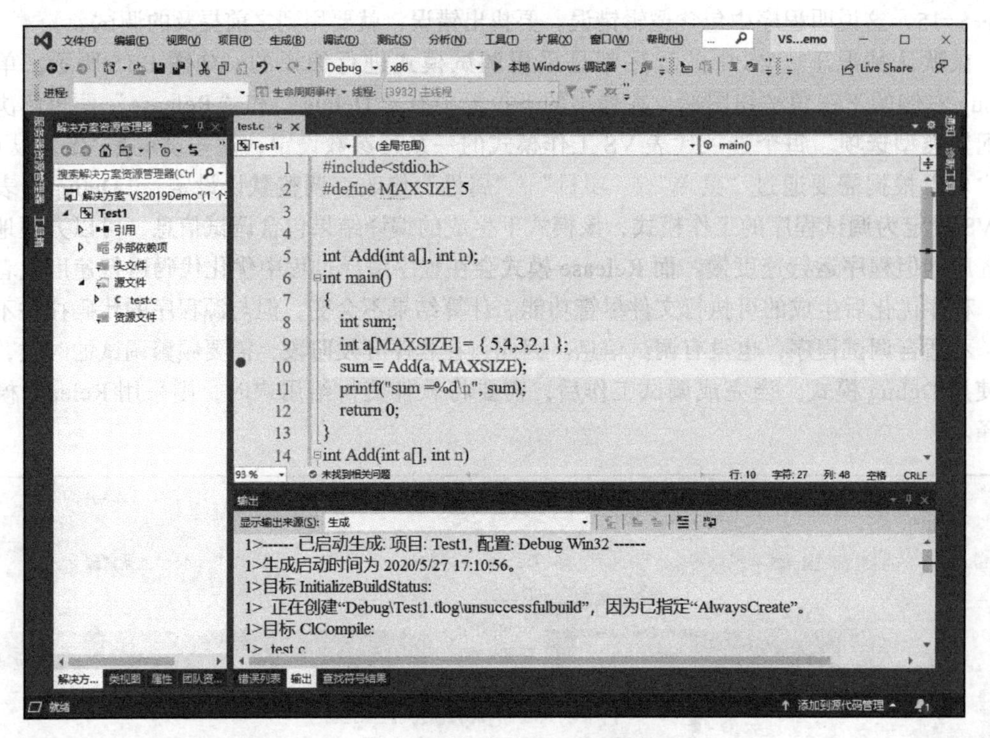

图 1-16　在需暂停的行上设置断点

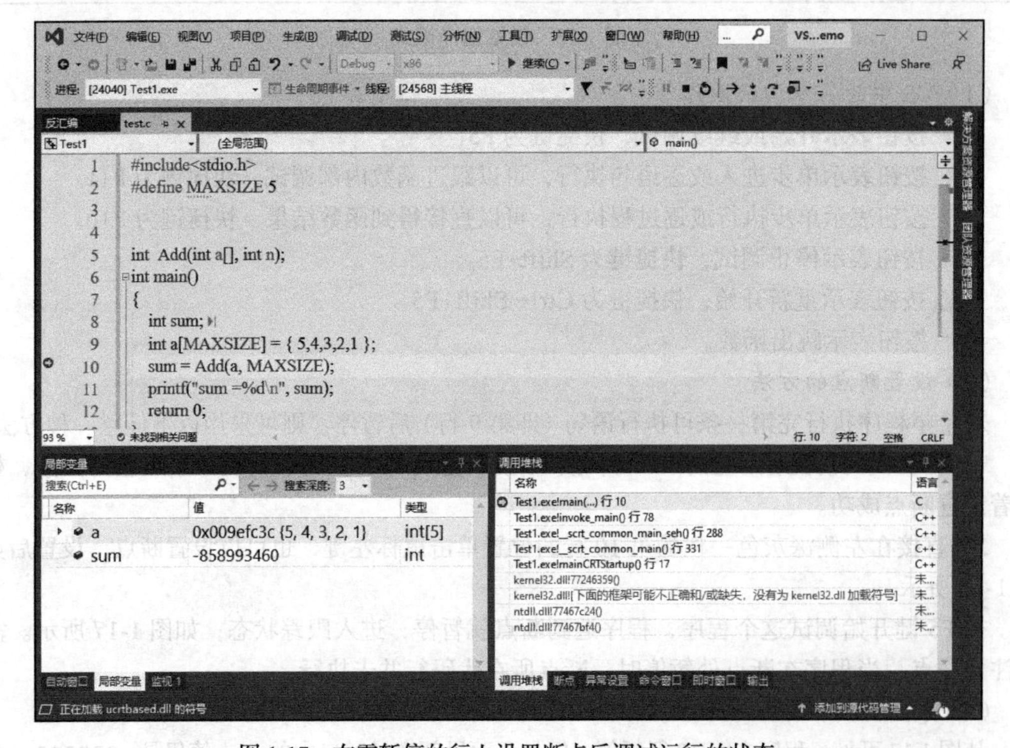

图 1-17　在需暂停的行上设置断点后调试运行的状态

如图 1-17 所示，在中断程序后，VS 中有如下监视窗口。

- **自动窗口**：显示在当前代码行和前面代码行中使用的变量，并显示函数返回值（如果有的话）。
- **局部变量窗口**：显示对于当前上下文（通常是当前正在执行的函数）来说位于本地的变量。
- **监视窗口**：可以添加需要观察的变量。通过这个窗口，可以在程序中断时，手工修改变量的数值。在源代码窗口中，在需要监视数值的变量名上，通过单击鼠标右键，选择“添加监视”，即可将该变量添加到监视窗口。

此外，还有调用堆栈、断点、异常设置、输出等窗口。

（4）单步进入，跟踪函数调用

Add(a, MAXSIZE) 是函数调用语句，由于程序只有这一个调用函数，想要进一步分析该函数得到的结果是错误的，需进入 Add 函数内部跟踪运行情况，方法如下：

1）在第 10 行设置断点，按 F5 开始调试，如图 1-17 所示。

2）按 F11 键选择单步进入（如图 1-18 所示），黄色箭头暂停在函数 Add 上。

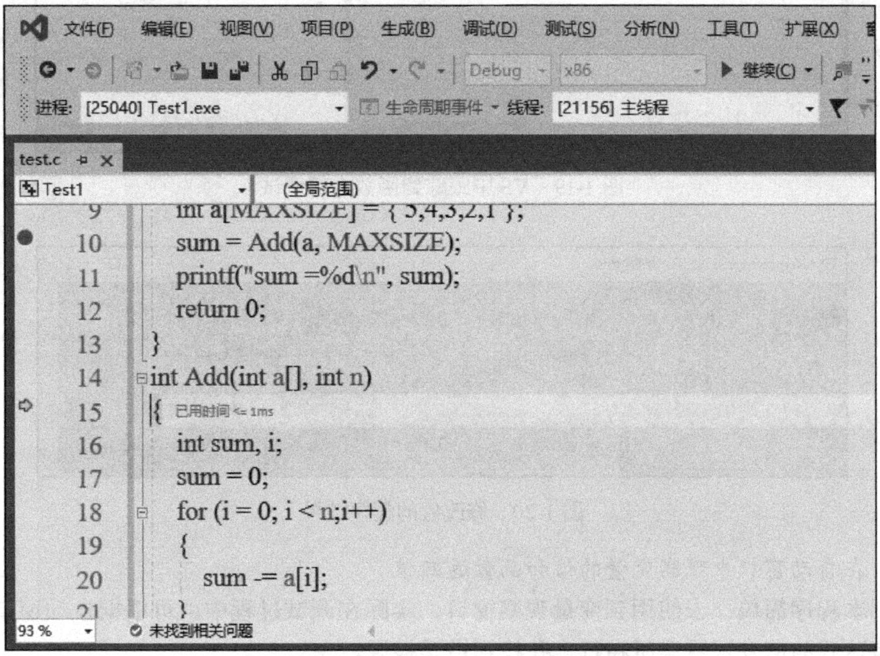

```
9       int a[MAXSIZE] = { 5,4,3,2,1 };
10      sum = Add(a, MAXSIZE);
11      printf("sum =%d\n", sum);
12      return 0;
13  }
14  int Add(int a[], int n)
15  {
16      int sum, i;
17      sum = 0;
18      for (i = 0; i < n;i++)
19      {
20          sum -= a[i];
21      }
```

图 1-18　VS 中单步进入跟踪函数调用

调试程序时，首先分析出可疑函数，然后跟踪至函数内部，最后在函数内部调试。在本例中，进入 Add 函数后，按 F10 键单步跟踪，如图 1-19 所示。当跟踪至第 20 行 sum 求和位置时，发现程序目的是要计算和，这里误写成计算差，从而导致程序结果错误，所以将“-=”改成“+=”即可。

修改后，重新运行程序，查看修改后的结果是否正确。修改后的程序结果如图 1-20 所示。

可见，修改后程序的输出结果和预期结果相同。但在编写程序时，结果相同不代表程序没有错误，所以在编写代码时要时刻注意代码的规范与逻辑的严谨性，还要考虑对错误输入的容错。

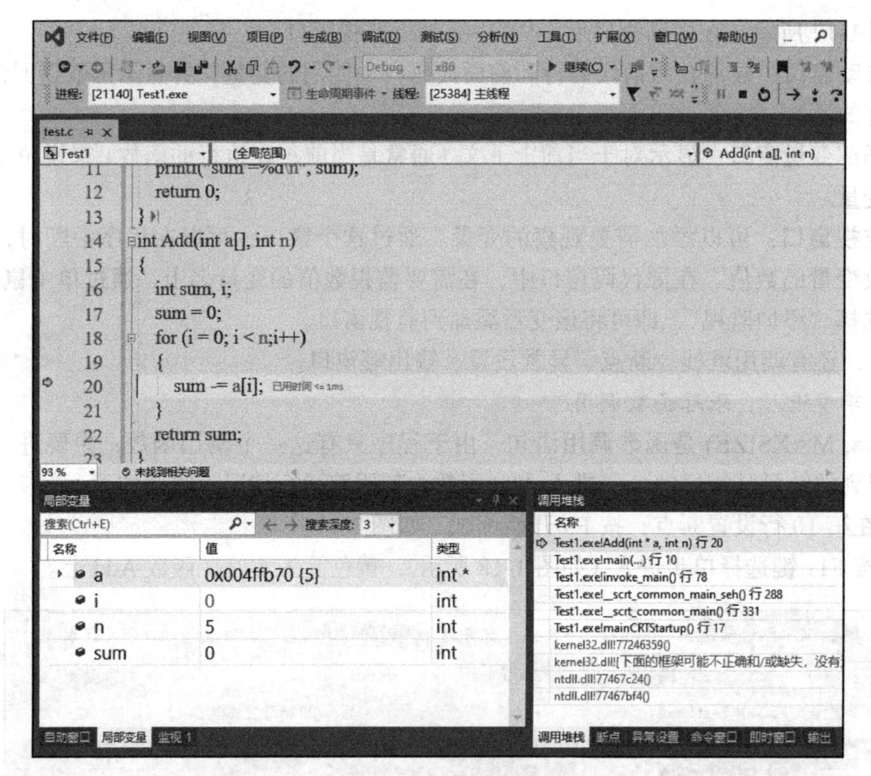

图 1-19　VS 中跟踪到函数内部调试

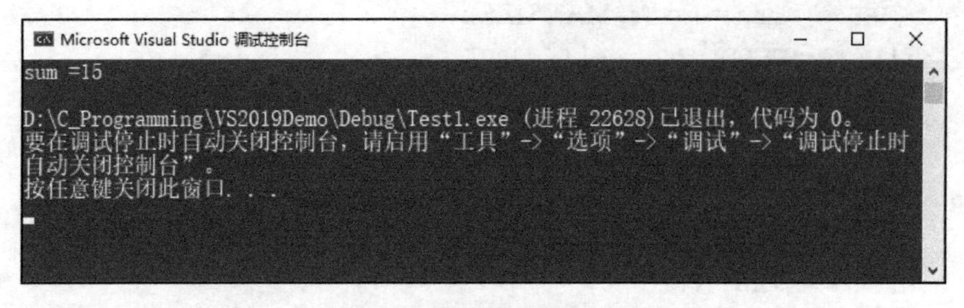

图 1-20　修改后的程序结果

（5）在自动窗口中观察变量的值和函数返回值

由于本程序简单，未使用到变量观察窗口，实际在调试过程中，可根据自动窗口中的变量或者表达式的值发现错误所在行，并找到错误根源。

（6）控制调试的步伐、条件断点

本例中 `for` 循环内的语句只执行 5 次，所以我们可以手动执行调试并观察，如果是成百上千甚至上万次的循环，那么一步一步地执行将给调试工作带来很大困难。幸运的是，我们可以根据需要来控制调试的步伐：

1）如果希望调试工作继续进行，按 F5 键，程序会一直运行到结束或再次遇到断点而中止。

2）如果仅仅是想完成这个循环，那么把光标移到循环语句之后的“`return sum;`”这一行，按快捷键 Ctrl+F10 使程序运行到光标所在的行，则黄色箭头停到“`return sum;`”处，直接得到循环后的结果。

3）如果不想逐条跟踪，按快捷键 Shift+F11 就可以实现“运行出函数”，直接回到调用者。

4）设置条件断点。

例如，在第 20 行设置断点，并期望在“ `i==4`”时断点生效，暂停程序运行。首先，将光标移动到第 20 行，按 F9 设定断点。然后，鼠标右键单击第 20 行左端的实心圆点形的断点图标。在如图 1-21 所示的弹出菜单中有多种操作和属性设置，我们选择“条件（C）”选项，进入条件断点设置界面；或者，将鼠标移动到断点的红色圆点图标后，点击窗口出现的齿轮形浮动图标⚙，进入条件断点设置界面。

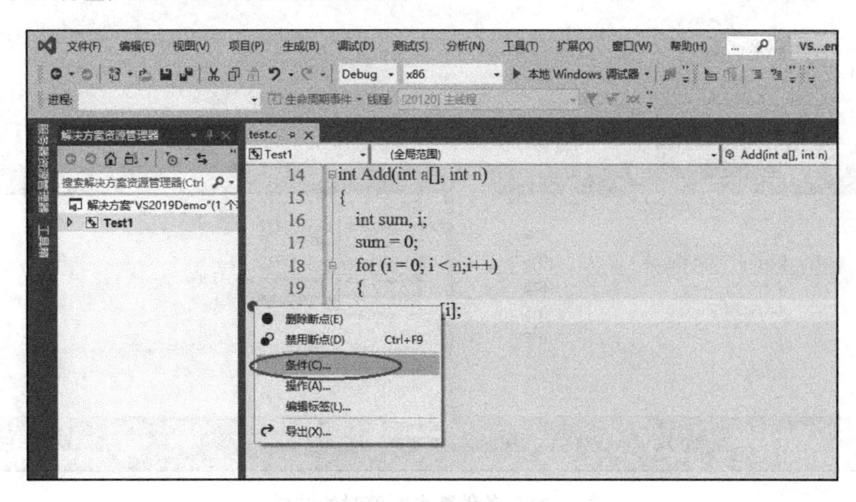

图 1-21　设置断点属性

条件断点设置界面如图 1-22 所示，在窗口中输入条件“ `i==4`”，条件值设定为默认值“ `true`”，单击“关闭”完成条件设定。此时，断点图标从红色的实心圆点，变成内带白色加号的红色实心圆点。

随后，重新调试运行，程序在第 20 行的条件断点暂停时的情况如图 1-23 所示，即 `i=4` 时 `sum` 为 14。

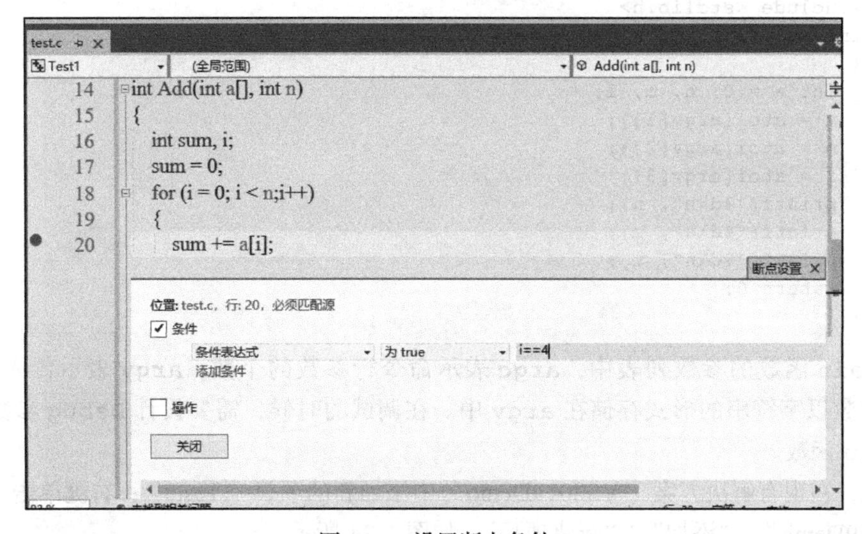

图 1-22　设置断点条件

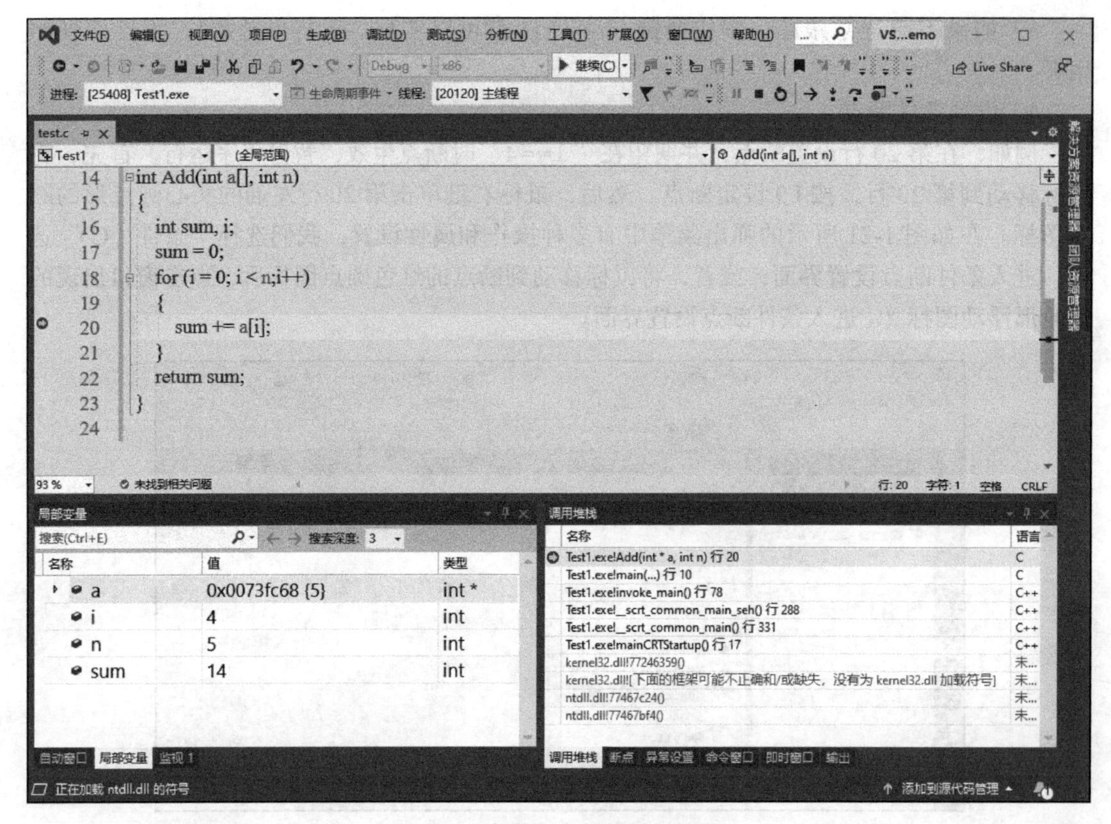

图 1-23　条件断点暂停时的结果

4. main 函数带参数的 C 程序的调试

以上调试的程序中 main 函数是无参的，下面通过例 2 介绍如何在 VS 中调试 main 函数带参数的程序。

【例 2】main 函数带参数的程序实例。

```
1   #include <stdio.h>
2   #include <stdlib.h>
3   int main(int argc, char*argv[])
4   {
5     int a = 0, n, m, i;
6     n = atoi(argv[1]);
7     m = atoi(argv[2]);
8     i = atoi(argv[3]);
9     printf("%d\n", n);
10    printf("%d\n", m);
11    printf("%d\n", i);
12    return 0;
13  }
```

在 main 函数的参数列表中，argc 表示命令行参数的个数，argv 表示传入的参数，命令行参数以字符串的形式存储在 argv 中。在调试的时候，需要设计 Debug 参数将参数传入 main 函数。

首先，在现有解决方案“VS2019Demo”中添加新的项目“Test2”：右键单击“解决方案 VS2019Demo”/“添加”/“新建项目”，如图 1-24 所示。

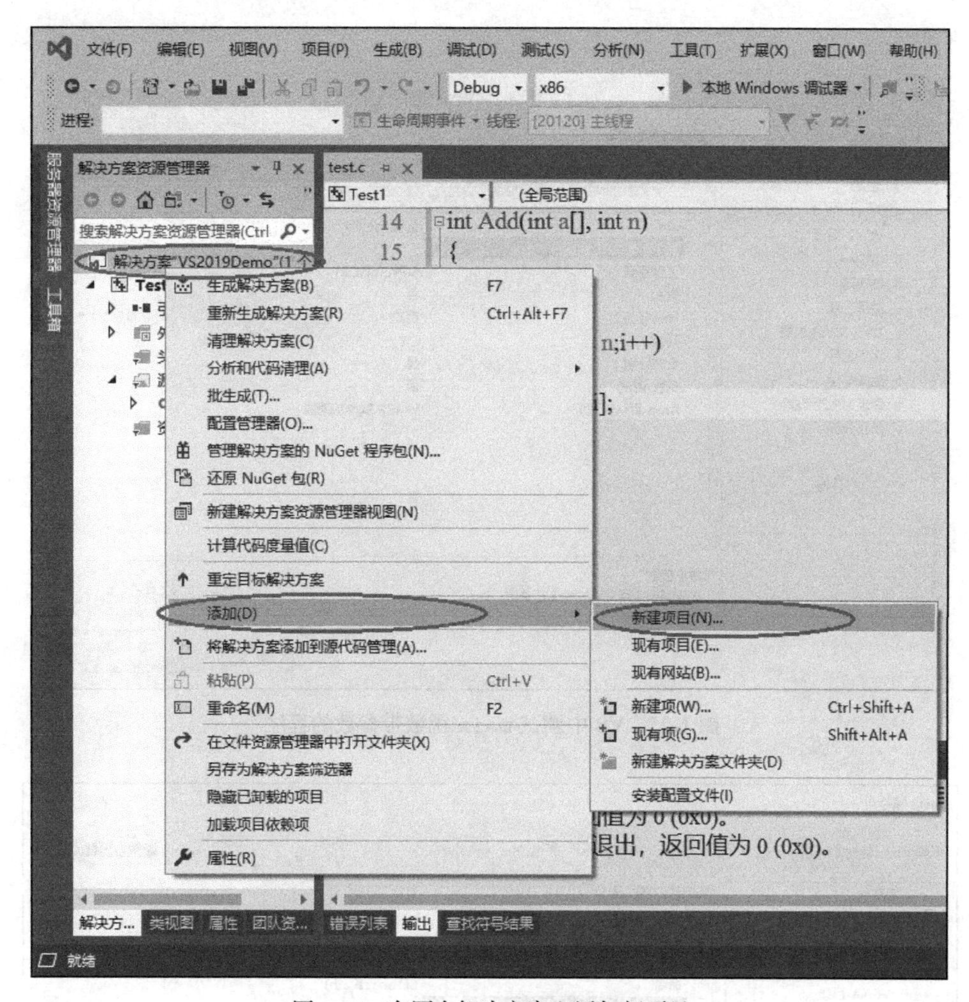

图 1-24　在原有解决方案上添加新项目

后续步骤和图 1-3、图 1-4 所示相似，不用设定解决方案名称和存储位置（之前已经设定过了），只需要选择“C++”/“空项目”，并指定项目名字为“Test2”即可。添加完工程“Test2”后，我们在操作系统的资源管理器中可以看到：解决方案“VS2019Demo”的文件夹中有两个子文件夹“Test1”和“Test2”。

在 VS 的解决方案管理窗口内，在工程名“Test2”上单击鼠标右键后，选择“添加”/“新建项”，用与图 1-6 类似的方法添加源代码文件 test2.c，并完整输入例 2 源代码。

若想调试，运行解决方案“VS2019Demo”中的某一个项目时，需要在解决方案资源管理器中，在该项目名字上单击鼠标右键，在弹出菜单中选择“设为启动项目（A)”，否则运行的将一直是之前的项目，即 Test1。现在，我们将“Test2”设定为启动项。

在 VS 中调试，首先选择“项目”/“属性”菜单项，如图 1-25 所示。

然后，在“调试”/“命令参数”对话框中输入各个参数。如图 1-26 所示，输入三个用空格分开的参数值：1　2　3，然后点击“确定”按钮。调试就和普通程序一样，命令行参数会随着程序的调试运行而自动输入。

在调试过程中，如果想终止程序的调试，停止运行，可选择“菜单”/“调试（D)”/“停止调试（E)”或按 Shift+F5 键。

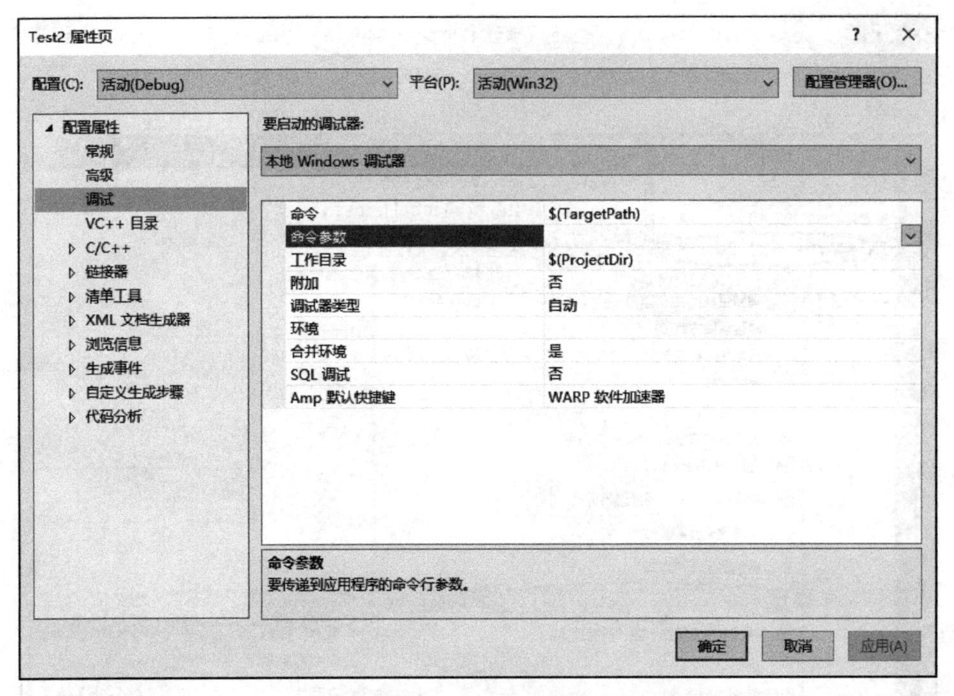

图 1-25 VS 中调试 main 函数带参数的程序

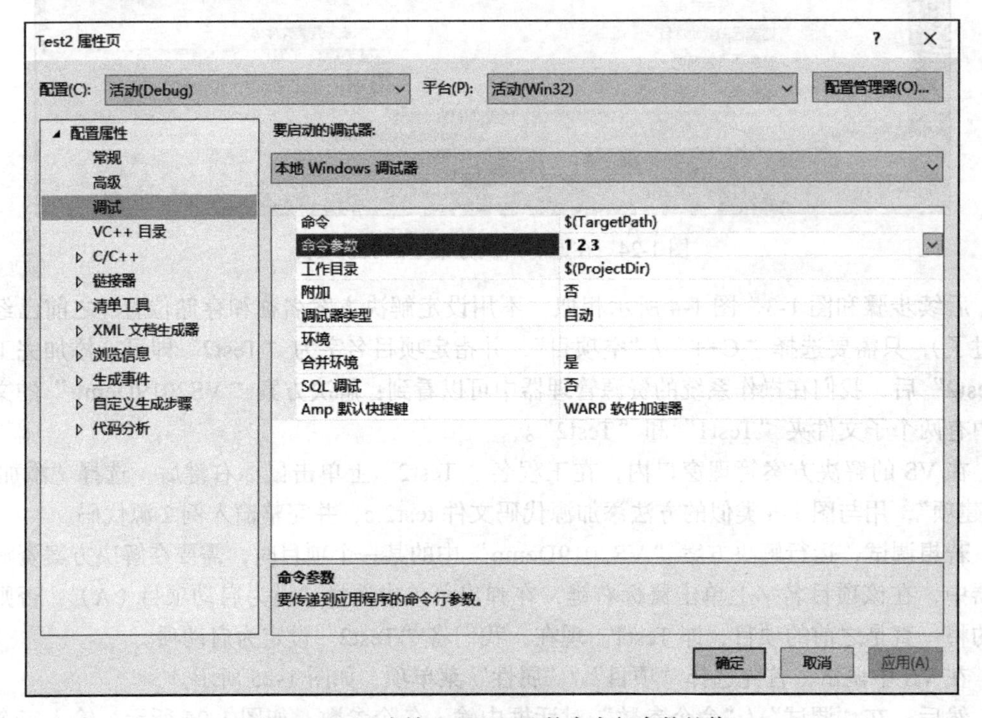

图 1-26 VS 中输入 main 函数命令行参数的值

1.2.2 Code::Blocks 集成开发环境的使用和调试方法

前面介绍了 VS2019 的使用，但是 VS 对于初学者来说属于“重量级”IDE，下面将介绍一个相对于 VS2019 来说属于“轻量级”的 IDE——Code::Blocks。

Code::Blocks 是一个开放源码的跨平台 C/C++ 集成开发环境（IDE），由纯粹的 C/C++ 语言开发完成，它使用了著名的图形界面库 wxWidgets。

Code::Blocks 支持 20 多种主流编译器，包括 GCC、Visual C++、Inter C++ 等。本书以开源的 GCC 作为示例。Code::Blocks 还支持插件，这种方式让其具备了良好的可扩展性。

Code::Blocks 提供了多种工程模板，包括控制台应用、DirectX 应用、动态链接库等。

同样，Code::Blocks 也支持语法的彩色醒目显示、代码自动缩进、自动补全等功能，在开发中比较实用。当然，它也支持多种常用语言。

1. Code::Blocks 安装

目前，最新的 Code::Blocks 版本是 17.12（就是 2017 年 12 月份发布的版本），其安装文件可以从 Code::Blocks 网站 http://www.codeblocks.org 下载。该网站提供了 Windows、Linux（多种发行版）及 Mac OS X 等系统下的安装文件或源文件。本书以 Windows 为例进行讲解，其他操作系统与之类似。需要首先下载 Windows 版本的 Code::Blocks，可以从以下网址直接下载：https://jaist.dl.sourceforge.net/project/codeblocks/Binaries/17.12/Windows/codeblocks-17.12mingw-setup.exe。

前面下载的安装程序自带完整的 MinGW 环境，无须进行额外安装操作。如果在下载时未选择带有 MinGW 的版本，还需要额外安装才能使用编译执行功能。

在 Code::Blocks 的安装过程中，需要注意如下三点。

1）如图 1-27 所示，选择默认的“Full: All plugins, all tools, just everything”安装，避免安装后的软件中缺少必需的插件。

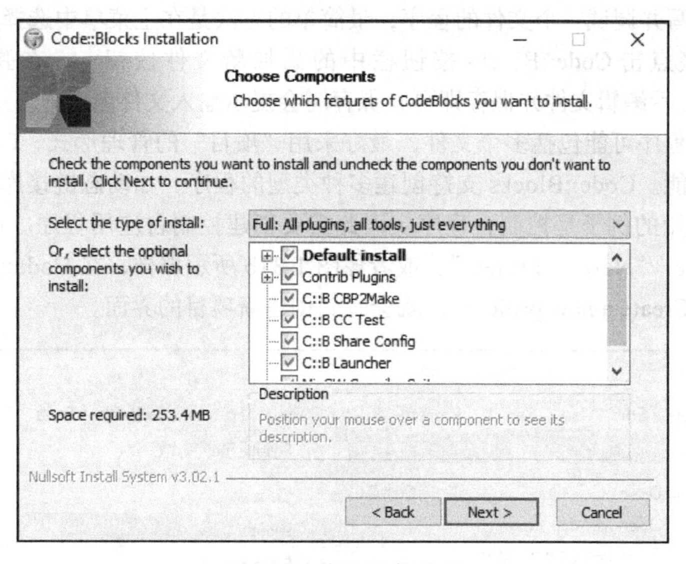

图 1-27 完整安装选项

2）不要按照默认的带空格的路径 C:\Program Files(x86)\CodeBlocks（如图 1-28 所示）安装 Code::Blocks，请点击“Browse...”选择 C 盘的根目录安装（如图 1-29 所示）。当然也可以选择其他目录，只要安装目录中没有空格或汉字即可。这是因为 MinGW 里的一些命令行工具不支持中文目录或带空格的目录，所以为了保证后续正常使用，在选择安装路径时尤其需要注意这一点。

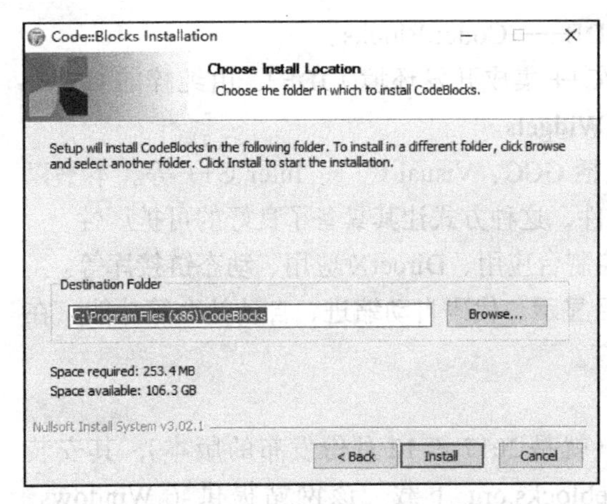

图 1-28 不能选择的安装路径

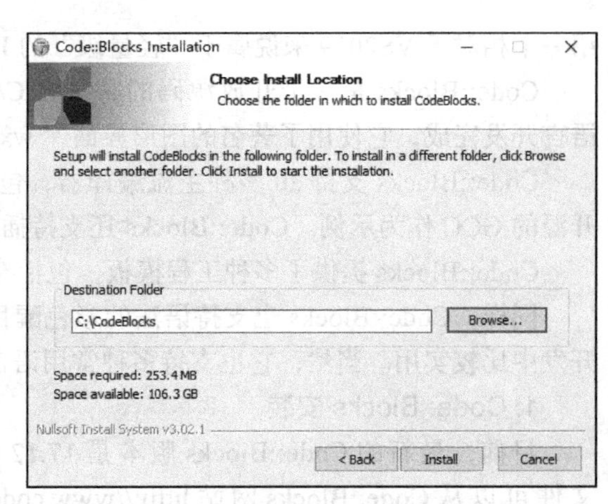

图 1-29 可以选择的安装路径

3）某些杀毒软件（如迈克菲等）可能会与本软件发生冲突，因此建议安装之前卸载可能产生冲突的杀毒软件。

安装结束后，双击桌面上的 Code::Blocks 启动图标或在开始菜单里运行相应的程序启动 Code::Blocks。启动时，能看到如图 1-30 所示的启动界面。

图 1-30 Code::Blocks 启动界面

2. 创建项目

如果只想编写并调试一个文件的程序，最简单的方法是在主菜单中选择“File”/“Empty file”，或者直接点击 Code::Blocks 按钮栏中的添加新文件按钮，在弹出菜单中选择“Empty file”，然后编辑文件并保存即可，保存时会提示输入文件名。

如果开发的程序可能包括多个文件，最好采用“项目”的管理形式，Code::Blocks 提供了丰富的管理功能。Code::Blocks 支持创建多种类型的程序，如动态链接库、图形界面应用程序等。本书使用的例子是控制台程序，因此需要创建控制台应用程序。如图 1-31a 所示，点击主菜单“File”/“New”/“Project”，或者像图 1-31b 所示那样，在 Code::Blocks 的“Start here”上点击“Create a new project”，就会看到创建新项目的界面。

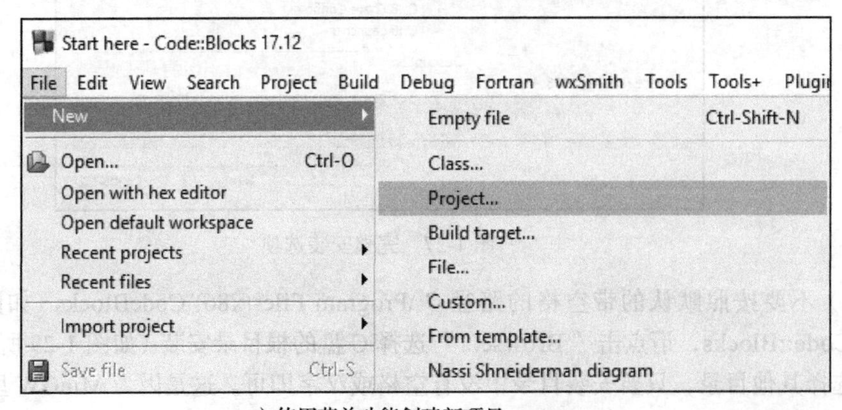

a）使用菜单功能创建新项目

图 1-31 在 Code::Blocks 中创建项目

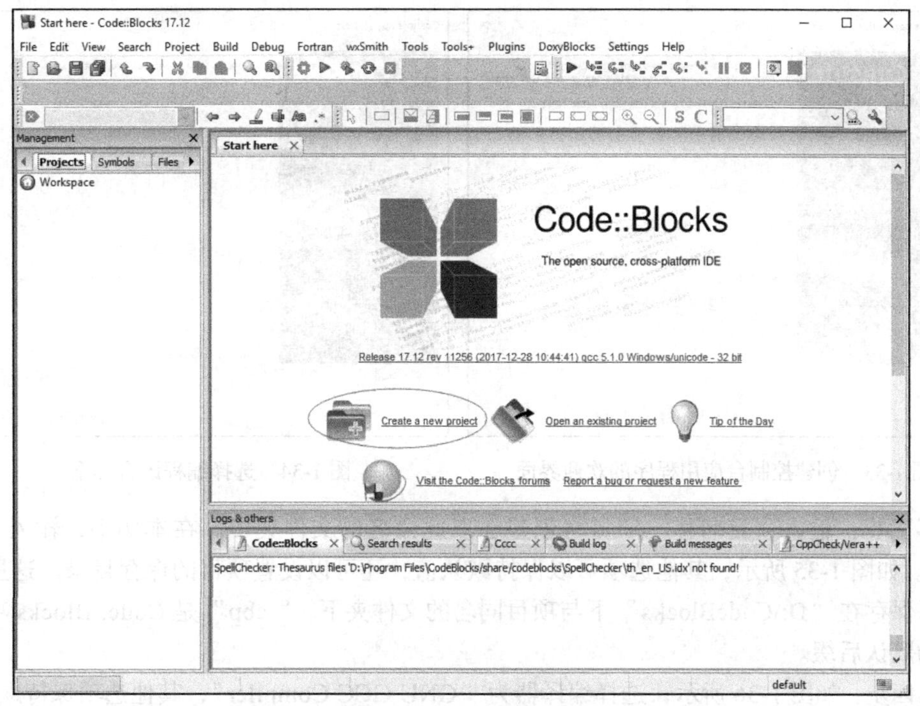

b）使用 Start here 界面创建新项目

图 1-31 （续）

之后出现项目类型选择的对话框，选择“Console application”(如图 1-32 所示)。

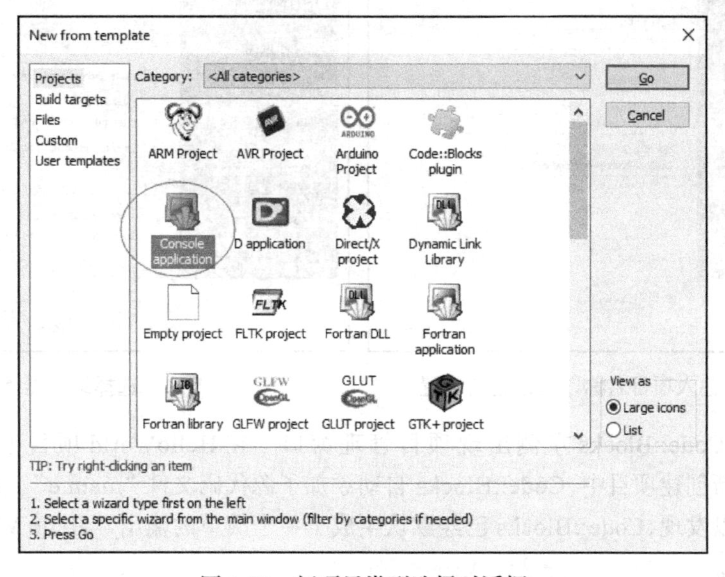

图 1-32　新项目类型选择对话框

之后，点击“Go”按钮，就进入创建控制台应用程序的向导了。接着，按以下步骤操作：

第一步：如图 1-33 所示，点击“Next”按钮。

第二步：如图 1-34 所示，选择“C”，创建 C 语言程序。

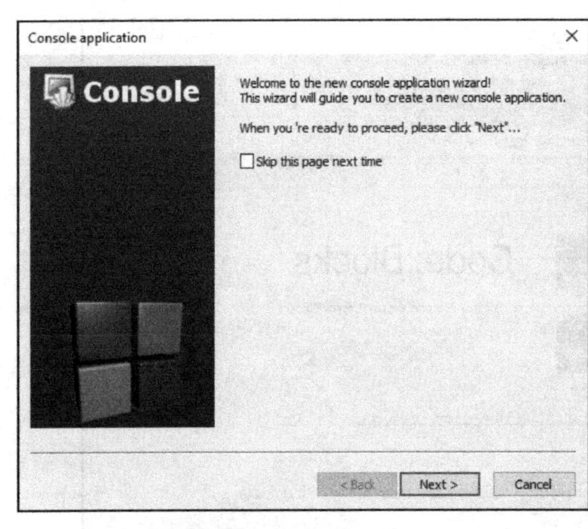

图 1-33　创建控制台应用程序的欢迎界面

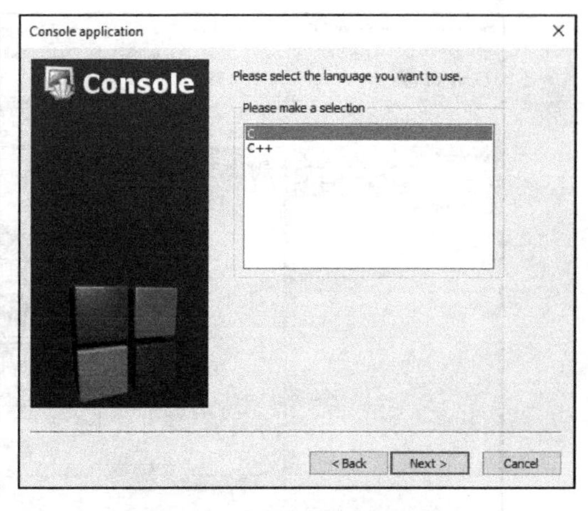

图 1-34　选择编程语言类型

第三步：输入项目名称，项目将创建在以此命名的文件夹中。在本例中，输入 HelloWorld。如图 1-35 所示，其他选项可以保持默认值，还可以设置项目的保存目录。这里默认将项目保存在“D:\CodeBlocks”下与项目同名的文件夹下。“.cbp”是 Code::Blocks 项目文件名的默认后缀。

第四步：如图 1-36 所示，选择编译器为“GNU GCC Compiler”，其他选项保持默认值。点击“Finish”按钮，结束向导。

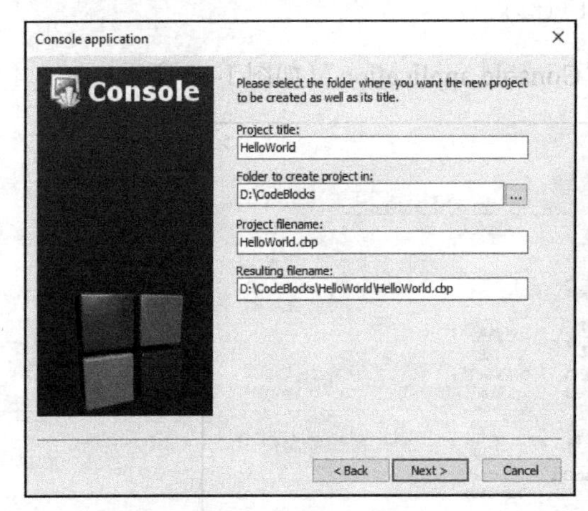

图 1-35　输入项目名称以及创建的位置

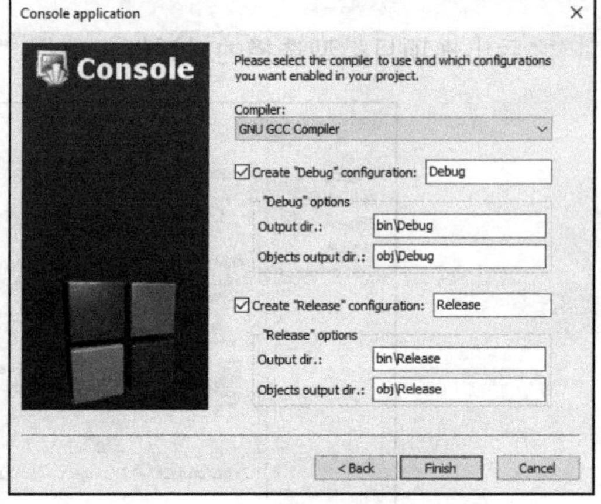

图 1-36　选择编译器类型

此时，在 Code::Blocks 左侧出现项目管理窗口。在 HelloWorld 项目下的“Sources”中，可以看到新创建项目中，Code::Blocks 自动添加了源代码文件“main.c”。双击“main.c”开始编辑。可以发现，Code::Blocks 已经默认生成了一个简单的输出“Hello World”的程序，如图 1-37 所示。

3. 编译和运行

编译并运行程序的方法有如下几种：

1）单击按钮栏的编译按钮或在项目名称的鼠标右键菜单中选择“Build”或“ReBuild”，然后单击运行按钮▶。

2）直接单击编译运行按钮。

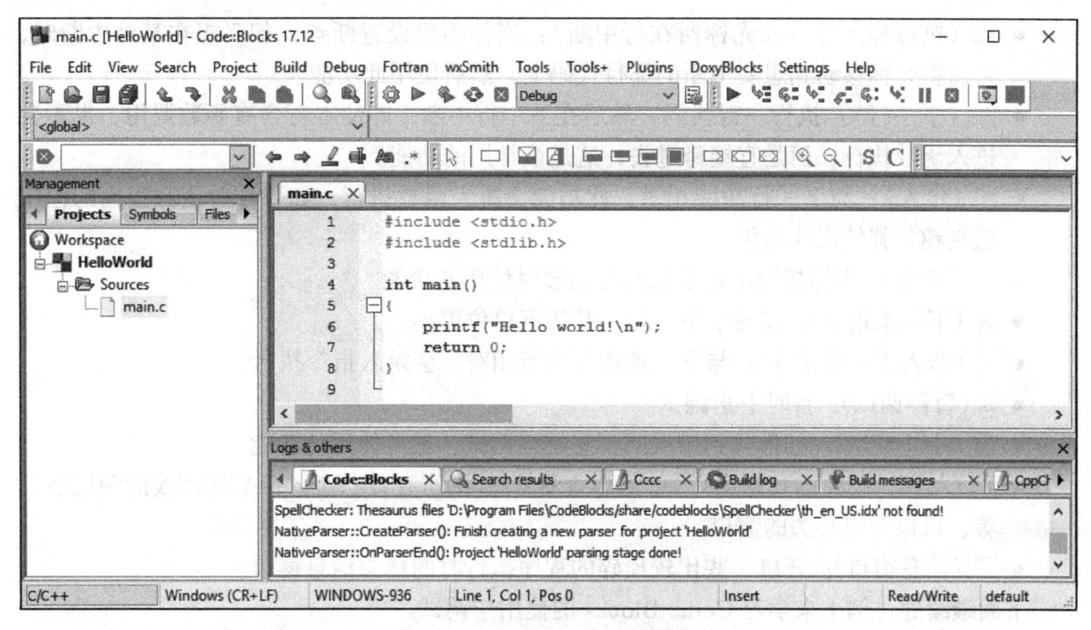

图 1-37　Code::Blocks 代码编辑界面

3）在主菜单项“Build”中选择相应的操作项，如图 1-38 所示。

4）使用快捷键 F8（调试运行）。

如果出现如图 1-39 所示运行结果，说明 Code::Blocks 配置正确，可以开始编写自己的代码了。

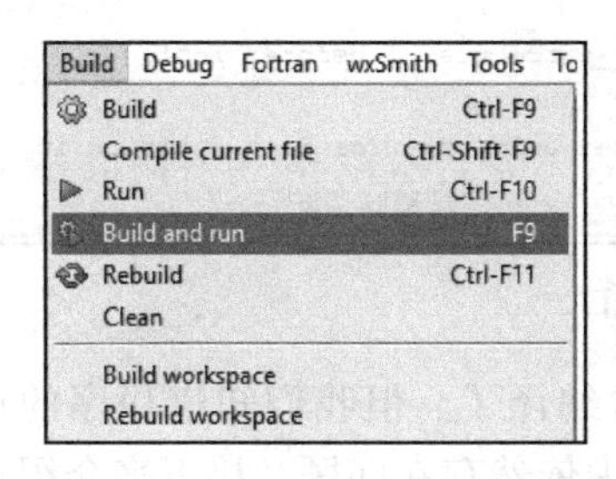

图 1-38　Code::Blocks 的主菜单项“Build”的内容

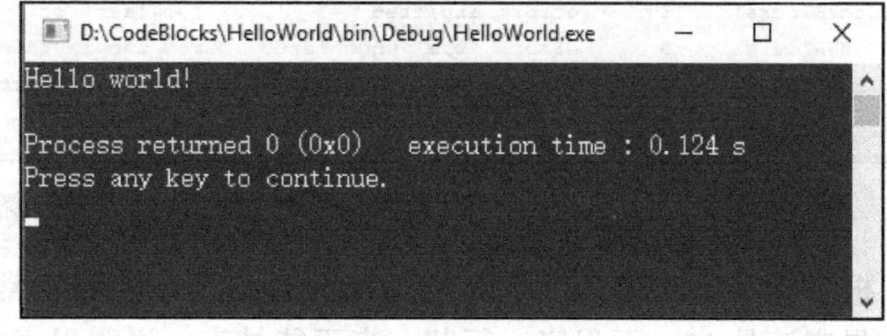

图 1-39　程序运行结果

Code::Blocks 在程序运行结束后，会将控制台窗口“冻结”，并等待用户按任意键后再关闭，这一点比较方便。

4. 调试程序

Code::Blocks 调试工具按钮如图 1-40 所示。

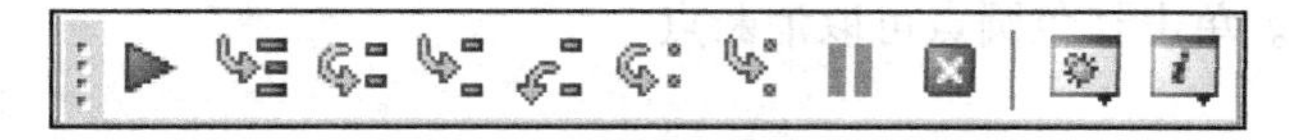

图 1-40　Code::Blocks 调试工具按钮

从左至右各按钮的功能分别为：

- ▶（开始和继续调试）：也就是我们之前使用的开始调试功能。另外，若程序在某个断点处中断，点击该按钮后，程序会继续执行，直到遇到下一个断点或程序执行结束。

- （执行程序并且在光标所在行中断）：当你不想设置断点，却又想在某处中断时，可以将光标移动到想要中断的那行代码上，然后使用此功能。
- （下一行）：执行一行代码，然后在下一行中断，即使本行含有函数调用，也不会进入函数执行，而是直接跨过去，这是最常用的功能。
- （步入）：与下一行功能相对，此功能会跳入函数执行，如果你对函数里面的程序感兴趣，就使用此功能。
- （跳出）：当你想跳出正在执行的函数时使用此功能。
- （下一条指令）：相对于下一行，其执行单位更小。
- （步入下一条指令）：与下一条指令功能相对，会跳入指令执行。
- （暂停调试）：暂时中止调试。
- （中止调试）：如果找到错误或不想继续调试，就可使用此功能。
- （与调试相关的观察窗口）：如想查看 CPU 的寄存器状态、函数调用栈的调用情况等，可以开启相关的窗口。
- （信息窗口）：开启一些比较琐碎的程序执行时的相关信息窗口。

下面继续通过例 1 来学习 Code::Blocks 的使用与调试。

首先编译程序，发现编译失败，错误提示窗口给出的信息如图 1-41 所示。

Logs & others

Build messages | Code::Blocks | Search results | Cccc | Build log | CppCheck/Vera++

File	Line	Message
		=== Build: Debug in HelloWorld (compiler: GNU GCC Compiler) ===
D:\CodeBlocks\...		In function 'main':
D:\CodeBlocks\...	8	error: expected '=', ',', ';', 'asm' or '__attribute__' before 'int'
D:\CodeBlocks\...	9	error: 'sum' undeclared (first use in this function)
D:\CodeBlocks\...	9	note: each undeclared identifier is reported only once for each function it

图 1-41　Code::Blocks 错误提示窗口

根据提示，在第 7 行 `sum` 后面加分号，程序能够正常编译了。但我们知道程序的正确结果应该是 15，而程序运行却一直不能结束，说明程序中依然存在问题。接下来介绍在 Code::Blocks 中如何使用调试工具进行调试。

（1）设置断点

前文已经介绍过，断点设置是调试器的基本功能之一，可以让程序在需要的地方中断，从而便于分析。

在 Code::Blocks 中，可以在代码行号的右侧空白处单击鼠标左键，或在光标所在行位置按 F5 快捷键，出现红色圆点后，即表示在该行成功设置了断点。如图 1-42 所示，在程序的第 9 行设置了断点。单击红色圆点可取消断点。

（2）开始调试

设置断点后，就可以开始调试操作了，注意此时“Build target”的选项应为“Debug”，“Release”为非调试模式，修改方法见图 1-43。

然后，单击“Debug”主菜单下的“Start/Continue”选项（见图 1-44），或使用 F8 快捷键开始调试。

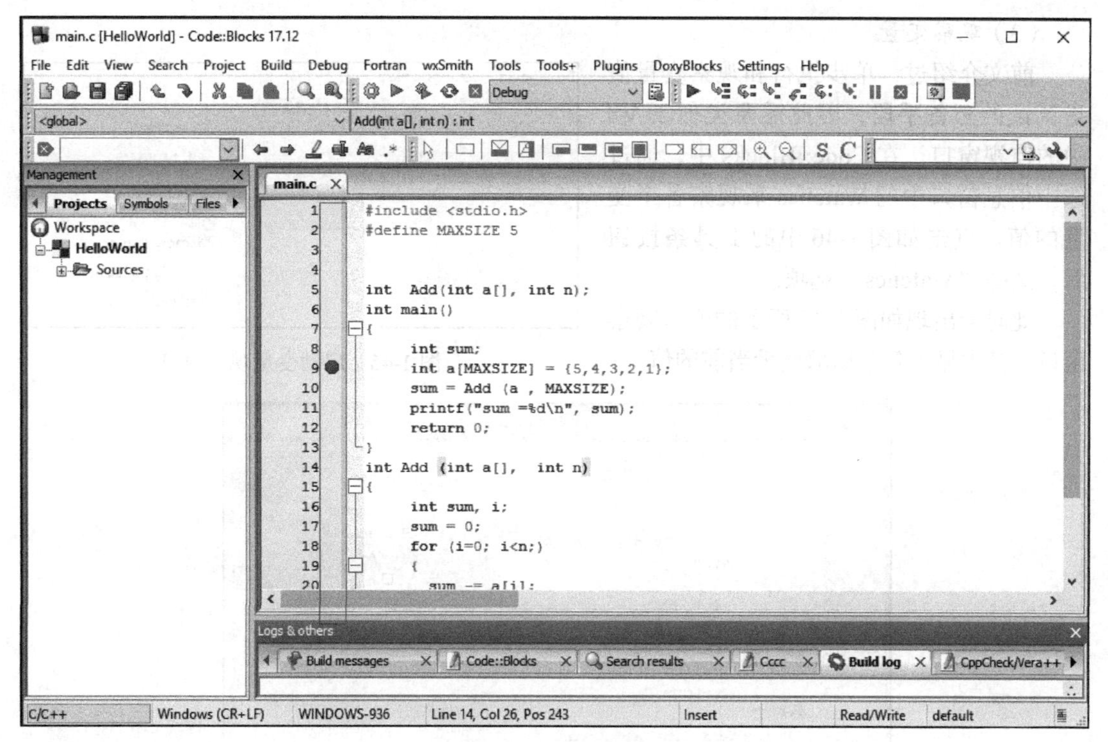

图 1-42　设置断点

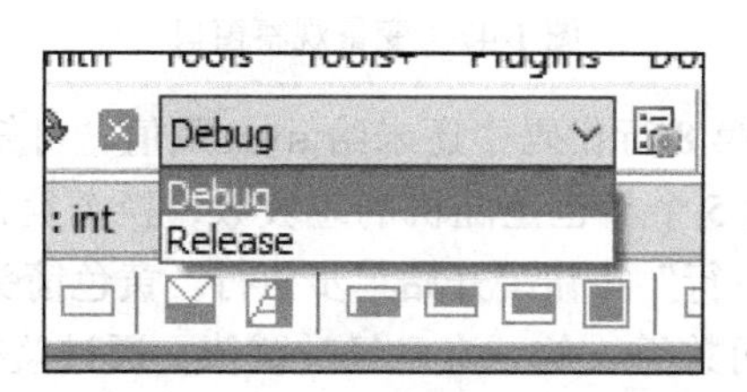

图 1-43　设置编译方式

此时，程序会在遇到的第一个断点处中断，等待进一步的操作，此时有一个黄色的小三角出现在红色断点圆点内，如图 1-45 所示。

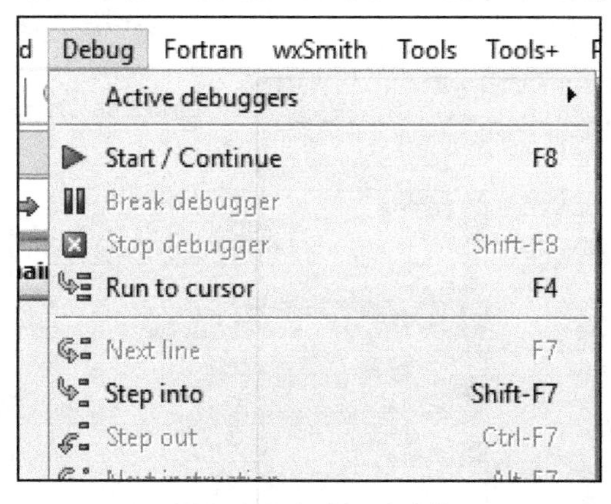

图 1-44　启动调试功能

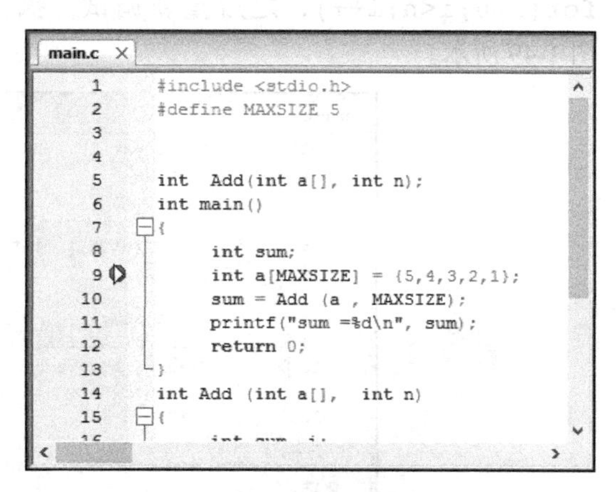

图 1-45　调试程序暂停

（3）观察变量

前文介绍过，单步执行和观察变量值是调试的必备手段，因此需要类似于VS中的监视窗口。在Code::Blocks中，通过选中信息窗口中的Watches来观察各个变量的值。点击如图1-46中的工具条按钮后，选择“Watches”选项。

此时会出现如图1-47所示的变量观察窗口，其中显示各个局部变量当前的值。

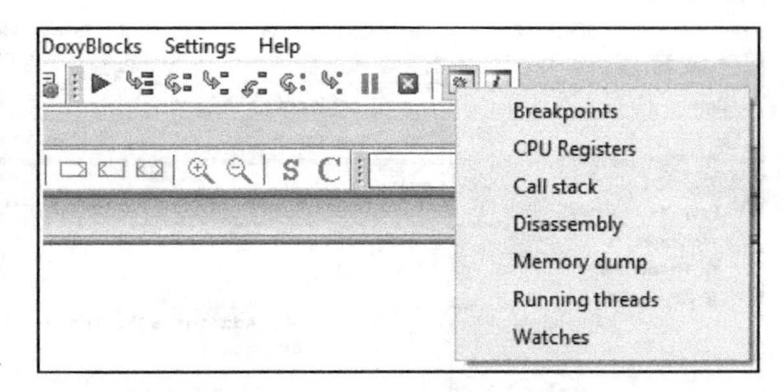

图1-46　启动变量观察窗口

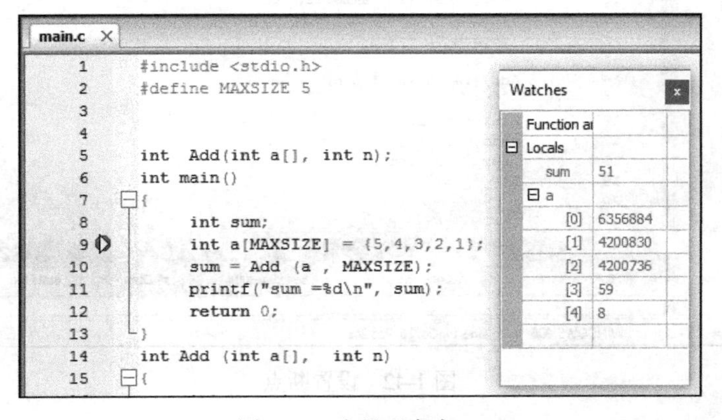

图1-47　变量观察窗口

sum的值为2，但是在第8行代码中还未给sum赋值，可知此时的sum值是一个垃圾数。同理，此时数组a中的5个值也是随机的垃圾数，换个编译器或计算机就有可能得到不同的值。按F7键或“下一行”按钮，开始单步执行。黄色箭头指向下一条语句“sum = Add(a, MAXSIZE);”，而数组a的元素已经被赋值，通过监视窗可以看到数组a的元素值确实发生了改变，如图1-48所示。

继续按F7键，黄色箭头随之逐条下行，但一直不继续执行，可见Add函数内部有错误并且出现了死循环。审查Add函数内部，发现第17行少写了i++，修改第17行为for(i=0;i<n;i++)，之后重新调试，执行完第10行后发现值为-15而不是15，如图1-49所示。

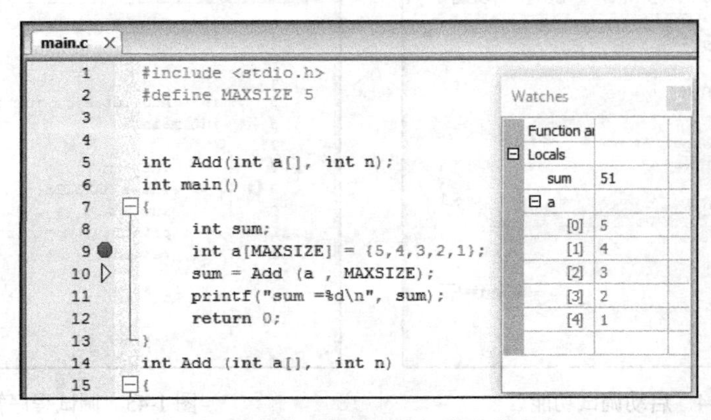

图1-48　变量观察窗口数组的a值变化

```
2   #define MAXSIZE 5
3
4
5   int  Add(int a[], int n);
6   int main()
7   {
8       int sum;
9       int a[MAXSIZE] = {5,4,3,2,1};
10      sum = Add (a , MAXSIZE);
11      printf("sum =%d\n", sum);
12      return 0;
13  }
14  int Add (int a[],  int n)
15  {
16      int sum, i;
17      sum = 0;
```

```
Watches
Function ar
Locals
  sum   -15
  a
    [0] 5
    [1] 4
    [2] 3
    [3] 2
    [4] 1
```

图 1-49　变量观察窗口中 sum 的赋值结果

按 F7 键是不进入函数内部进行单步跟踪的。为了对函数内部语句的执行情况进行跟踪，当黄色箭头停在调用它的语句时，改按快捷键 Shift+F7，黄色箭头暂停在函数 Add() 内，如图 1-50 所示。

```
5   int  Add(int a[], int n);
6   int main()
7   {
8       int sum;
9       int a[MAXSIZE] = {5,4,3,2,1};
10      sum = Add (a , MAXSIZE);
11      printf("sum =%d\n", sum);
12      return 0;
13  }
14  int Add (int a[],  int n)
15  {
16      int sum, i;
17      sum = 0;
18      for (i=0; i<n; i++)
19      {
```

```
Watches
Function ar
  a     0x60fef8
  n     5
Locals
  sum   6356672
  i     4200752
```

图 1-50　步入 Add 函数内部调试

接下来就可以使用单步调试和观察变量法找出函数内部的逻辑错误。通过调试发现，for 循环内部求和的“+”被误写为“-”，纠正以后重新执行程序，可得到正确输出。

（4）命令行参数程序调试

有些程序在运行时需要通过命令行方式将参数传递给程序，如何在 Code::Blocks 中调试带有命令行参数的程序呢？首先需要点击“Project”/“Set program's arguments”，打开命令行参数设置对话框，并设置项目运行所需的命令行参数，如图 1-51 所示。我们输入一个参数 test。

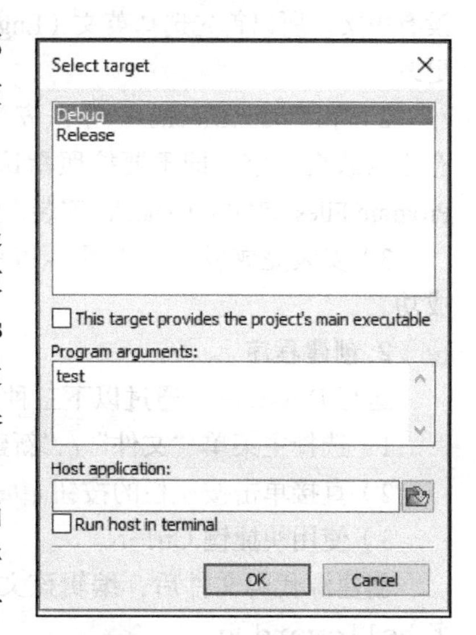

图 1-51　设置命令行参数

为了方便查看参数的值，我们需要适当修改 main 函数的声明并在第 9 行设置断点，如图 1-52 所示。按 F8 开始执行程序，程序停留在 main 函数中的断点处。此时启动变量观察窗口，并且添加两个 watch 值 argv[0] 和

`argv[1]`，如图 1-53 所示，我们可以看到其中 `argc` 的值为 2，即有两个命令行参数，其中第一个参数 `argv[0]` 为可执行程序的完整目录，而第二个参数 `argv[1]` 即用户输入的 `test` 参数。

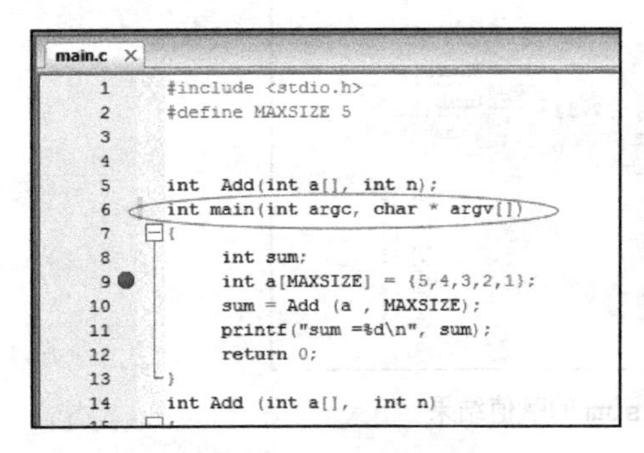

图 1-52 修改 main 函数并下断点

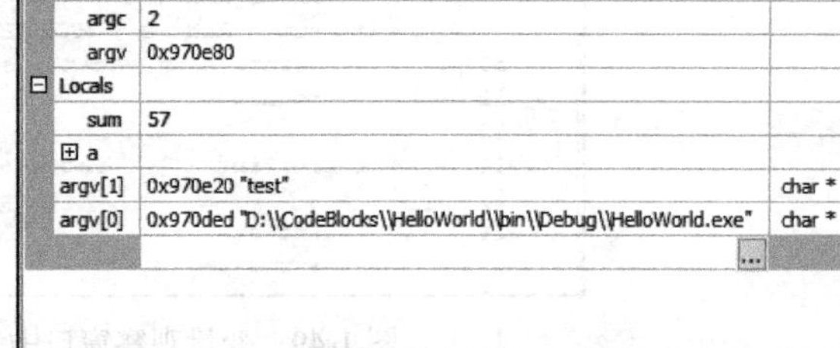

图 1-53 添加查看参数值

1.2.3 Dev-C++ 集成开发环境的使用和调试方法

Dev-C++ 是 Windows 环境下 C/C++ 的集成开发环境（IDE），它是一款自由软件，遵守 GPL 许可协议分发源代码。它集合了 MinGW 等众多自由软件，并且可以取得最新版本的各种工具支持，而这一切都归功于全球的 Dev-C++ 爱好者所做的工作。Dev-C++ 是 NOI、NOIP 等比赛的指定工具，但其 Debug 功能弱。由于原开发公司在完成 4.9.9.2 版本后停止开发，现在由其他公司更新开发，但都基于 4.9.9.2 版本。

Dev-C++ 的程序小、启动快，不用像 VS 那样创建项目，也能方便地编写、调试程序，本书将它作为第三个开发环境案例，介绍 C/C++ 程序的编写与调试方法。

1. Dev-C++ 的安装

Dev-C++ 的安装文件可以从 http://www.bloodshed.net/devcpp.html 上下载，下面介绍 Dev-C++ 的安装步骤。

1）如图 1-54 所示，先选择语言。由于初始列表中没有中文，所以首先选择英文（English），安装完成后再更改。

图 1-54 选择安装语言

2）和 Code::Blocks 一样，安装目录最好不要带有空格或者汉字，即不要按照默认的带空格的路径 C:\Program Files(x86)CodeBlocks 安装，请点击“Browse...”选择 C 盘的根目录安装，见图 1-55。

3）安装完成后进入如图 1-56 所示的界面，选择“简体中文”，点击“Next”，即可安装成功。

2. 创建程序

运行 Dev-C++，通过以下三种方法中的任意一种，便可直接创建一个源代码文件：

1）选择主菜单“文件”/“新建”/“源代码”。

2）直接单击按钮栏的按钮 New 并选择“Source File”。

3）使用快捷键 Ctrl+N。

创建源代码文件后，编辑该文件并输入如图 1-57 所示的内容。保存文件时，输入文件名 `helloword.c`。

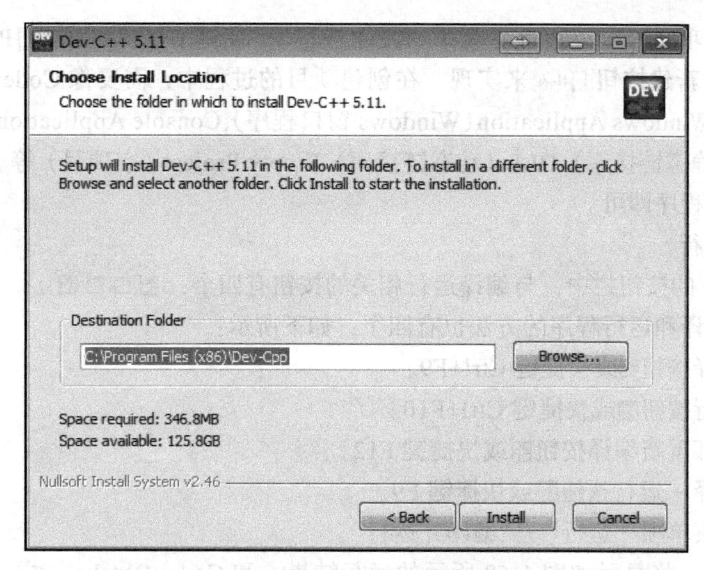

图 1-55 需要修改默认的安装目录

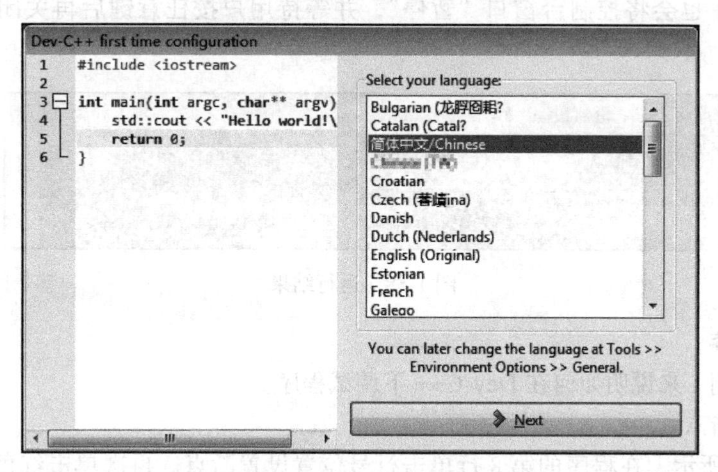

图 1-56 设置初始语言

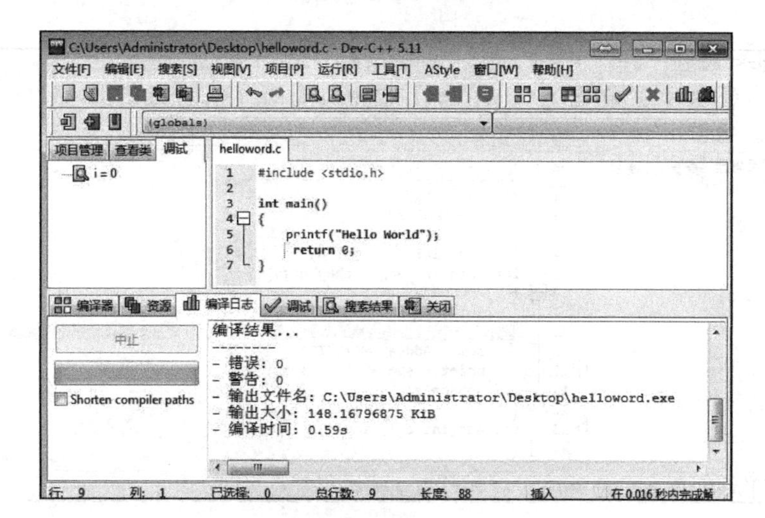

图 1-57 编码界面

如果想创建项目，可以通过主菜单“文件 [F]” / “新建 [N]” / “项目 [P]” 来完成，或者点击按钮栏的新建按钮 New 来实现。在创建项目的过程中，需要像 Code::Blocks 那样选择项目的类型：Windows Application（Windows 窗口程序）、Console Application（控制台程序）、Static Library（静态链接库）、DLL（动态链接库）、Empty Project（空项目）等。针对本书的示例，选择控制台程序即可。

3. 编译和运行

在 Dev-C++ 的按钮栏中，与编译运行相关的按钮有四个：。

相应的，编译和运行程序的方法也有四个，如下所示：

1）利用编译按钮或快捷键 Ctrl+F9。

2）利用运行按钮或快捷键 Ctrl+F10。

3）利用全部重新编译按钮或快捷键 F12。

4）利用编译 + 运行按钮或快捷键 F9。

5）单击主菜单项“运行” / “编译并运行”。

编译运行后，将显示如图 1-58 所示的运行结果。和 Code::Blocks 一样，在程序运行结束后，Dev-C++ 也会将控制台窗口“暂停”，并等待用户按任意键后再关闭，这一点比较方便。

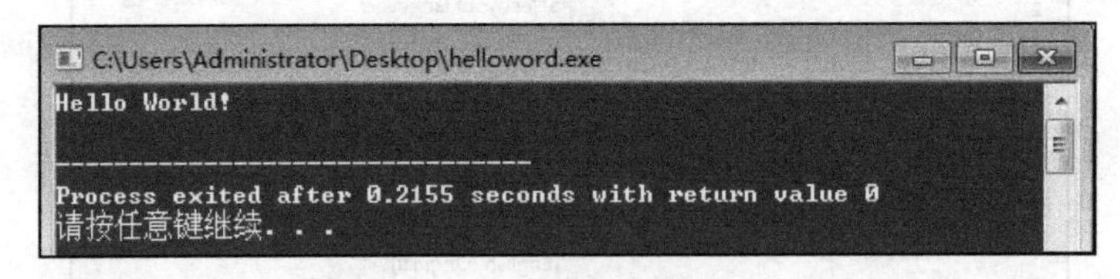

图 1-58　运行结果

4. 调试程序

我们使用例 1 来说明如何在 Dev-C++ 下调试程序。

（1）设置断点

如图 1-59 所示，在程序的第 8 行单击行号位置设置断点。再次单击红色对号，可取消断点。

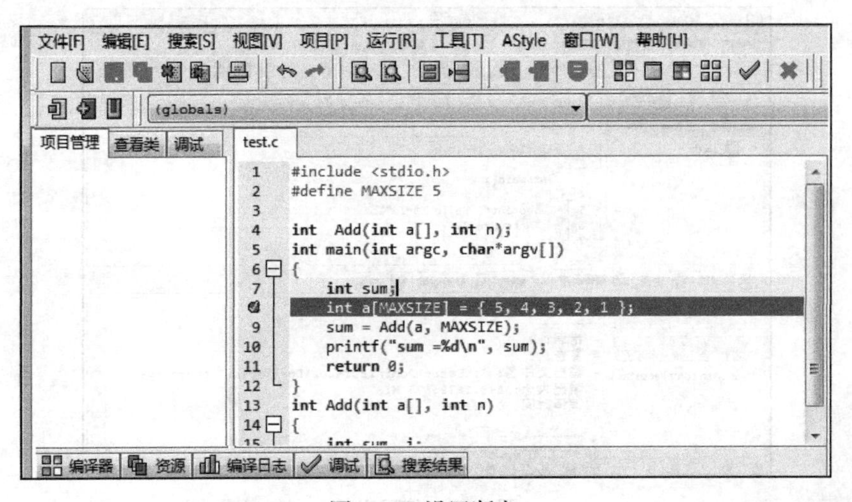

图 1-59　设置断点

（2）开始调试

设置断点后，就可以开始调试操作了。注意，此时需要将工作模式设为 Debug 模式，如图 1-60 中的圆圈所示。

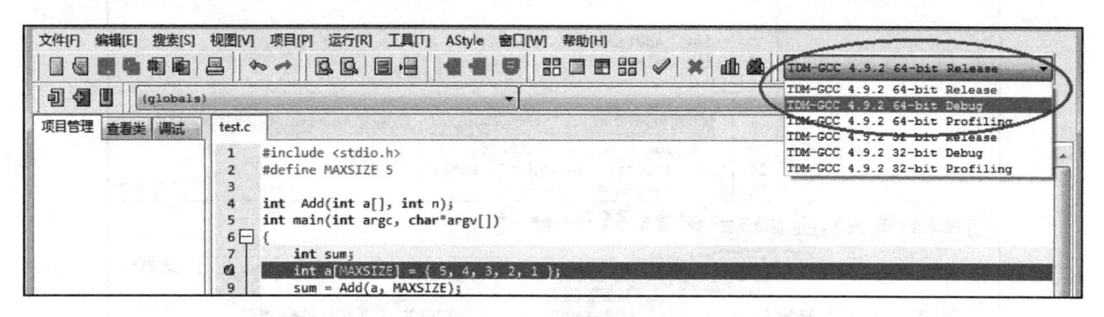

图 1-60　设置编译方式

设置好后通过按钮栏中的 ✔ ✖ 两个按钮选择调试状态。“对号”对应“Ctrl+F5”，表示开始调试。“红色叉号”对应“Ctrl+F6”，表示停止调试。

选择开始调试之后，会出现如图 1-61 所示的面板，可以根据指示选择所要进行的操作。

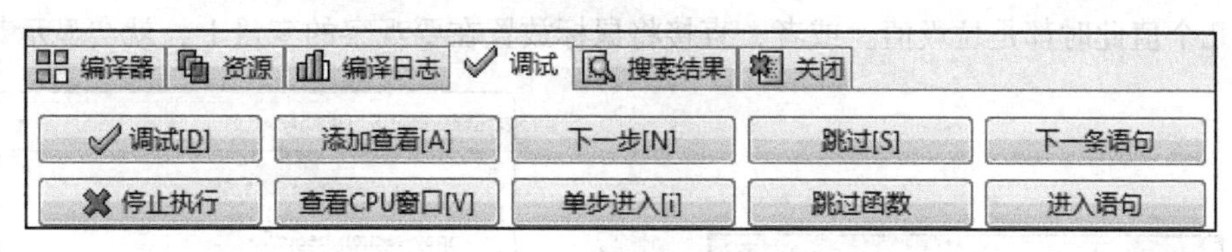

图 1-61　调试控制窗口

此时，程序会在遇到的第一个断点处中断，等待进一步的操作，此时在第 8 行有一个蓝色的小对话框，如图 1-62 所示。

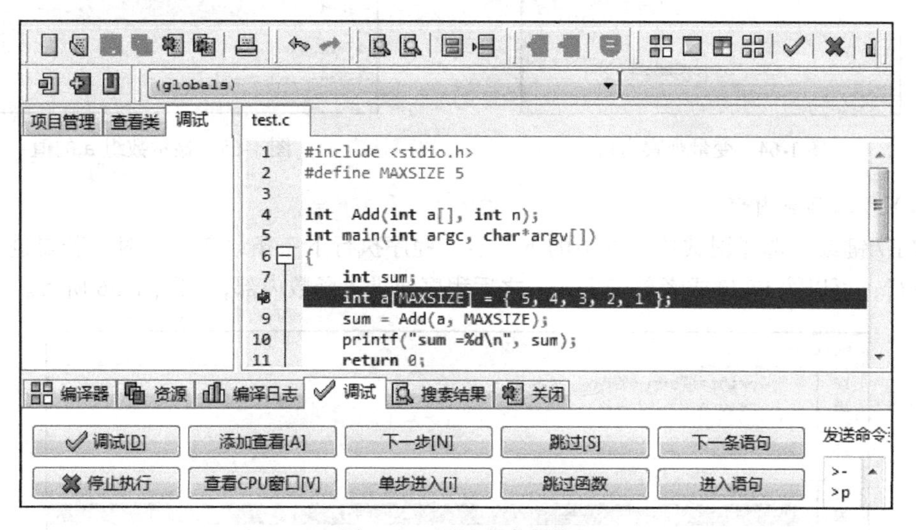

图 1-62　调试程序暂停

（3）观察变量

程序在断点处中断后，我们更关心此时各个变量的值是否为预想的值，因此需要观察各个变量的值。点击图 1-63 中的工具条按钮后，选择“添加查看 [A]”选项。

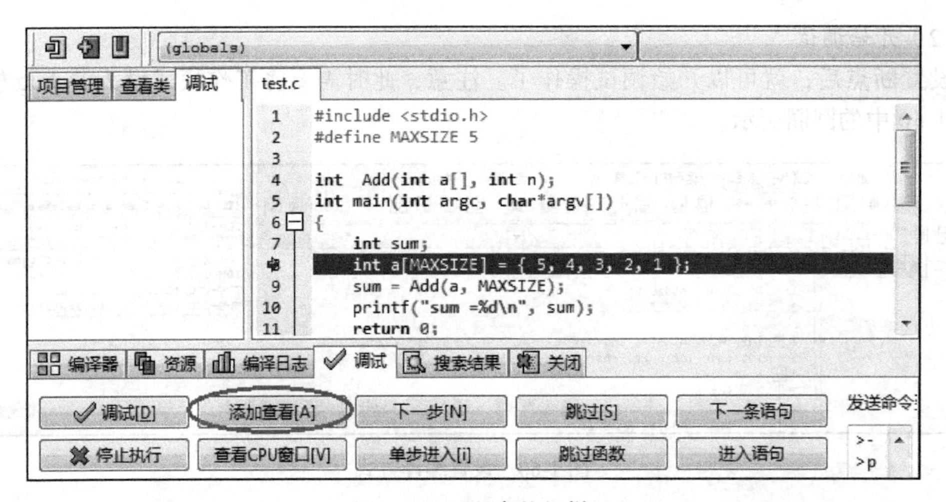

图 1-63　工具条按钮栏

此时会出现如图 1-64 所示的输入变量名窗口，点击“OK”后会在右侧显示其值。如图 1-65 所示，此时 a 的值为 {4, 0, 40, 0, 0}，由于此时程序执行到第 8 行，a 数组还未初始化，这几个值此时都是垃圾值。或者，直接将鼠标放置在要观察的变量上，就会显示其值。

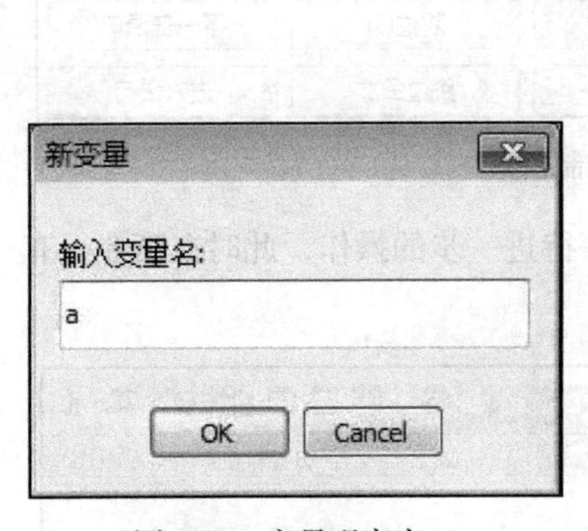

图 1-64　变量观察窗口

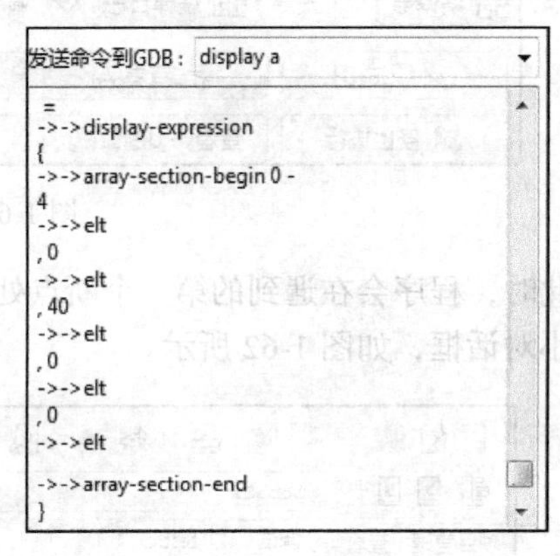

图 1-65　显示数组 a 的值

（4）步入函数内部

按 F7 键或者选择调试功能框中的下一步，程序执行下一条语句。此时，若要进入函数内部执行，可以按 F8 键或者单步进入，之后程序便进入函数内部，如图 1-66 所示。

```
test.c
10     printf("sum =%d\n", sum);
11     return 0;
12 }
13 int Add(int a[], int n)
14 {
15     int sum, i;
16     sum = 0;
17     for (i = 0; i<n;i++)
18     {
19         sum -= a[i];
20     }
21     return sum;
22 }
```

图 1-66　显示函数内部

接下来使用 F7 键和观察变量就可以继续调试，若要直接返回到函数调用者，可以使用跳过函数功能键。

（5）其他功能

图 1-62 中所示的其他调试功能如下：

- 下一步：执行下一行代码。
- 跳过：跳到下一个断点处。
- 下一条语句：与 Code::Blocks 中的下一条指令功能相同。
- 查看 CPU 窗口：可以查看具体汇编指令操作。
- 单步进入：进入函数中调试。
- 跳过函数：从函数返回，执行到调用函数处。
- 进入语句：与 Code::Blocks 中的进入下一条指令功能相同。

（6）命令行参数程序调试

有一些程序在运行时需要通过命令行的方式将参数传递给程序。这时，我们首先需要点击菜单“运行”/“参数”，打开命令行参数设置对话框，并设置项目运行所需的命令行参数，如图 1-67 所示。

假如主函数需要传入三个参数，我们就在参数设置窗口中分别输入三个参数，输入完成后单击“确定”即可，如图 1-68 所示。

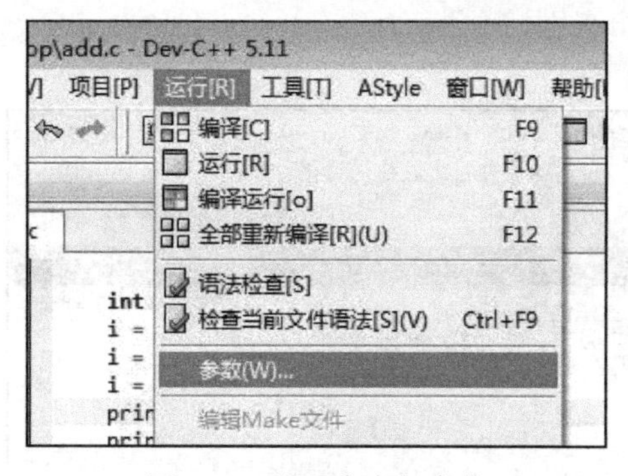

图 1-67　设置命令行参数

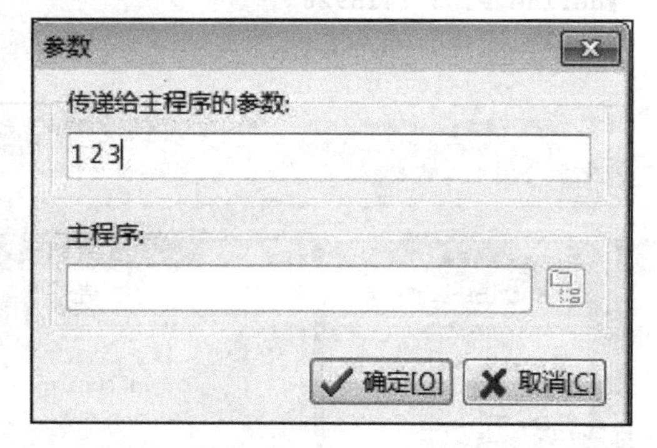

图 1-68　输入命令行参数

与 Code::Blocks 类似，在程序运行结束后，Dev-C++ 会自动将控制台窗口暂停，并等待用户按任意键后再关闭。

1.3　多文件项目的开发

在例 1 的代码中，宏定义、函数 `Add` 的原型声明和定义、主函数 `main` 都在一个 `.c` 文件中。当程序规模比较大时，往往需要将宏定义、函数原型声明、源代码分别保存在不同类型的多个文件中。本节将介绍多文件项目的开发和调试方法。

1.3.1　Visual Studio 下的多文件项目开发

1. 创建项目并添加文件

使用在 1.2.1 节中所介绍的方法，在解决方案 VS2019Demo 中增加第三个项目 Test3，并在该项目中添加以下不同类型的文件。

（1）添加 .h 文件 const.h

首先，在解决方案资源管理器中的项目“Test3”上单击鼠标右键，如图 1-69 所示，在弹出菜单中选择：“添加”/“新建项（W）”。之后会显示如图 1-70 所示的界面，在其中选择“头文件（.h）”，名称输入“const.h”即可，完成添加 const.h 的操作。

编辑 const.h 文件，该文件内容如下：

```
#define MAXSIZE 5
#define PI 3.1415926
```

这里尽可能将所有宏定义放到一个文件中，在需要使用宏定义的代码文件（.h 或 .c）中，只要增加该头文件的包含语句即可，形式如下：

```
#include "const.h"
```

在大型项目中，不同的文件之间包含关系复杂，最终可能会导致一个代码文件直接、间接包含了某个 .h 文件很多次（超过 1 次），进而导致编译错误——宏的重复定义。为了避免这种情况，可以用条件编译语句 ifndef... #else... #endif，囊括 .h 文件的全部内容。

```
#ifndef  HIT_C_EXAMPLE_CONST_H
#define  HIT_C_EXAMPLE_CONST_H
#define MAXSIZE 5
#define PI 3.1415926
#endif
```

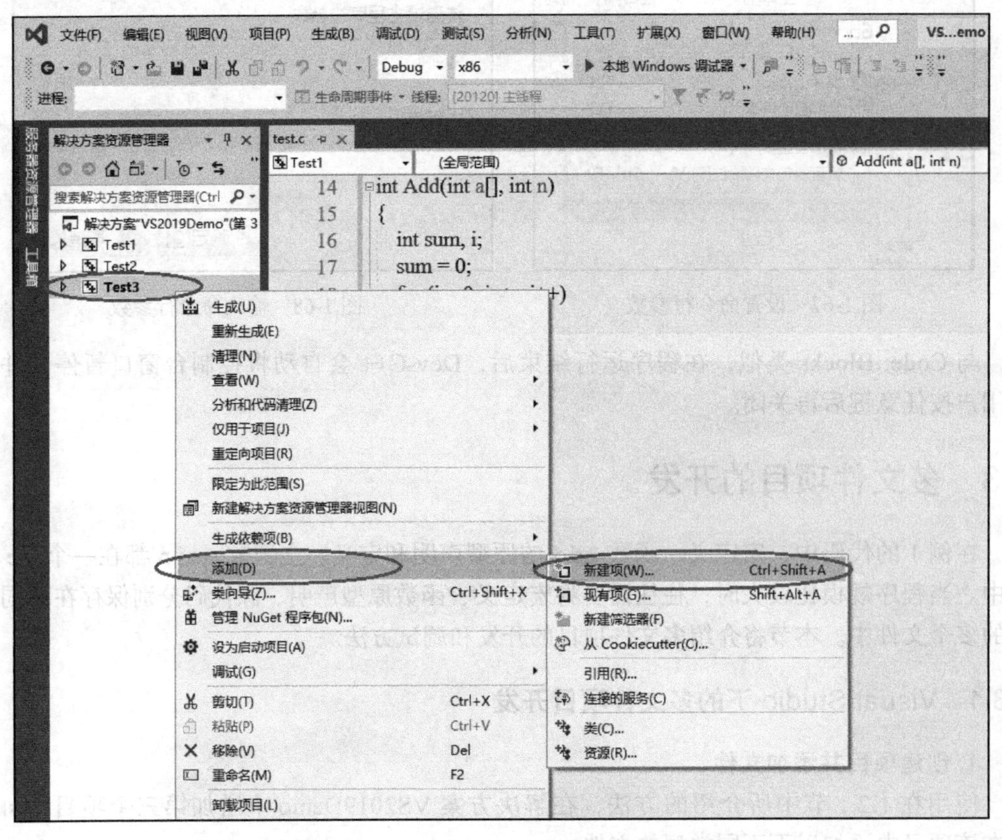

图 1-69　在项目中添加新建项的界面

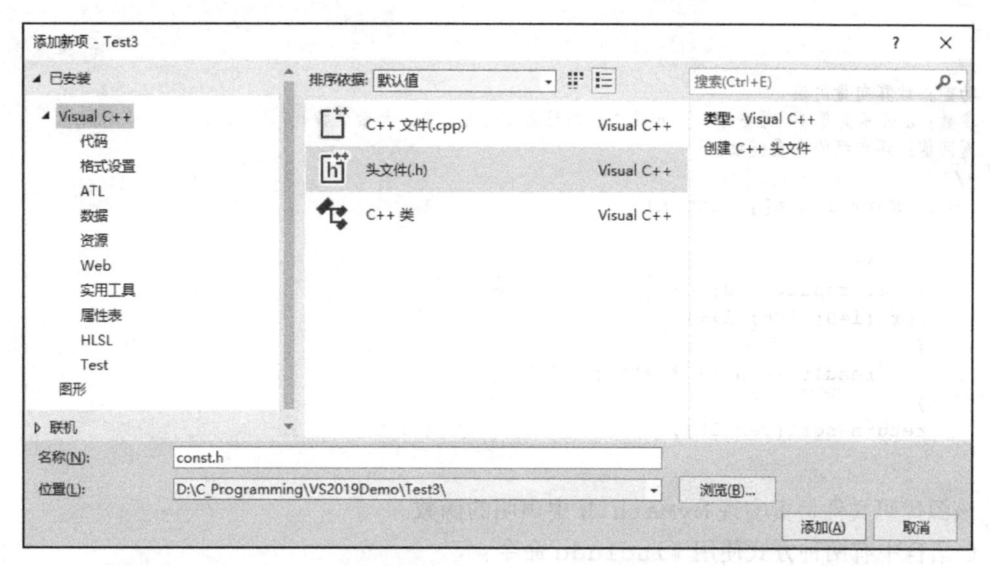

图 1-70 添加 .h 头文件的界面

添加条件编译语句后，相当于告知编译器：如果没有定义过宏 HIT_C_EXAMPLE_CONST_H，则先定义该宏，再定义 MAXSIZE、PI。如果已经定义了 HIT_C_EXAMPLE_CONST_H，#ifndef 条件不成立，则该文件的内容相当于空文件，也就不会导致重复宏定义了。这里，要保证 HIT_C_EXAMPLE_CONST_H 不会和别的代码文件中的宏名字重复。因此，通常采用这种较长的命名形式，甚至在末尾添加随机数串，以确保名称的唯一性。

（2）添加 .h 文件 MyMath.h

将关于加法的一些函数原型声明写到该文件中，内容如下：

```
#include "const.h"
int Add(int a[], int n);
float Norm(int a[], int n);
```

这里为了简便，只写了一个函数。这样，如果希望加法函数 Add() 等能在不同的源代码文件中被调用，也不需要在每个源代码文件中都做一次原型声明，在需要调用该函数的源代码文件中增加 #include "MyMath.h" 编译预处理指令即可。

（3）添加 .c 文件 MyMath.c

```
#include <math.h>
#include "MyMath.h"
/*
功能：计算一维整型数组元素总和
参数：a 是一维数组，n 是数组长度（元素个数）
返回值：整型的数组元素总和数值
*/
int Add(int a[], int n)
{
    int sum, i;
    sum = 0;
    for (i=0; i<n; i++)
    {
        sum += a[i];
    }
    return sum;
```

```
}
/*
功能：计算向量的模
参数：a表示向量（一维数组），n是向量的维数（数组长度、元素个数）
返回值：浮点型的向量模数值
*/
float Norm(int a[], int n)
{
    int i;
    float result = 0;
    for (i=0; i<n; i++)
    {
        result += a[i] * a[i];
    }
    return sqrt(result);
}
```

该源代码文件负责实现MyMath.h中声明的函数。

C语言中有两种方式使用#include命令：

- 在指令#include后用<>将头文件名括起来。这种方式用于标准或系统提供的头文件，可到保存系统标准头文件的位置查找头文件。
- 在指令#include后用双引号""将头文件括起来。用这种方式时，编译器先查找当前目录是否有指定名称的头文件，再从标准头文件目录中查找。这种方式常用于程序员自己定义的头文件。

（4）添加.h文件Area.h

将与面积计算相关的函数的原型声明写在该文件中，内容如下：

```
#include "const.h"
float CircleArea(float r);
float SphereArea(float r);
```

（5）添加.c文件Area.c

```
#include "Area.h"
int iCallAreaTimes = 0;
/*
功能：计算圆的面积
参数：r是圆的半径
返回值：浮点型的面积数值
*/
float CircleArea(float r)
{
    iCallAreaTimes++;
    return PI*r*r;
}
/*
功能：计算球体的表面积
参数：r是球的半径
返回值：浮点型的面积数值
*/
float SphereArea(float r)
{
    iCallAreaTimes++;
    return 4*PI*r*r;
}
```

该文件给出 Area.h 中各函数的完整定义。

（6）添加 .c 文件 test.c

该文件为主程序源代码文件，内容如下：

```
#include "const.h"
#include "Area.h"
#include "MyMath.h"
extern int iCallAreaTimes;
int main()
{
    int sum;
    int a[MAXSIZE] = { 5, 4, 3, 2, 1 };
    sum = Add(a, MAXSIZE);
    printf("sum =%d\n", sum);
    printf("Area=%f,iCallAreaTimes=%d\n",CircleArea(1.2),iCallAreaTimes);
    printf("iCallAreaTimes=%d,Area=%f\n",iCallAreaTimes,SphereArea(2));
    return 0;
}
```

主程序中使用了宏 MAXSIZE、函数 Add() 和函数 CircleArea()。因此，需要在 test.c 中包含它们的定义 / 原型声明 .h 文件。

主程序中使用了 Area.c 中定义的全局变量 iCallAreaTimes。对于主程序文件 test.c 来说，iCallAreaTimes 变量是“外部的”(extern) 变量，即其他文件 (Area.c) 已经定义好的变量。因此，需要在程序前部添加外部变量声明语句：

```
extern int iCallAreaTimes;
```

这仅仅是条声明语句，形式清晰易懂，而非变量定义，也不能指定初始数值。

完成上述文件添加后，在项目 Test3 的文件夹内可看到刚刚添加的 .h 文件和 .c 文件，如图 1-71 所示。

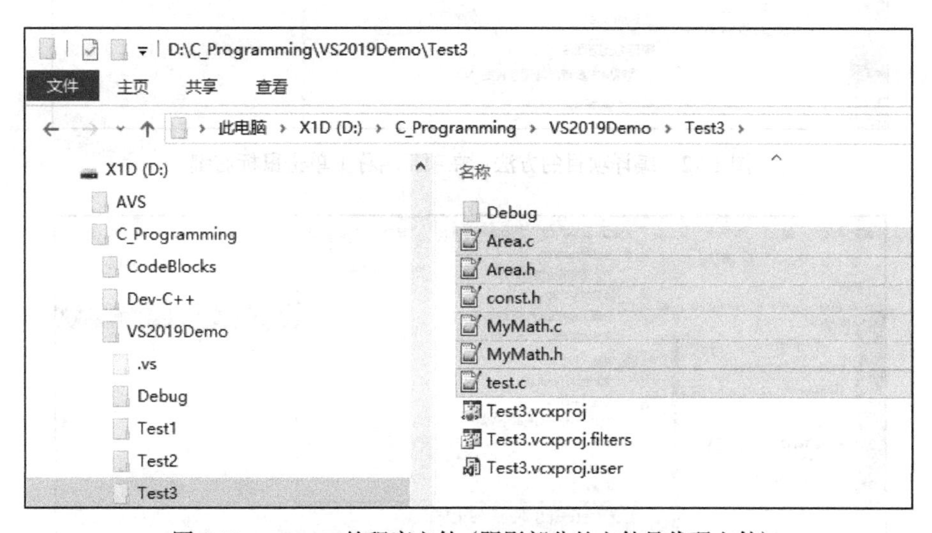

图 1-71　Test3 的程序文件（阴影部分的文件是代码文件）

除上述方法外，还可以用文本编辑器逐个创建并编辑这些代码文件，将其保存成纯文本格式的文件。最后，在 VS 中可用如下方法将这些文件添加到项目中：鼠标右键单击项目名称 Test3，选择“添加（D）”/“现有项（G）”，或按 Shift+Alt+A 组合键，在之后弹出的窗口中单击 Ctrl+ 鼠标左键点选要添加的文件，再单击“添加”按钮即可。一次可以添加一个或多个文件。

2. 编译和调试

由于项目包含多个文件，因此在编译和调试过程中，会涉及多个文件的修改。在程序编译时，仅对修改的文件进行编译，可以节省编译时间。但在项目规模不算庞大（例如代码行数不到一万行）时，重新完整编译的速度也比较快。如果仅编译修改的文件，在调试运行时，VS 有时会提醒项目过期或者出现断点无法停止的问题，此时还需要重新完整编译。因此，在多文件项目编译时，推荐采用“重新生成”的方法对整个项目进行完整的编译。

在解决方案资源管理器中的项目“ Test3”上，单击鼠标右键，选择“重新生成（E)”，如图 1-72 所示。或者如图 1-73 所示，先在解决方案资源管理器中将预编译的项目设定为启动项目，方法是在项目名称“ Test3”上单击鼠标右键，在弹出菜单上选择“设为启动项目(A)”，然后在 VS 的主菜单中单击“生成”/“重新生成解决方案（R)”(Ctrl+Alt+F7)。

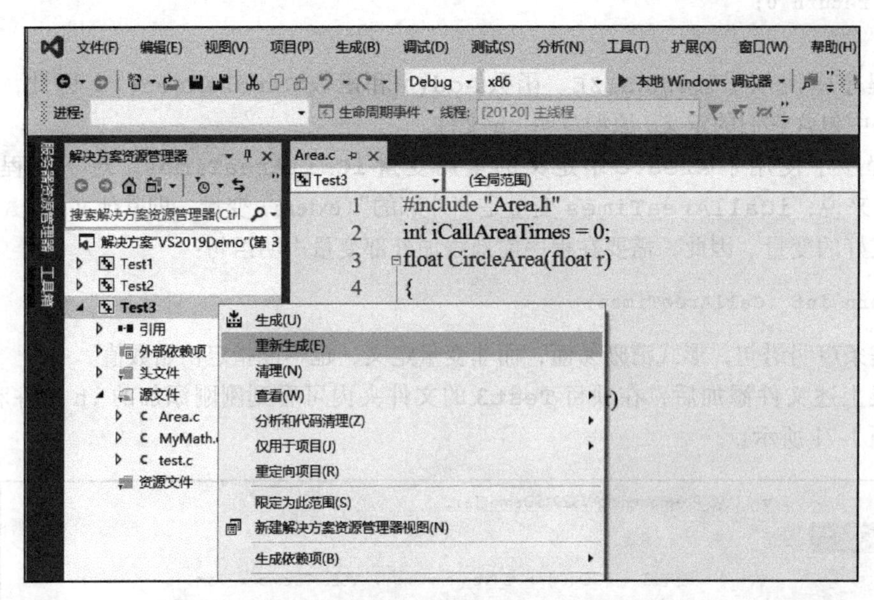

图 1-72 编译项目的方法：在项目名称上单击鼠标右键

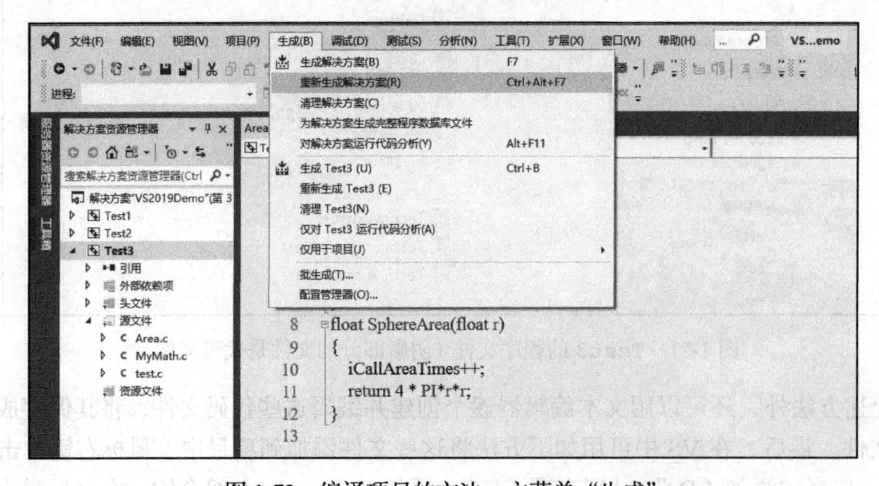

图 1-73 编译项目的方法：主菜单“生成”

多文件项目的调试过程和基本方法与普通单文件项目并无区别，只是在调试过程中，需要格外注意变量、函数、宏的重复定义以及外部声明的问题。

1.3.2 Code::Blocks 下的多文件项目开发

本节先介绍如何将已经写好的代码文件添加到项目中，然后介绍如何在项目中增加全新的代码文件。

首先按 1.2.2 节的方法，创建控制台项目 Test3，在新创建完的项目中，Code::Blocks 自动添加了源代码文件 `main.c`。我们不用这个文件，需要手动删除。在 Code::Blocks 的管理器（Management）中，打开项目 Test3 的源文件夹 “Sources”，在文件名 “main.c” 上单击鼠标右键，选择 “Remove file from project” 即可删除该文件，如图 1-74 所示。或者在 Code::Blocks 的管理器（Management）中单击文件名 “main.c” 后，直接按 “Delete” 键删除文件。这样就得到一个不包含任何代码文件的空项目。

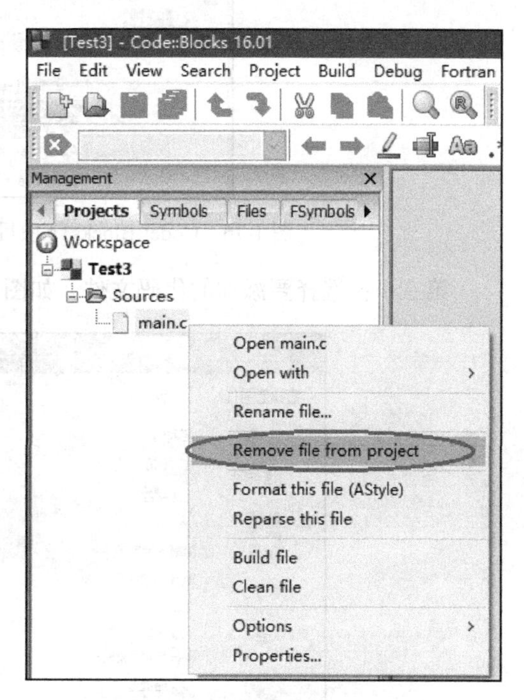

图 1-74 将文件从项目中删除

1. 将已有文件添加到项目中

已经写好的代码文件可以是使用任何文本编辑器（包括 VS 的编辑器）编辑保存的文件。这里将之前介绍 VS 时所写的代码文件复制并添加到项目中。方法如下。

第一步：将图 1-71 中阴影部分的代码文件拷贝到 Code::Blocks 的项目 Test3 所在文件夹中，结果如图 1-75 所示。

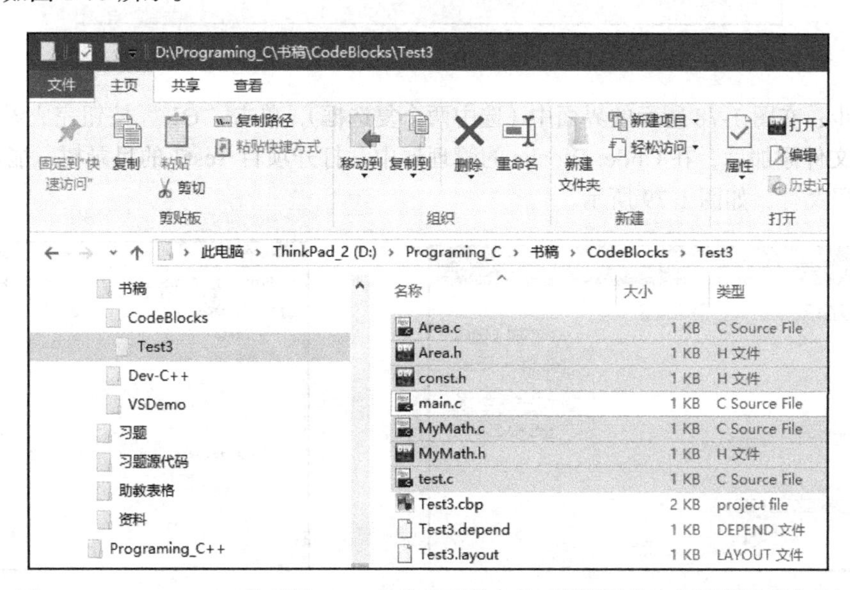

图 1-75 Code::Blocks 的项目 Test3 文件夹下的文件（阴影部分为新增的拷贝文件）

第二步：在 Code::Blocks 中，鼠标右键单击项目“Test3”，选择“Add Files...”，如图 1-76 所示。

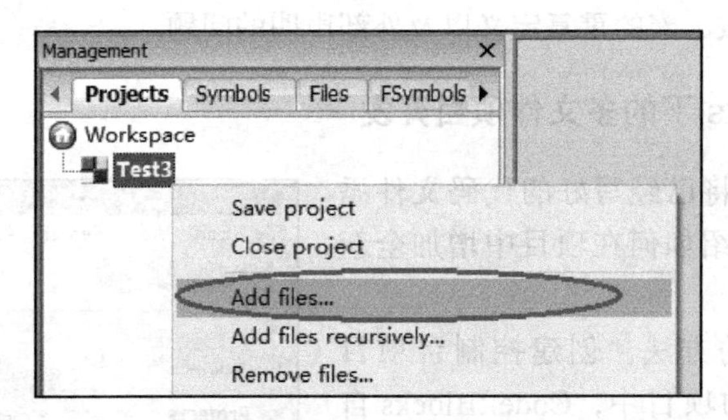

图 1-76　Code::Blocks 下项目 Test3 单击鼠标右键后的弹出菜单

第三步：选择要添加的代码文件，如图 1-77 所示。

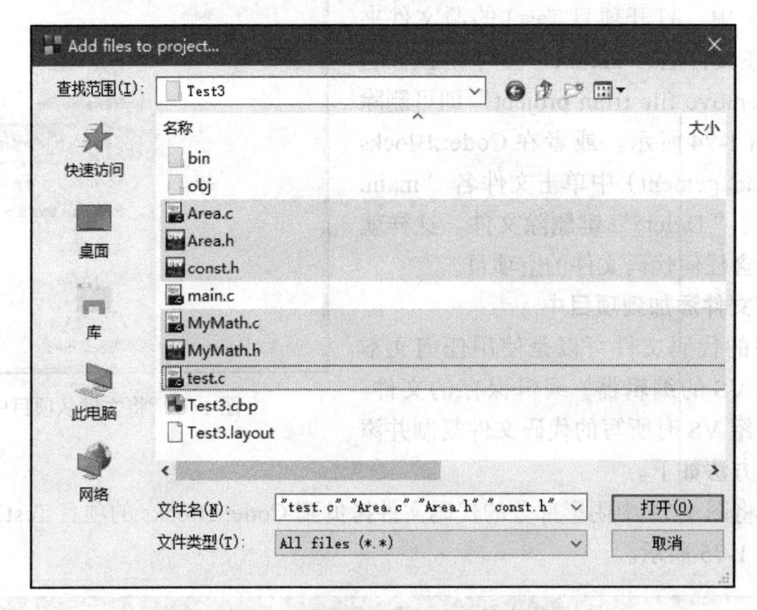

图 1-77　Code::Blocks 下添加文件界面

第四步：在图 1-78 所示的界面中（选中两个复选框），单击“OK”按钮完成添加。

完成文件添加后，在 Code::Blocks 的管理器中，打开项目 Test3 的目录树，能看到刚刚添加的代码文件，如图 1-79 所示。

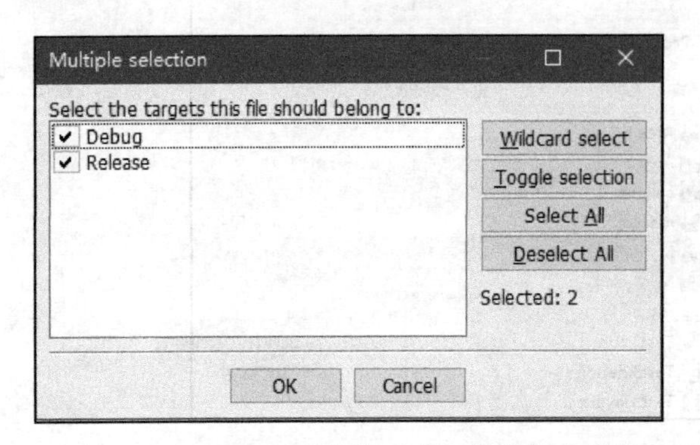

图 1-78　Code::Blocks 下添加文件后的目标多选窗口

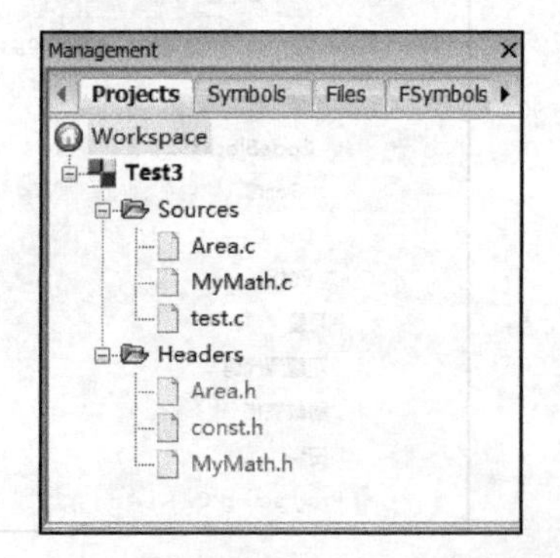

图 1-79　完成文件添加后，Test3 的文件目录树

2. 为项目添加新文件

如果需要向项目 Test3 中添加一个全新的代码文件（.h 文件或 .c 文件），方法如下。

第一步：点击 Code::Blocks 按钮栏中的添加新文件按钮，在弹出菜单中选择“File...”，如图 1-80 所示。

第二步：在弹出的窗口中选择要添加的新文件类型，如图 1-81 所示。根据需要添加的新文件类型，可以选择“C/C++ header”“C/C++ source”“Empty file”等。如果添加 .c 文件，则需要选择“C/C++ source”，单击按钮“Go”。

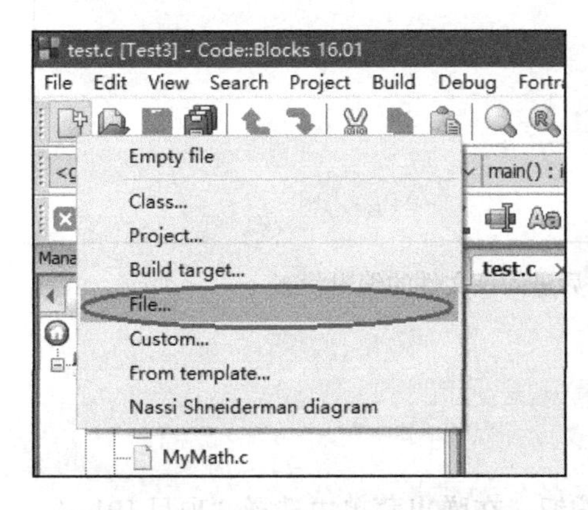

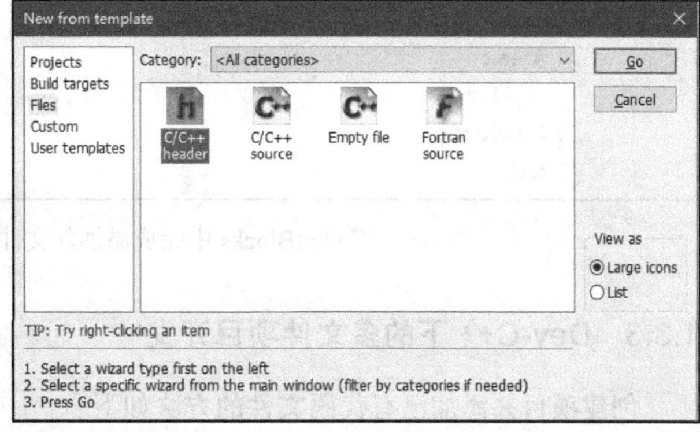

图 1-80　添加文件按钮的鼠标右键菜单　图 1-81　Code::Blocks 中添加新文件时的文件类型选择界面

第三步：在弹出的语言选择窗口中选择“C”，单击“Next”按钮，如图 1-82 所示。

第四步：在如图 1-83 所示的窗口中的文件路径编辑框内输入完整的路径，例如 D:\Programing_C\Test3\NewFunc.c，并选中“Add file to active project”复选框，单击“Finish”按钮。

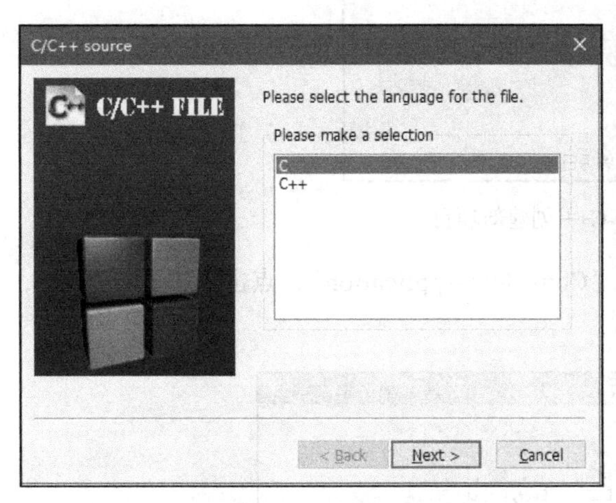

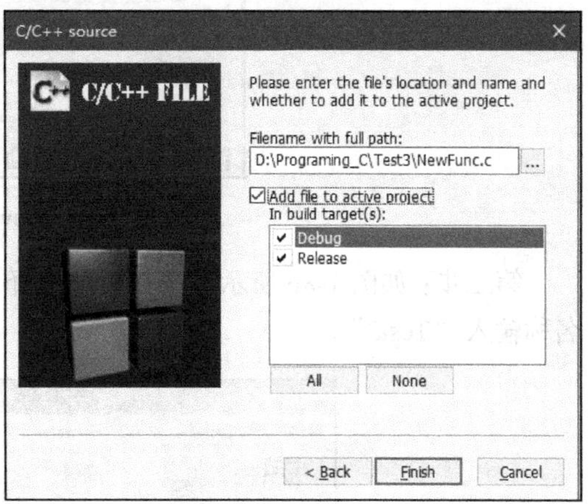

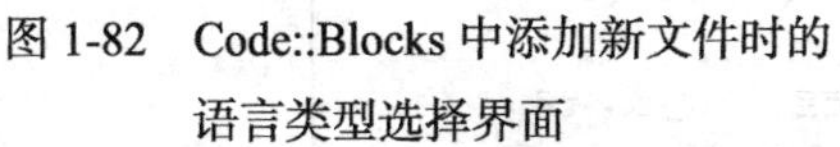
图 1-82　Code::Blocks 中添加新文件时的语言类型选择界面

图 1-83　Code::Blocks 中添加新文件时的语言类型选择界面

第五步：完成添加文件的操作，进入该文件的编辑状态，如图 1-84 所示。

程序的调试方法已经在前面介绍过，这里不再赘述。

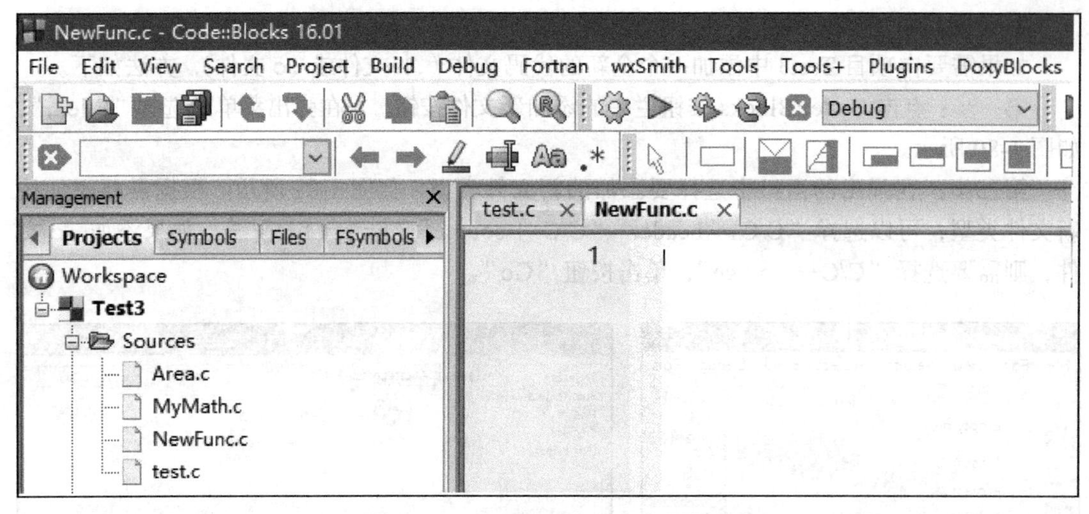

图 1-84　Code::Blocks 中完成添加新文件后进入该文件的编辑状态

1.3.3　Dev-C++ 下的多文件项目开发

创建项目并添加已有代码文件的方法如下。

第一步：如图 1-85 所示，点击按钮栏中的新建按钮，在弹出菜单内选择“项目 [P]...”，或者在主菜单上选择“文件 [F]” / “新建 [N]” / “项目 [P]”。

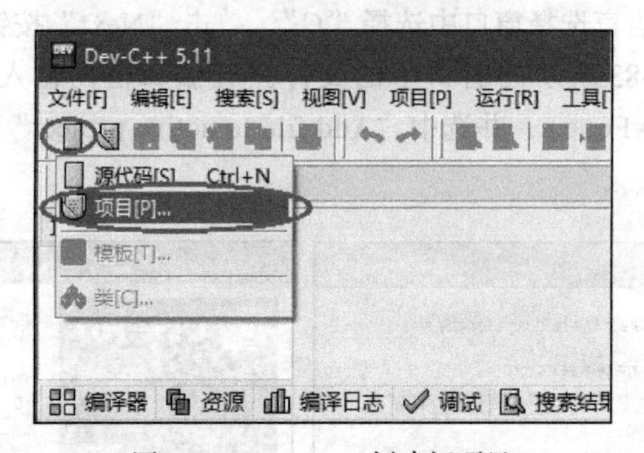

图 1-85　Dev-C++ 创建新项目

第二步：如图 1-86 所示，项目类型选择“ConsoleD Application”，点击选中“C 项目”，名称输入“Test3”。

图 1-86　设置项目类型和名称

第三步：如图 1-87 所示，选择项目文件的保存位置，输入项目文件名称“Test3.dev”，单击“保存（S）”按钮，完成项目的创建。“.dev”是 Dev-C++ 项目文件名称的默认后缀。

图 1-87　设定项目保存路径和项目文件名称

第四步：如图 1-88 所示，在新创建的项目中，Dev-C++ 自动添加了源代码文件“main.c”。我们需要删除这个文件，添加之前已经写好的代码文件。移除的方法是选择“菜单”/“项目 [P]”/“移除 [R]”，如图 1-89 所示。

第五步：在图 1-90 所示的界面中，选中“main.c”，单击“删除 [D]”按钮。若在删除之前没有保存 **main.c** 文件，会弹出是否保存的对话框，选择“否（NO）”即可。

第六步：将图 1-71 中阴影部分的代码文件拷贝到 Dev-C++ 的项目 Test3 所在文件夹中。

第七步：添加已有代码文件，在菜单中选择“项目 [P]”/“添加 [A]”。

第八步：如图 1-91 所示，选择代码文件，单击“打开（O）”按钮，完成添加操作。

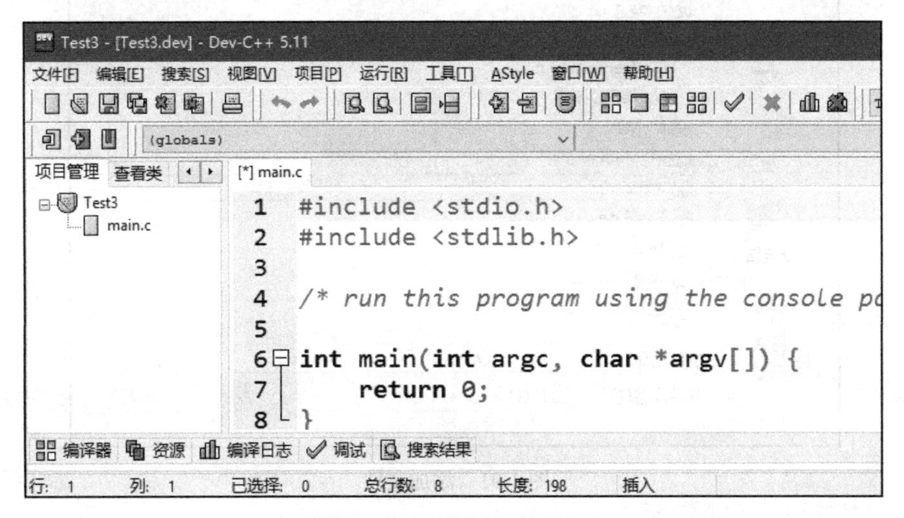

图 1-88　新创建的项目界面

图 1-89　从项目中移除文件

图 1-90　移除文件界面

图 1-91　添加文件

如果需要在工程中添加新的代码文件，可通过如下三种方法中的任意一种实现：

1）选择“文件”/“新建”/“源代码”。

2）直接单击按钮栏的按钮 New，并选择“Source File”。

3）使用快捷键 Ctrl+N。

添加文件后，单击“保存”按钮，然后输入含后缀的完整文件名即可完成添加工作。

1.4　小结

本章介绍了三种不同的 IDE 及在这三种 IDE 中进行 C 程序调试的方法。在实际应用中，根据程序的复杂程度，需要结合多种方法来调试。

需要注意的是，即便程序运行结果与预期相同，也不代表程序没有错误，可能只是错误还没有暴露而已。调试是为了找出错误，而错误的根源在于程序员自己。所以，为了减轻调试工作量，要养成良好的编码习惯，保证代码的规范性以及程序逻辑的严密和正确性。

【思考题】

1）如果考虑文本中存在非英文字符的情形，那么程序应该怎样编写？

2）如果要计算一串文本中最后一个单词及其长度，那么程序应该怎样编写？

第二部分

经典案例

第 2 章　基本运算和基本 I/O 专题

【本章目标】

- 掌握常用的集成开发环境，以及程序在计算机中编辑、编译、链接和运行的过程。
- 掌握变量、常量、数据类型的基本概念，能够用基本数据类型在计算机中表示和存储数据。
- 掌握算术、赋值等基本运算符以及运算符的优先级和结合性。
- 掌握键盘输入和屏幕输出等简单的 I/O 操作，能够用基本数据类型、基本运算和顺序结构构造程序。

2.1　数位拆分 v1.0

1. 实验内容

请编写一个程序，将一个 4 位的正整数 *n*（例如 4321）拆分为两个 2 位的正整数 *a* 和 *b*（例如 43 和 21），计算并输出拆分后的两个数 *a* 和 *b* 的加、减、乘、除和求余的结果。

2. 实验要求

用 scanf() 从键盘输入一个 4 位的正整数，用 printf() 输出拆分后的两个数的加、减、乘、除和求余的结果，要求除法运算结果保留小数点后两位小数。要求掌握整数除法和浮点数除法运算的不同点。

测试编号	程序运行结果示例	测试编号	程序运行结果示例
1	Input n: 4321↙ a=43,b=21 a+b=64 a-b=22 a*b=903 a/b=2.05 a%b=1	2	Input n: 1234↙ a=12,b=34 a+b=46 a-b=-22 a*b=408 a/b=0.35 a%b=12

3. 实验参考程序

```
1    #include <stdio.h>
2    int main(void)
3    {
4        int n, a, b;
5        printf("Input n:");
6        scanf("%d", &n);
7        a = n / 100;
8        b = n % 100;
9        printf("a=%d,b=%d\n", a, b);
10       printf("a+b=%d\n", a + b);
11       printf("a-b=%d\n", a - b);
12       printf("a*b=%d\n", a * b);
13       printf("a/b=%.2f\n", (float)(a) / (float)(b));
```

```
14       printf("a%%b=%d\n", a % b);
15       return 0;
16   }
```

2.2　身高预测 v1.0

1. 实验内容

请按照下面的计算公式（暂不考虑后天因素的影响）编写一个程序，根据父亲和母亲的身高预测他们的儿子小明和女儿小红的遗传身高（单位：cm）。

设 faHeight 为父亲身高，moHeight 为母亲身高，则身高预测公式为：

男性成年时身高 = (faHeight + moHeight) × 0.54cm

女性成年时身高 = (faHeight × 0.923 + moHeight) / 2cm

2. 实验要求

用 scanf() 输入爸爸的身高和妈妈的身高，用 printf() 输出他们的儿子小明和女儿小红的遗传身高。要求分别用宏常量和 const 常量编写程序，对比和体会两种常量的不同特点。

测试编号	程序运行结果示例
1	Please input their father's height(cm):182↙ Please input their mother's height(cm):160↙ Height of xiao ming:185 Height of xiao hong:165
2	Please input their father's height(cm):180↙ Please input their mother's height(cm):170↙ Height of xiao ming:189 Height of xiao hong:168

3. 实验参考程序

参考程序 1 如下：

```
1   #include  <stdio.h>
2   int main(void)
3   {
4       float boyHeight, girlHeight;
5       float faHeight, moHeight;
6       const float c1 = 0.54, c2 = 0.923;
7       printf("Please input their father's height(cm):");
8       scanf("%f", &faHeight);
9       printf("Please input their mother's height(cm):");
10      scanf("%f", &moHeight);
11      boyHeight = (faHeight + moHeight) * c1;
12      girlHeight = (faHeight * c2 + moHeight) / 2.0;
13      printf("Height of xiao ming: %.0f\n", boyHeight);
14      printf("Height of xiao hong: %.0f\n", girlHeight);
15      return 0;
16  }
```

参考程序 2 如下：

```
1   #include  <stdio.h>
2   #define C1 0.54
3   #define C2 0.923
4   int main(void)
```

```
5   {
6        float boyHeight, girlHeight;
7        float faHeight, moHeight;
8        printf("Please input their father's height(cm):");
9        scanf("%f", &faHeight);
10       printf("Please input their mother's height(cm):");
11       scanf("%f", &moHeight);
12       boyHeight = (faHeight + moHeight) * C1;
13       girlHeight = (faHeight * C2 + moHeight) / 2.0;
14       printf("Height of xiao ming: %.0f\n", boyHeight);
15       printf("Height of xiao hong: %.0f\n", girlHeight);
16       return 0;
17  }
```

2.3 计算三角形面积

1. 实验内容

请按照如下公式，编写一个程序计算三角形的面积，假设三角形的三条边 a、b、c 的值能构成一个三角形。

$$s=\frac{1}{2}(a+b+c), \text{area}=\sqrt{s(s-a)(s-b)(s-c)}$$

2. 实验要求

用 scanf() 从键盘任意输入三角形的三边长为 a、b、c，用 printf() 输出三角形的面积，要求结果保留到小数点后两位。要求掌握函数 sqrt() 的使用方法。

测试编号	程序运行结果示例	测试编号	程序运行结果示例
1	Input a,b,c:3,4,5↙ area = 6.00	2	Input a,b,c:4,4,4↙ area = 6.93

3. 实验参考程序

```
1   #include <stdio.h>
2   #include  <math.h>
3   int main(void)
4   {
5        float  a, b, c, s, area;
6        printf("Input a,b,c:");
7        scanf("%f,%f,%f", &a, &b, &c);
8        s = (a + b + c) / 2.0;
9        area = sqrt(s * (s - a) * (s - b) * (s - c));
10       printf("area = %.2f\n", area);
11       return 0;
12  }
```

2.4 存款计算器

1. 实验内容

某人向一个年利率为 rate 的定期储蓄账号内存入本金 capital 元，存期为 n 年。请编写一个程序，计算到期时能从银行得到的本利之和。

任务 1：按照如下普通计息方式计算本利之和。

$$\text{deposit}=\text{capital}\times(1+\text{rate}\times n)$$

任务 2：按照如下复利计息方式计算本利之和，假设存款所产生的利息仍然存入同一个账号。

$$\text{deposit} = \text{capital} \times (1 + \text{rate})^n$$

其中 capital 是最初存款总额（即本金），rate 是整存整取的年利率，n 是存款的期限（以年为单位），deposit 是第 n 年年底账号里的存款总额。

2. 实验要求

用 scanf() 从键盘输入存款的本金 capital、年利率 rate 和存款期限 n，用 printf() 输出 n 年后这个账号中的存款总额（保留小数点后两位小数）。

要求掌握函数 pow() 的使用方法。

实验内容	测试编号	程序运行结果示例
1	1	Input rate, year, capital:0.0225,10,1000↙ deposit = 1225.00
	2	Input rate, year, capital:0.0273,2,10000↙ deposit = 10546.00
2	1	Input rate, year, capital:0.0225,10,1000↙ deposit = 1249.20
	2	Input rate, year, capital:0.0273,2,10000↙ deposit = 10553.45

3. 实验参考程序

任务 1 的参考程序如下：

```
1   #include  <math.h>
2   #include  <stdio.h>
3   int main(void)
4   {
5       int     n;
6       double rate, capital, deposit;
7       printf("Input rate, year, capital:");
8       scanf("%lf,%d,%lf", &rate, &n, &capital);
9       deposit = capital * (1 + rate * n);
10      printf("deposit = %.2f\n", deposit);
11      return 0;
12  }
```

任务 2 的参考程序如下：

```
1   #include  <math.h>
2   #include  <stdio.h>
3   int main(void)
4   {
5       int     n;
6       double rate, capital, deposit;
7       printf("Input rate, year, capital:");
8       scanf("%lf,%d,%lf", &rate, &n, &capital);
9       deposit = capital * pow(1+rate, n);
10      printf("deposit = %.2f\n", deposit);
11      return 0;
12  }
```

【思考题】

请编写一个程序，计算按照两种计息方式计算本利之和相差的钱数。

第3章 基本控制结构专题

【本章目标】

- 掌握选择结构和循环结构的基本控制方法，掌握嵌套循环程序的设计和实现方法，掌握累加求和、连乘求积、统计、计算均值和方差等常用算法，针对给定的设计任务，能够选择恰当的基本控制结构和算法构造结构化的程序。
- 掌握程序测试和程序调试的基本方法和技巧，能够选择恰当的工具和方法对程序进行测试和调试。
- 掌握用函数封装和过程抽象重构或复用代码的基本方法，理解分而治之对提高程序质量的重要性，掌握函数定义、函数调用、从函数返回值，以及用简单变量做函数参数的函数参数传递方法。
- 掌握防御式编程的基本方法，理解防御式编程对提高程序的健壮性、可读性和可维护性的重要性。

3.1 数位拆分 v2.0

1. 实验内容

请编写一个程序，将一个4位的整数 *n* 拆分为两个2位的整数 *a* 和 *b*（例如，假设 *n*=−2304，则拆分后的两个整数分别为 *a*=−23，*b*=−4），计算拆分后的两个数的加、减、乘、除和求余运算的结果。

任务1：对于负数的情形，要求求余运算计算的是负余数。例如，假设 *n*=−2304，则拆分后的两个整数分别为 *a*=−23，*b*=−4，其求余结果 *a*%*b*=−3。

任务2：对于负数的情形，要求求余运算计算的是正余数。例如，假设 *n*=−2304，则拆分后的两个整数分别为 *a*=−23，*b*=−4，其求余结果 *a*%*b*=1。

2. 实验要求

先输入一个4位的整数 *n*，输出其拆分后的两个数的加、减、乘、除和求余运算的结果。要求除法运算结果精确到小数点后两位。求余和除法运算需要考虑除数为0的情况，如果拆分后 *b*=0，则输出提示信息“The second operator is zero!”。

要求用if-else语句或嵌套的if-else语句编程实现，注意整数除法和浮点数除法运算的不同点。

实验内容	测试编号	程序运行结果示例
1	1	Input n:1200↙ 12,0 sum=12,sub=12,multi=0 The second operator is zero!
	2	Input n:-2304↙ -23,-4 sum=-27,sub=-19,multi=92 dev=5.75,mod=-3

（续）

实验内容	测试编号	程序运行结果示例
1	3	Input n:2304↙ 23,4 sum=27,sub=19,multi=92 dev=5.75,mod=3
2	1	Input n:1200↙ 12,0 sum=12,sub=12,multi=0 The second operator is zero!
	2	Input n:-2304↙ -23,-4 sum=-27,sub=-19,multi=92 dev=5.75,mod=1
	3	Input n:2304↙ 23,4 sum=27,sub=19,multi=92 dev=5.75,mod=3

3. 实验参考程序

任务1的参考程序如下：

```
1   #include  <math.h>
2   #include  <stdio.h>
3   int main(void)
4   {
5       int n, a, b;
6       printf("Input n:");
7       scanf("%d", &n);
8       a = n / 100;
9       b = n % 100;
10      printf("%d,%d\n", a, b);
11      printf("sum=%d,sub=%d,multi=%d\n", a+b, a-b, a*b);
12      if (b != 0)
13      {
14          printf("dev=%.2f,mod=%d\n",(float)a/(float)b, a%b);
15      }
16      else
17      {
18          printf("The second operator is zero!\n");
19      }
20      return 0;
21  }
```

任务2的参考程序如下：

```
1   #include  <math.h>
2   #include  <stdio.h>
3   int main(void)
4   {
5       int n, a, b;
6       printf("Input n:");
7       scanf("%d", &n);
8       a = n / 100;
9       b = n % 100;
```

```
10      printf("%d,%d\n", a, b);
11      printf("sum=%d,sub=%d,multi=%d\n", a+b, a-b, a*b);
12      if (b != 0)
13      {
14          if (a > 0)
15          {
16              printf("dev=%.2f,mod=%d\n",(float)a/b, a%b);
17          }
18          else
19          {
20              printf("dev=%.2f,mod=%d\n",(float)a/b, a%b+(int)fabs(b));
21          }
22      }
23      else
24      {
25          printf("The second operator is zero!\n");
26      }
27      return 0;
28  }
```

3.2 身高预测 v2.0

1. 实验内容

相关研究表明，影响身高的因素不仅有遗传，还有饮食习惯与体育锻炼等。设 faHeight 为父亲身高，moHeight 为母亲身高，则遗传身高的预测公式为：

$$男性成年时身高 = (faHeight + moHeight) \times 0.54$$

$$女性成年时身高 = (faHeight \times 0.923 + moHeight)/2$$

如果喜爱体育锻炼，那么身高可增加 2%；如果有良好的饮食习惯，那么身高可增加 1.5%。请编写一个程序，利用给定公式和身高预测方法对身高进行预测。

2. 实验要求

输入用户的性别（F 或 f 表示女性，M 或 m 表示男性）、父母身高、是否喜爱体育锻炼（Y 或 y 表示喜爱，N 或 n 表示不喜爱）、是否有良好的饮食习惯（Y 或 y 表示良好，N 或 n 表示不好）等条件，输出预测的身高。

要求用级联形式的 if-else 语句编程实现，掌握逻辑运算符的正确使用方法。

测试编号	程序运行结果示例
1	Are you a boy(M) or a girl(F)?F↙ Please input your father's height(cm):182↙ Please input your mother's height(cm):162↙ Do you like sports(Y/N)?N↙ Do you have a good habit of diet(Y/N)?Y↙ Your future height will be 167(cm)
2	Are you a boy(M) or a girl(F)?M↙ Please input your father's height(cm):182↙ Please input your mother's height(cm):162↙ Do you like sports(Y/N)?Y↙ Do you have a good habit of diet(Y/N)?N↙ Your future height will be 189(cm)

3. 实验参考程序

```
1   #include  <stdio.h>
2   #define C1 0.54
3   #define C2 0.923
4   int main(void)
5   {
6       char sex;              // 孩子的性别
7       char sports;           // 是否喜爱体育锻炼
8       char diet;             // 是否有良好的饮食习惯
9       float myHeight;        // 孩子身高
10      float faHeight;        // 父亲身高
11      float moHeight;        // 母亲身高
12      printf("Are you a boy(M) or a girl(F)?");
13      scanf(" %c", &sex);    // 在 %c 前加一个空格，读走输入缓冲区中的回车符
14      printf("Please input your father's height(cm):");
15      scanf("%f", &faHeight);
16      printf("Please input your mother's height(cm):");
17      scanf("%f", &moHeight);
18      printf("Do you like sports(Y/N)?");
19      scanf(" %c", &sports);// 在 %c 前加一个空格，读走输入缓冲区中的回车符
20      printf("Do you have a good habit of diet(Y/N)?");
21      scanf(" %c", &diet); // 在 %c 前加一个空格，读走输入缓冲区中的回车符
22      if (sex == 'M' || sex == 'm')
23          myHeight = (faHeight + moHeight) * C1;
24      else
25          myHeight = (faHeight * C2 + moHeight) / 2.0;
26      if (sports == 'Y' || sports == 'y')
27          myHeight = myHeight * (1 + 0.02);
28      if (diet == 'Y' || diet == 'y')
29          myHeight = myHeight * (1 + 0.015);
30      printf("Your future height will be %.0f(cm)\n", myHeight);
31      return 0;
32  }
```

3.3 体形判断

1. 实验内容

已知某人的身高为 h（以米为单位，如1.74m）、体重为 w（以公斤为单位，如70kg），则BMI（身体质量指数）的计算公式为：

$$t = w / h^2$$

请编写一个程序，根据上面的公式计算你的BMI值，同时根据下面的BMI中国标准判断你属于何种类型。

- 当 $t < 18.5$ 时，属于偏瘦；
- 当 t 介于18.5和24之间时，属于正常体重；
- 当 t 介于24和28之间时，属于过重；
- 当 $t \geqslant 28$ 时，属于肥胖。

2. 实验要求

用scanf()从键盘输入你的身高（以厘米为单位，如174cm）和体重（以公斤为单位，如70kg），将身高（以米为单位，如1.74m）和体重（以斤为单位，如140斤）输出在屏幕上，用printf()输出你的BMI值，要求结果保留到小数点后两位，同时输出你属于何种类型。

要求用级联形式的 if-else 语句编程实现，掌握逻辑运算符的正确使用方法。

测试编号	程序运行结果示例	测试编号	程序运行结果示例
1	Input weight, height: 45, 1.64↙ t=16.73 Lower weight!	3	Input weight, height: 70, 1.64↙ t=26.03 Higher weight!
2	Input weight, height: 60, 1.64↙ t=22.31 Standard weight!	4	Input weight, height: 75, 1.64↙ t=27.89 Too fat!

3. 实验参考程序

参考程序 1 如下：

```
1   #include  <stdio.h>
2   int main(void)
3   {
4       float  h, w, t;
5       printf("Input weight, height:");
6       scanf("%f, %f", &w, &h);
7       t = w / (h * h);
8       if (t < 18)
9           printf("t=%.2f\nLower weight!\n", t);
10      if (t >= 18 && t < 25)
11          printf("t=%.2f\nStandard weight!\n", t);
12      if (t >= 25 && t < 27)
13          printf("t=%.2f\nHigher weight!\n", t);
14      if (t >= 27)
15          printf("t=%.2f\nToo fat!\n", t);
16      return 0;
17  }
```

参考程序 2 如下：

```
1   #include  <stdio.h>
2   int main(void)
3   {
4       float  h, w, t;
5       printf("Input weight, height:");
6       scanf("%f, %f", &w, &h);
7       t = w / (h * h);
8       if (t < 18)
9           printf("t=%.2f\nLower weight!\n", t);
10      else  if (t < 25)
11          printf("t=%.2f\nStandard weight!\n", t);
12      else  if (t < 27)
13          printf("t=%.2f\nHigher weight!\n", t);
14      else
15          printf("t=%.2f\nToo fat!\n", t);
16      return 0;
17  }
```

3.4　算术计算器

1. 实验内容

任务 1：请编写一个程序，实现一个简单的对整数进行加、减、乘、除和求余 5 种算术运算的计算器。

任务2：请编写一个程序，实现一个简单的对浮点数进行加、减、乘、除和幂运算的计算器。

2. 实验要求

先按如下格式输入算式（允许运算符前后有空格），然后输出表达式的值：

操作数1 运算符op 操作数2

若除数为0，则输出“Division by zero!”；若运算符非法，则输出“Invalid operator!”。

任务1要求运算符包括：加（+）、减（-）、乘（*）、除（/）、求余（%）。

任务2要求运算符包括：加（+）、减（-）、乘（*，也可使用x或X）、除（/）和幂运算（使用^）。

要求使用白盒测试方法对程序进行测试，注意%的输出方法以及实数与0比较的方法，掌握break在switch语句中的作用。

实验内容	测试编号	程序运行结果示例
1	1	`Please enter an expression: 22 + 12↙` `22 + 12 = 34`
	2	`Please enter an expression: 22 - 12↙` `22 - 12 = 10`
	3	`Please enter an expression: 22 * 12↙` `22 * 12 = 264`
	4	`Please enter an expression: 22 / 12↙` `22 / 12 = 1`
	5	`Please enter an expression: 22 / 0↙` `Division by zero!`
	6	`Please enter an expression: 22 % 12↙` `22 % 12 = 10`
	7	`Please enter an expression: 22 \ 12↙` `Invalid operator!`
2	1	`Please enter an expression: 22 + 12↙` `22 + 12 = 34`
	2	`Please enter an expression: 22 - 12↙` `22 - 12 = 10`
	3	`Please enter an expression: 22 * 12↙` `22 * 12 = 264`
	4	`Please enter an expression: 22 / 12↙` `22 / 12 = 1.833333`
	5	`Please enter an expression: 22 / 0↙` `Division by zero!`
	6	`Please enter the expression:3 ^ 5↙` `3.000000 ^ 5.000000 = 243.000000`
	7	`Please enter an expression: 22 \ 12↙` `Invalid operator!`

3. 实验参考程序

任务1的参考程序如下：

```
1   #include  <stdio.h>
2   int main(void)
3   {
4       int  data1, data2;
```

```
5       char  op;
6       printf("Please enter an expression:");
7       scanf("%d %c%d", &data1, &op, &data2);  //注意 %c 前有一个空格
8       switch (op)                    //根据输入的运算符确定执行的运算
9       {
10      case '+':                      //加法运算
11          printf("%d + %d = %d \n", data1, data2, data1 + data2);
12          break;
13      case '-':                      //减法运算
14          printf("%d - %d = %d \n", data1, data2, data1 - data2);
15          break;
16      case "*':                      //乘法运算
17          printf("%d * %d = %d \n", data1, data2, data1 * data2);
18          break;
19      case "/":                      //除法运算
20          if (data2 == 0)            //为避免除 0 错误，检验除数是否为 0
21              printf("Division by zero!\n");
22          else
23              printf("%d / %d = %d \n", data1, data2, data1 / data2);
24          break;
25      case "%":                      //求余运算
26          if (data2 == 0)            //为避免除 0 错误，检验除数是否为 0
27              printf("Division by zero!\n");
28          else
29              printf("%d %% %d = %d \n", data1, data2, data1 % data2);
30          break;
31      default:                       //处理非法运算符
32          printf("Invalid operator!\n");
33      }
34      return 0;
35  }
```

任务 2 的参考程序如下：

```
1   #include  <stdio.h>
2   #include  <math.h>
3   int main(void)
4   {
5       double  data1, data2;          //定义两个操作数
6       char op;                       //定义运算符
7       printf("Please enter the expression:");
8       scanf("%lf %c%lf", &data1, &op, &data2);    //输入表达式，%c 前有一个空格
9       switch (op)                    //根据输入的运算符确定要执行的运算
10      {
11          case "+":printf("%f + %f = %f \n", data1, data2, data1 + data2);
12                   break;
13          case "-":printf("%f - %f = %f \n", data1, data2, data1 - data2);
14                   break;
15          case "*":
16          case "x":
17          case "X":
18              printf("%f * %f = %f \n", data1, data2, data1 * data2);
19              break;
20          case "/":if (fabs(data2) <= 1e-7)          //实数与 0 比较
21                  printf("Division by zero!\n");
22              else
23                  printf("%f / %f = %f \n", data1, data2, data1 / data2);
24              break;
```

```
25          case "^":
26              printf("%f ^ %f = %f \n", data1, data2, pow(data1,data2));
27              break;
28          default: printf("Unknown operator! \n");
29      }
30      return 0;
31  }
```

3.5 国王的许诺

1. 实验内容

相传国际象棋是古印度舍罕王的宰相达依尔发明的。舍罕王十分喜欢象棋，决定让宰相自己选择赏赐。这位聪明的宰相指着 8×8 共 64 格的象棋盘说：“陛下，请您赏给我一些麦子吧，就在棋盘的第 1 格中放 1 粒，第 2 格中放 2 粒，第 3 格中放 4 粒，以后每一格都比前一格增加一倍，依此放完棋盘上的 64 个格子，我就感恩不尽了。”舍罕王让人扛来一袋麦子，他要兑现他的许诺。国王能兑现他的许诺吗？请编程计算舍罕王共需要多少麦子赏赐给他的宰相，这些麦子合多少立方米（已知 1 立方米麦子约 1.42e8 粒）？

【编程提示】第 1 格放 1 粒，第 2 格放 2 粒，第 3 格放 $4=2^2$ 粒……第 i 格放 2^{i-1} 粒，所以，总麦粒数为 $sum=1+2+2^2+2^3+\cdots+2^{63}$。这是一个典型的等比数列求和问题。

2. 实验要求

本程序无须用户输入数据，输出结果包括总麦粒数和折合的总麦粒体积数。

要求掌握等比数列求和这类典型的累加累乘算法的程序实现方法，学会寻找累加项的构成规律。一般地，累加项的构成规律有两种：一种是寻找一个通式来表示累加项，直接计算累加的通项，例如本例的累加通项是 2^{i-1}；另一种是通过寻找前项与后项之间的联系，利用前项计算后项，例如本例的后项是前项的 2 倍。

测试编号	程序运行结果示例
1	sum = 1.844674e+019 volum = 1.299066e+011

3. 实验参考程序

参考程序 1 如下：

```
1   #include  <math.h>
2   #include <stdio.h>
3   #define   CONST  1.42e8
4   double GetSum(int n);
5   int main(void)
6   {
7       int  n = 64;
8       double  sum;
9       sum = GetSum(n);
10      printf("sum = %e\n", sum);          //打印总麦粒数
11      printf("volum = %e\n", sum/CONST); //打印折合的总麦粒体积数
12      return 0;
13  }
14  double GetSum(int n)
15  {
16      int i;
```

```
17      double  term, sum = 0;
18      for (i=1; i<=n; ++i)
19      {
20          term = pow(2, i-1);
21          sum = sum + term;
22      }
23      return sum;
24  }
```

参考程序2如下：

```
1   #include  <math.h>
2   #include <stdio.h>
3   #define   CONST  1.42e8
4   double GetSum(int n);
5   int main(void)
6   {
7       int  n = 64;
8       double  sum;
9       sum = GetSum(n);
10      printf("sum = %e\n", sum);          //打印总麦粒数
11      printf("volum = %e\n", sum/CONST);  //打印折合的总麦粒体积数
12      return 0;
13  }
14  double GetSum(int n)
15  {
16      int i;
17      double  term = 1, sum = 1;
18      for (i=2; i<=n; ++i)
19      {
20          term = term * 2;                //根据后项是前项的2倍计算累加项
21          sum = sum + term;
22      }
23      return sum;
24  }
```

3.6　计算圆周率

1. 实验内容

利用公式编程计算π的近似值。

2. 实验要求

任务1：利用下面的公式编程计算π的近似值，直到最后一项的绝对值小于1e-4时为止，输出π的值并统计累加的项数。

$$\frac{\pi}{4}=1-\frac{1}{3}+\frac{1}{5}-\frac{1}{7}+\cdots$$

任务2：利用下面公式的前5000项之积，编程计算π的近似值，输出π的值。

$$\frac{\pi}{2}=\frac{2}{1}\times\frac{2}{3}\times\frac{4}{3}\times\frac{4}{5}\times\frac{6}{5}\times\frac{6}{7}\times\cdots$$

实验内容	测试编号	程序运行结果示例
1	1	pi=3.141793
2	1	pi=3.141279

3. 实验参考程序

任务 1 的参考程序 1 如下：

```
1    #include <stdio.h>
2    #include <math.h>
3    double GetPi();
4    int main(void)
5    {
6        printf("pi = %f\n", GetPi());
7        return 0;
8    }
9    double GetPi()
10   {
11       int sign = 1;
12       double pi = 1.0, n = 1.0, term = 1.0;
13       while (fabs(term) >= 1e-4)
14       {
15           n = n + 2;
16           sign = -sign;
17           term = sign / n;
18           pi = pi + term;
19       }
20       pi = pi * 4;
21       return pi;
22   }
```

任务 1 的参考程序 2 如下：

```
1    #include <stdio.h>
2    #include <math.h>
3    double GetPi();
4    int main(void)
5    {
6        printf("pi = %f\n", GetPi());
7        return 0;
8    }
9    double GetPi()
10   {
11       double pi , term = 1;
12       int i;
13       pi = 1;
14       for (i=1; term>=1e-4; ++i)
15       {
16           term = 1.0 / (2 * i + 1);
17           if (i % 2 == 0)
18           {
19               pi = pi + term;
20           }
21           else
22           {
23               pi = pi - term;
24           }
25       }
26       pi = pi * 4;
27       return pi;
28   }
```

任务 2 的参考程序如下：

```
1   #include <stdio.h>
2   #include <math.h>
3   double GetPi();
4   int main(void)
5   {
6       printf("pi = %f\n", GetPi(5000));
7       return 0;
8   }
9   double GetPi(int n)
10  {
11      int i;
12      double term, pi = 1;
13      for (i=2; i<=n; i=i+2)
14      {
15          term = (double)(i * i) / ((i - 1) * (i + 1));
16          pi = pi * term;
17      }
18      pi = pi * 2;
19      return pi;
20  }
```

【思考题】

对于任务 1 的程序，如何知道其循环累加了多少项？

3.7　判断数字位数

1. 实验内容

请编程判断整数的位数。

2. 实验要求

任务 1：从键盘输入一个 int 型数据，输出该整数共有几位数字。

要求按如下函数原型编程：

```
int GetBits(int n);
```

使用 while 语句通过“不断缩小 10 倍直到 0 为止”判断整数 *n* 有几位数字并将其返回。

任务 2：从键盘输入一个 int 型数据，输出该整数共有几位数字，以及包含各个数字的个数。

要求按如下函数原型编程：

```
int CountBits(int n);
```

先调用函数 GetBits() 返回整数 *n* 的位数，然后使用 switch 语句统计并输出每一位数字在 *n* 中出现的次数。

实验内容	测试编号	程序运行结果示例
1	1	Input n:21125↙ 5 bits
	2	Input n:-12234↙ 5 bits
2	1	Input n:12226↙ 1: 1 2: 3 6: 1 5 bits

（续）

实验内容	测试编号	程序运行结果示例
2	2	Input n:-12243↙ 1: 1 2: 2 3: 1 4: 1 5 bits

3. 实验参考程序

任务1的参考程序如下：

```
1    #include <stdio.h>
2    int GetBits(int n);
3    int main(void)
4    {
5        int n, bits;
6        printf("Input n:");
7        scanf("%d", &n);
8        bits = GetBits(n);
9        printf("%d bits\n", bits);
10       return 0;
11   }
12   //函数功能：返回整数n的位数
13   int GetBits(int n)
14   {
15       int bits = 1;
16       int b;
17       b = n / 10;
18       while (b != 0) //通过"不断缩小10倍直到0为止"判断有几位数字
19       {
20           bits++;
21           b = b / 10;
22       }
23       return bits;
24   }
```

任务2的参考程序1如下：

```
1    #include <stdio.h>
2    #include <math.h>
3    int GetBits(int n);
4    int CountBits(int n);
5    int main(void)
6    {
7        int n, bits;
8        printf("Input n:");
9        scanf("%d", &n);
10       bits = CountBits(n);
11       printf("%d bits\n", bits);
12       return 0;
13   }
14   //函数功能：返回整数n的位数
15   int GetBits(int n)
16   {
17       int bits = 1;
18       int b;
```

```
19      b = n / 10;
20      while (b != 0) //通过“不断缩小10倍直到0为止”判断有几位数字
21      {
22          bits++;
23          b = b / 10;
24      }
25      return bits;
26  }
27  //函数功能：返回整数n的位数，并统计输出每一位数字出现的次数
28  int CountBits(int n)
29  {
30      int digit, pos, i, j, k;
31      int d0=0, d1=0, d2=0, d3=0, d4=0, d5=0, d6=0, d7=0, d8=0, d9=0;
32      int bits;
33      bits = GetBits(n);
34      pos = bits;
35      for (i=1; i<=bits; ++i)       //从最高位开始依次提取每位数字并计数
36      {
37          pos--;
38          k = 1;
39          for (j=1; j<=pos; ++j)
40          {
41              k = k * 10;
42          }
43          digit = fabs(n / k);          //提取每位数字
44          switch (digit)                //对提取的位计数
45          {
46              case 0: d0++;    break;
47              case 1: d1++;    break;
48              case 2: d2++;    break;
49              case 3: d3++;    break;
50              case 4: d4++;    break;
51              case 5: d5++;    break;
52              case 6: d6++;    break;
53              case 7: d7++;    break;
54              case 8: d8++;    break;
55              case 9: d9++;    break;
56              default:printf("error\n");
57          }
58          n = fabs(n) - digit * k;      //去掉前一位数字，将后一位数字变成最高位
59      }
60      if (d0 != 0) printf("0: %d\n", d0);
61      if (d1 != 0) printf("1: %d\n", d1);
62      if (d2 != 0) printf("2: %d\n", d2);
63      if (d3 != 0) printf("3: %d\n", d3);
64      if (d4 != 0) printf("4: %d\n", d4);
65      if (d5 != 0) printf("5: %d\n", d5);
66      if (d6 != 0) printf("6: %d\n", d6);
67      if (d7 != 0) printf("7: %d\n", d7);
68      if (d8 != 0) printf("8: %d\n", d8);
69      if (d9 != 0) printf("9: %d\n", d9);
70      return bits;
71  }
```

任务2的参考程序2如下：

```
1   #include <stdio.h>
2   #include <math.h>
3   int GetBits(int n);
```

```
4   int CountBits(int n);
5   int main(void)
6   {
7       int n, bits;
8       printf("Input n:");
9       scanf("%d", &n);
10      bits = CountBits(n);
11      printf("%d bits\n", bits);
12      return 0;
13  }
14  // 函数功能：返回Num中数字字符的位数
15  int GetBits(int n)
16  {
17      int  b;
18      int  bits = 1;
19      b = n / 10;
20      while (b != 0)   // 通过“不断缩小10倍直到0为止”判断有几位数字
21      {
22          bits++;
23          b = b / 10;
24      }
25      return bits;
26  }
27  // 函数功能：打印Num中每个数字字符出现的次数，返回数字的位数
28  int CountBits(int n)
29  {
30      int  digit, bits, pos, i, j, k;
31      int  count[10] = {0};
32      bits = GetBits(n);
33      pos = bits;
34      for (i=1; i<=bits; ++i)       // 从最高位开始依次提取每位数字并计数
35      {
36          pos--;
37          k = 1;
38          for (j=1; j<=pos; ++j)
39          {
40              k = k * 10;
41          }
42          digit = fabs(n / k);       // 提取每位数字
43          count[digit]++;            // 对提取的位计数
44          n = fabs(n) - digit * k;  // 去掉前一位数字，将后一位数字变成最高位
45      }
46      for (j=0; j<10; ++j)
47      {
48          if (count[j] != 0) printf("%d: %d\n", j, count[j]);
49      }
50      return bits;
51  }
```

任务2的参考程序3如下：

```
1   #include <stdio.h>
2   #define  N  30
3   int GetBits(char num[]);
4   int CountBits(char num[]);
5   int main(void)
6   {
7       int bits;
8       char a[N];
```

```
9       printf("Input n:");
10      scanf("%s", a);
11      bits = CountBits(a);
12      printf("%d bits\n", bits);
13      return 0;
14  }
15  //函数功能：返回num中数字字符的总数
16  int GetBits(char num[])
17  {
18      int i, m = 0;
19      for (i=0; num[i]!='\0'; ++i)
20      {
21          if (num[i] <= '9' && num[i] >= '0')
22          {
23              m++;
24          }
25      }
26      return m;       //返回数字字符的个数
27  }
28  //函数功能：打印num中每个数字字符出现的次数，返回数字的位数
29  int CountBits(char num[])
30  {
31      int i, bits;
32      int  count[10] = {0};
33      bits = GetBits(num);
34      for (i=0; num[i]!='\0'; ++i)
35      {
36          switch(num[i])
37          {
38          case '0':
39              count[0]++;
40              break;
41          case '1':
42              count[1]++;
43              break;
44          case '2':
45              count[2]++;
46              break;
47          case '3':
48              count[3]++;
49              break;
50          case '4':
51              count[4]++;
52              break;
53          case '5':
54              count[5]++;
55              break;
56          case '6':
57              count[6]++;
58              break;
59          case '7':
60              count[7]++;
61              break;
62          case '8':
63              count[8]++;
64              break;
65          case '9':
66              count[9]++;
```

```
67              break;
68          }
69      }
70      for (i=0; i<10; ++i)
71      {
72          if (count[i] != 0)
73              printf("%d: %d\n", i, count[i]);
74      }
75      return bits;
76  }
```

任务2的参考程序4如下:

```
1   #include <stdio.h>
2   #define  N  30
3   int GetBits(char num[]);
4   int CountBits(char num[]);
5   int main(void)
6   {
7       int  bits;
8       char a[N];
9       printf("Input n:");
10      scanf("%s", a);
11      bits = CountBits(a);
12      printf("%d bits\n", bits);
13      return 0;
14  }
15  //函数功能：返回num中数字字符的总数
16  int GetBits(char num[])
17  {
18      int i, m = 0;
19      for (i=0; num[i]!='\0'; ++i)
20      {
21          if (num[i] <= '9' && num[i] >= '0')
22          {
23              m++;
24          }
25      }
26      return m;       //返回数字字符的个数
27  }
28  //函数功能：打印num中每个数字字符出现的次数，返回数字的位数
29  int CountBits(char num[])
30  {
31      int i, m, bits;
32      int  count[10] = {0};
33      bits = GetBits(num);
34      for (i=0; num[i]!='\0'; ++i)
35      {
36          m = num[i] - '0';
37          count[m]++;
38      }
39      for (i=0; i<10; ++i)
40      {
41          if (count[i] != 0)
42              printf("%d: %d\n", i, count[i]);
43      }
44      return bits;
45  }
```

3.8　阶乘求和

1. 实验内容

请采用防御性编程方法，编程计算从 1 到 n 的阶乘的和。

2. 实验要求

任务 1：先输入一个 [1,10] 范围内的数 n，然后计算并输出 $1! + 2! + 3! + \cdots + n!$。

要求按如下函数原型编程计算 n 的阶乘：

```
long Fact(int n);
```

要求按如下函数原型编程计算 $1!+2!+\cdots+n!$：

```
long FactSum(int n);
```

要求程序具有防止非法字符输入和错误输入的能力，即如果用户输入了非法字符或者不在 [1,10] 范围内的数，则提示用户重新输入数据。

任务 2：先输入一个 [1,10] 范围内的数 n，然后计算并输出 $S=1!+2!+\cdots+n!$ 的末 6 位（不含前导 0）。若 S 不足 6 位，则直接输出 S。不含前导 0 的意思是，如果末 6 位为 001234，则只输出 1234。要求程序具有防止非法字符输入和错误输入的能力，即如果用户输入了非法字符或者不在 [1,10] 范围内的数，则提示用户重新输入数据。

任务 3：先输入一个 [1,20] 范围内的数 n，然后计算并输出 $S=1!+2!+\cdots+n!$ 的末 6 位（不含前导 0）。若 S 不足 6 位，则直接输出 S。不含前导 0 的意思是，如果末 6 位为 001234，则只输出 1234。要求程序具有防止非法字符输入和错误输入的能力，即如果用户输入了非法字符或者不在 [1,20] 范围内的数，则提示用户重新输入数据。

任务 4：先输入一个 [1, 1 000 000] 范围内的数 n，然后计算并输出 $S=1!+2!+\cdots+n!$ 的末 6 位（不含前导 0）。若 S 不足 6 位，则直接输出 S。不含前导 0 的意思是，如果末 6 位为 001234，则只输出 1234。要求程序具有防止非法字符输入和错误输入的能力，即如果用户输入了非法字符或者不在 [1, 1 000 000] 范围内的数，则提示用户重新输入数据。

实验内容	测试编号	程序运行结果示例
1	1	Input n: 10↙ 4037913
	2	Input n: 5↙ 153
	3	Input n: a↙ Input n: -1↙ Input n: 15↙ Input n: 4↙ 33
2	1	Input n:8↙ 46233
	2	Input n:5↙ 153
	3	Input n: a↙ Input n: -1↙ Input n: 15↙ Input n: 10↙ 37913

（续）

实验内容	测试编号	程序运行结果示例
3	1	Input n:8↙ 46233
	2	Input n:20↙ 820313
	3	Input n: a↙ Input n: -1↙ Input n: 25↙ Input n: 10↙ 37913
4	1	Input n:8↙ 46233
	2	Input n:23↙ 580313
	3	Input n:24↙ 940313
	4	Input n:1600↙ 940313
	5	Input n:1000000↙ 940313
	6	Input n: a↙ Input n: -1↙ Input n: 5000000↙ Input n: 10↙ 37913

3. 实验参考程序

任务 1 的参考程序如下：

```
1   #include <stdio.h>
2   long Fact(int n);
3   long FactSum(int n);
4   int main(void)
5   {
6       int  n, ret;
7       long sum;
8       do{
9           printf("Input n:");
10          ret = scanf("%d", &n);
11          if (ret != 1) while (getchar() != '\n');
12      }while(ret!=1 || n<1 || n>10);
13      sum = FactSum(n);
14      printf("%ld\n", sum);
15      return 0;
16  }
17  //函数功能：计算 n 的阶乘
18  long Fact(int n)
19  {
20      int  i;
21      long p = 1;
22      for (i=1; i<=n; ++i)
23      {
```

```
24          p = p * i;
25      }
26      return p;
27  }
28  //函数功能：计算1!+2!+...+n!
28  long FactSum(int n)
30  {
31      int  i;
32      long sum = 0;
33      for (i=1; i<=n; ++i)
34      {
35          sum = sum + Fact(i);
36      }
37      return sum;
38  }
```

任务2的参考程序1如下：

```
1   #include <stdio.h>
2   #define MOD 1000000
3   long FactSum(int n);
4   int main(void)
5   {
6       int  n, ret;
7       long sum;
8       do{
9           printf("Input n:");
10          ret = scanf("%d", &n);
11          if (ret != 1) while (getchar() != '\n');
12      }while(ret!=1 || n<1 || n>10);
13      sum = FactSum(n) % MOD;//计算1!+2!+...+n! 的末6位
14      printf("%ld\n", sum);
15      return 0;
16  }
17  //函数功能：计算1!+2!+...+n!
18  long FactSum(int n)
19  {
20      int i;
21      long sum = 0, f = 1;
22      for (i=1; i<=n; ++i)
23      {
24          f = f * i;
25          sum = sum + f;
26      }
27      return sum;
28  }
```

任务2的参考程序2如下：

```
1   #include <stdio.h>
2   #define MOD 1000000
3   int FactSum(int n);
4   int main(void)
5   {
6       int  n, ret;
7       int sum;
8       do{
9           printf("Input n:");
10          ret = scanf("%d", &n);
```

```
11          if (ret != 1) while (getchar() != '\n');
12      }while(ret!=1 || n<1 || n>10);
13      sum = FactSum(n);
14      printf("%d\n", sum);
15      return 0;
16  }
17  //函数功能：计算1!+2!+...+n!的末6位
18  int FactSum(int n)
19  {
20      int i;
21      long sum = 0, f = 1;
22      for (i=1; i<=n; ++i)
23      {
24          f = f * i;
25          sum = sum + f;
26      }
27      return sum % MOD;
28  }
```

任务3的参考程序1如下：

```
1   #include <stdio.h>
2   #define MOD 1000000
3   long long FactSum(int n);
4   int main(void)
5   {
6       int  n, ret;
7       long sum;
8       do{
9           printf("Input n:");
10          ret = scanf("%d", &n);
11          if (ret != 1) while (getchar() != '\n');
12      }while(ret!=1 || n<1 || n>20);
13      sum = FactSum(n) % MOD; //计算1!+2!+...+n! 的末6位
14      printf("%ld\n", sum);
15      return 0;
16  }
17  //函数功能：计算1!+2!+...+n!
18  long long FactSum(int n)
19  {
20      int i;
21      long long sum = 0, f = 1;
22      for (i=1; i<=n; ++i)
23      {
24          f = f * i;
25          sum = sum + f;
26      }
27      return sum;
28  }
```

任务3的参考程序2如下：

```
1   #include <stdio.h>
2   #define MOD 1000000
3   long FactSum(int n);
4   int main(void)
5   {
6       int  n, ret;
7       long sum;
```

```
8       do{
9           printf("Input n:");
10          ret = scanf("%d", &n);
11          if (ret != 1) while (getchar() != '\n');
12      }while(ret!=1 || n<1 || n>20);
13      sum = FactSum(n);
14      printf("%ld\n", sum);
15      return 0;
16  }
17  //函数功能：计算 1!+2!+...+n! 的末 6 位
18  long FactSum(int n)
19  {
20      int i;
21      long long sum = 0, f = 1;
22      for (i=1; i<=n; ++i)
23      {
24          f = f * i;
25          sum = sum + f;
26      }
27      return sum % MOD;
28  }
```

任务 4 的参考程序如下：

```
1   #include <stdio.h>
2   #define MOD 1000000
3   long Func(int n);
4   int main(void)
5   {
6       int  n, ret;
7       long sum;
8       do{
9           printf("Input n:");
10          ret = scanf("%d", &n);
11          if (ret != 1) while (getchar() != '\n');
12      }while(ret!=1 || n<1 || n>1000000);
13      sum = Func(n);
14      printf("%ld\n", sum);
15      return 0;
16  }
17  //函数功能：计算 1!+2!+...+n! 的末 6 位
18  long Func(int n)
19  {
20      int i;
21      long sum = 0, f = 1;
22      if (n > 24) n = 24; //因为从 25 往后的所有数的阶乘值的末 6 位均为 0
23      for (i = 1; i <= n; ++i)
24      {
25          f = f * i % MOD;      //得到阶乘值的末 6 位
26          sum = (sum + f) % MOD;  //得到阶乘之和的末 6 位
27      }
28      return sum;
29  }
```

【思考题】

请编写一个程序，计算所有的三位阶乘和数。三位阶乘和数是指这样一个三位数 m：假设其百位、十位和个位数字分别是 a、b、c，则有 $m=a!+b!+c!$（约定 0!=1）。

第4章　枚举法专题

【本章目标】

- 掌握用枚举法进行问题求解的基本原理和思想，针对给定的问题，能够选择恰当的方法求解问题，能够使用启发式策略对程序的效率进行优化。
- 掌握流程转移控制的方法，break 语句和标志变量在循环语句中的作用和使用方法。

4.1　还原算术表达式

1. 实验内容

任务 1：请编写一个程序求解以下算式中各字母所代表的数字的值，已知不同的字母代表不同的数字。

```
     XYZ
+    YZZ
-------------
一个三位数 n
```

【设计思路提示】本例中，枚举对象 X、Y 和 Z，Z 的枚举范围是 [0, 9]，X 和 Y 的枚举范围是 [1, 9]，找到所求解的判定条件为 100*X+10*Y+Z+Z+Z*10+Y*100==*n*。

任务 2：请编写一个程序求解以下算式中各字母所代表的数字的值，已知不同的字母代表不同的数字。

```
     P E A R
+      A R A
-------------
       P E A
```

【设计思路提示】本例中，枚举对象是 P、E、A、R，E 和 R 的枚举范围是 [0, 9]，两个数字的首位 P 和 A 的枚举范围是 [1, 9]，P、E、A、R 应满足判定条件 P*1000+E*100+A*10+R−(A*100+R*10+A)==P*100+E*10+A。

2. 实验要求

任务 1：先从键盘输入小于 1000 的 *n* 值，如果 *n* 不小于 1000，则重新输入 *n* 值，然后输出所有满足条件的解。

任务 2：输出满足条件的解，本程序无须输入数据。

实验内容	测试编号	程序运行结果示例
1	1	Input n(n<1000):1021↙ Input n(n<1000):532↙↙ X=3,Y=2,Z=1
	2	Input n(n<1000):872↙ X=2,Y=6,Z=1
	3	Input n(n<1000):531↙ Not found!
2	1	PEAR=1098

3. 实验参考程序

任务 1 的参考程序 1 如下：

```
1   #include <stdio.h>
2   int main(void)
3   {
4       int x, y, z, n, find = 0;
5       do{
6           printf("Input n(n<1000):");
7           scanf("%d", &n);
8       }while (n >= 1000);
9       for (x=1; x<=9; ++x)
10      {
11          for (y=1; y<=9; ++y)
12          {
13              for (z=0; z<=9; ++z)
14              {
15                  if (100*x+10*y+z+z+10*z+100*y==n && x!=y && y!=z && x!=z)
16                  {
17                      printf("X=%d,Y=%d,Z=%d\n", x, y, z);
18                      find = 1;
19                  }
20              }
21          }
22      }
23      if (!find)
24      {
25          printf("Not found!");
26      }
27      return 0;
28  }
```

任务 1 的参考程序 2 如下：

```
1   #include<stdio.h>
2   int main(void)
3   {
4       int i;
5       int x, y, z, n, find = 0;
6       do{
7           printf("Input n(n<1000):");
8           scanf("%d", &n);
9       }while (n >= 1000);
10      for (i=100; i<n; ++i)
11      {
12          x = i / 100;
13          y = i % 100 / 10;
14          z = i % 10;
15          if ((i + y * 100 + z * 10 + z) == n && x!=y && y!=z && x!=z && y!=0 && x!=0)
16          {
17              printf("X=%d,Y=%d,Z=%d\n", x, y, z);
18              find = 1;
19          }
20      }
21      if (!find)
22      {
23          printf("Not found!");
24      }
```

```
25      return 0;
26  }
```

任务2的参考程序1如下：

```
1   #include  <stdio.h>
2   int main(void)
3   {
4       int p, e, a, r;
5       for (p=1; p<=9; p++)
6       {
7           for (e=0; e<=9; e++)
8           {
9               for (a=1; a<=9; ++a)
10              {
11                  for (r=0; r<=9; r++)
12                  {
13                      if (p*1000+e*100+a*10+r-(a*100+r*10+a)==p*100+e*10+a
14                          && r!=p && r!=e && r!=a && p!=e && p!=a && e!=a
15                          && e!=r && a!=r)
16                      {
17                          printf("PEAR=%d%d%d%d\n", p, e, a, r);
18                          goto END;
19                      }
20                  }
21              }
22          }
23      }
24      END:return 0;
25  }
```

任务2的参考程序2如下：

```
1   #include  <stdio.h>
2   int main(void)
3   {
4       int p, e, a, r;
5       for (p=1; p<=9; p++)
6       {
7           for (e=0; e<=9; e++)
8           {
9               if (p != e)
10              {
11                  for (a=1; a<=9; ++a)
12                  {
13                      if (a!=p && a!=e)
14                      {
15                          for (r=0; r<=9; r++)
16                          {
17                              if (p*1000+e*100+a*10+r-(a*100+r*10+a)==p*100+
                                    e*10+a
18                                  && r!=p && r!=e && r!=a && p!=e && p!=a &&
                                        e!=a
19                                  && e!=r && a!=r)
20                              {
21                                  printf("PEAR=%d%d%d%d\n", p, e, a, r);
22                                  goto END;
23                              }
```

```
24                              }
25                          }
26                      }
27                  }
28              }
29          }
30          END:return 0;
31      }
```

任务 2 的参考程序 3 如下：

```
1   #include  <stdio.h>
2   int main(void)
3   {
4       int p, e, a, r, find = 0;
5       for (p=1; p<=9&&!find; p++)
6       {
7           for (e=0; e<=9&&!find; e++)
8           {
9               if (p != e)
10              {
11                  for (a=1; a<=9&&!find; ++a)
12                  {
13                      if (a!=p && a!=e)
14                      {
15                          for (r=0; r<=9&&!find; r++)
16                          {
17                              if (p*1000+e*100+a*10+r-(a*100+r*10+a)==p*100+
                                    e*10+a
18                                  && r!=p && r!=e && r!=a && p!=e && p!=a &&
                                        e!=a
19                                  && e!=r && a!=r)
20                              {
21                                  printf("PEAR=%d%d%d%d\n", p, e, a, r);
22                                  find = 1;
23                              }
24                          }
25                      }
26                  }
27              }
28          }
29      }
30      return 0;
31  }
```

【思考题】

1）在任务 1 参考程序的第 18 行语句后面加上 exit(0)，可否？

2）将任务 2 参考程序的 goto 语句改成 exit(0)，可否？

4.2 求解不等式

1. 实验内容

任务 1：请编写一个程序，对用户指定的正整数 n，计算并输出满足下面不等式的正整数 m。

$$1! + 2! + \cdots + m! < n$$

任务 2：请编写一个程序，对用户指定的正整数 n，计算并输出满足下面平方根不等式的最小正整数 m。

$$\sqrt{m}+\sqrt{m+1}+\cdots+\sqrt{2m}>n$$

任务 3：请编写一个程序，对用户指定的正整数 n，计算并输出满足下面调和级数不等式的正整数 m。

$$n<1+1/2+1/3+\cdots+1/m<n+1$$

【设计思路提示】在本例的三个任务中，枚举对象均为 m，不等式本身就是判定条件，找到满足判定条件的解后需要使用 break 或标志变量的方法退出循环。

2. 实验要求

任务 1：先输入一个正整数 n 的值，然后输出满足不等式的正整数 m。

任务 2：先输入一个正整数 n 的值，然后输出满足不等式的最小正整数 m。

任务 3：先输入一个正整数 n 的值，然后输出满足不等式的正整数 m。

要求掌握 break 语句和标志变量在循环语句中的作用和使用方法。

实验内容	测试编号	程序运行结果示例
1	1	Input n: 1000000↙ m<=9
	2	Input n: 10000↙ m<=7
2	1	Input n:10000↙ m>=407
	2	Input n: 100000↙ m>=1888
3	1	Input n:10↙ m=12367
	2	Input n: 5↙ m=83

3. 实验参考程序

任务 1 的参考程序 1 如下：

```
1    #include <stdio.h>
2    int main(void)
3    {
4        unsigned long i, n, term = 1, sum = 0;
5        printf("Input n:");
6        scanf("%lu", &n);
7        for (i=1; ;++i)
8        {
9            term = term * i;
10           sum = sum + term;
11           if (sum >= n) break;
12       }
13       printf("m<=%lu\n", i-1);
14       return 0;
15   }
```

任务 1 的参考程序 2 如下：

```
1   #include <stdio.h>
2   int main(void)
3   {
4       unsigned long i = 0, n, term = 1, sum = 0;
5       printf("Input n:");
6       scanf("%lu", &n);
7       do{
8           ++i;
9           term = term * i;
10          sum = sum + term;
11      }while(sum < n);
12      printf("m<=%lu\n", i-1);
13      return 0;
14  }
```

任务 1 的参考程序 3 如下：

```
1   #include <stdio.h>
2   int main(void)
3   {
4       unsigned long i, n, term = 1, sum = 0;
5       int flag = 0;
6       printf("Input n:");
7       scanf("%lu", &n);
8       for (i=1; !flag; ++i)
9       {
10          term = term * i;
11          sum = sum + term;
12          if (sum >= n)
13          {
14              flag = 1;
15              printf("m<=%lu\n", i-1);
16          }
17      }
18      return 0;
19  }
```

任务 2 的参考程序 1 如下：

```
1   #include <stdio.h>
2   #include <math.h>
3   int main(void)
4   {
5       int i, m;
6       double s, n;
7       printf("Input n:");
8       scanf("%lf", &n);
9       for (m=1;; ++m)
10      {
11          s = 0;
12          for (i=m; i<=2*m; ++i)
13          {
14              s = s + sqrt(i);
15          }
16          if (s > n)   break;
17      }
18      printf("m>=%d\n", m);
```

```
19      return 0;
20  }
```

任务2的参考程序2如下：

```
1   #include <stdio.h>
2   #include <math.h>
3   int main(void)
4   {
5       int i = 0, m = 1;
6       double s = 0, n;
7       printf("Input n:");
8       scanf("%lf", &n);
9       do{
10          s = 0;
11          for (i=m; i<=2*m; ++i)
12          {
13              s = s + sqrt(i);
14          }
15          m++;
16      }while (s <= n);
17      printf("m>=%d\n", m-1);
18      return 0;
19  }
```

任务2的参考程序3如下：

```
1   #include <stdio.h>
2   #include <math.h>
3   int main(void)
4   {
5       int i = 0, m = 1, flag = 0;
6       double s = 0, n;
7       printf("Input n:");
8       scanf("%lf", &n);
9       for (m=1; !flag; ++m)
10      {
11          s = 0;
12          for (i=m; i<=2*m; ++i)
13          {
14              s = s + sqrt(i);
15          }
16          if (s > n)
17          {
18              printf("m>=%d\n", m);
19              flag = 1;
20          }
21      }
22      return 0;
23  }
```

任务2的参考程序4如下：

```
1   #include <stdio.h>
2   #include <math.h>
3   int main(void)
4   {
5       double n, x;
6       int i, m = 1;
```

```
7       printf("Input n:");
8       scanf("%lf", &n);
9       do{
10          m++;
11          x = sqrt(m);
12          for (i=1; i<=m; ++i)
13          {
14              x = x + sqrt(m + i);
15          }
16      }while (x <= n);
17      printf("m>=%d\n", m);
18      return 0;
19  }
```

任务 3 的参考程序 1 如下：

```
1   #include <stdio.h>
2   int main(void)
3   {
4       int m;
5       double s, i, n;
6       printf("Input n:");
7       scanf("%lf", &n);
8       for (m=1; ;++m)
9       {
10          s = 0;
11          for (i=1; i<=m; ++i)
12          {
13              s = s + 1.0/i;
14          }
15          if (s > n && s < n+1)   break;
16      }
17      printf("m=%d\n", m);
18      return 0;
19  }
```

任务 3 的参考程序 2 如下：

```
1   #include <stdio.h>
2   int main(void)
3   {
4       int m = 1;
5       double s, i, n;
6       printf("Input n:");
7       scanf("%lf", &n);
8       do{
9           s = 0;
10          for (i=1; i<=m; ++i)
11          {
12              s = s + 1.0/i;
13          }
14          m++;
15      }while (s <= n);
16      printf("m=%d\n", m-1);
17      return 0;
18  }
```

任务 3 的参考程序 3 如下：

```
1   #include <stdio.h>
2   int main(void)
3   {
4       int m = 1, flag = 0;
5       double s, i, n;
6       printf("Input n:");
7       scanf("%lf", &n);
8       for (m=1; !flag; ++m)
9       {
10          s = 0;
11          for (i=1; i<=m; ++i)
12          {
13              s = s + 1.0/i;
14          }
15          if (s > n && s < n+1)
16          {
17              printf("m=%d\n", m);
18              flag = 1;
19          }
20      }
21      return 0;
22  }
```

4.3　韩信点兵

1. 实验内容

韩信有一队士兵，他想知道有多少人，便让士兵排队报数。按从 1 至 5 报数，最后一个士兵报的数为 1；按从 1 至 6 报数，最后一个士兵报的数为 5；按从 1 至 7 报数，最后一个士兵报的数为 4；最后再按从 1 至 11 报数，最后一个士兵报的数为 10。请编写一个程序，确定这队士兵至少多少人。

【设计思路提示】本例中枚举对象为士兵数，设士兵数为 x，按题意 x 应满足判定条件：x%5 ==1 && x%6==5 &&x %7==4 && x%11==10，采用枚举法对 x 从 1 开始试验，可得到韩信至少有多少士兵。

2. 实验要求

程序输出为韩信至少拥有的士兵数，本程序无须输入数据。

测试编号	程序运行结果示例
1	x=2111

3. 实验参考程序

参考程序 1 如下：

```
1   #include <stdio.h>
2   int main(void)
3   {
4       int  x = 1;
5       int find = 0;              // 设置找到标志为假
6       while (!find)
7       {
8           if (x%5==1 && x%6==5 && x%7==4 && x%11==10)
```

```
9               {
10                  printf("x=%d\n", x);
11                  find = 1;
12              }
13              x++;
14          }
15          return 0;
16      }
```

参考程序 2 如下：

```
1       #include <stdio.h>
2       int main(void)
3       {
4           int  x = 1;
5           while (1)
6           {
7               if (x%5==1 && x%6==5 && x%7==4 && x%11==10)
8               {
9                   printf("x=%d\n", x);
10                  break;
11              }
12              x++;
13          }
14          return 0;
15      }
```

参考程序 3 如下：

```
1       #include <stdio.h>
2       int main(void)
3       {
4           int  x = 0, find = 0;
5           do{
6               x++;
7               if (x%5==1 && x%6==5 && x%7==4 && x%11==10)
8               {
9                   find = 1;
10              }
11          } while (!find);
12          printf("x=%d\n", x);
13          return 0;
14      }
```

参考程序 4 如下：

```
1       #include <stdio.h>
2       int main(void)
3       {
4           int  x = 0;
5           do{
6               x++;
7           } while (!(x%5==1 && x%6==5 && x%7==4 && x%11==10));
8           printf("x=%d\n", x);
9           return 0;
10      }
```

【思考题】

爱因斯坦曾提出过这样一道数学题：有一条长阶梯，若每步跨 2 阶，最后剩下 1 阶；若每步跨3阶，最后剩下2阶；若每步跨5阶，最后剩下4阶；若每步跨6阶，最后剩下5阶；只有每步跨7阶，最后才正好1阶不剩。请编程计算这条阶梯共有多少阶。

4.4 减肥食谱

1. 实验内容

某女生因减肥每餐限制摄入热量900卡，可以选择的食物包括主食和副食。主食为一份面条160卡，副食包括一份橘子40卡、一份西瓜50卡、一份蔬菜80卡，请编程帮助该女生计算如何选择一餐的食物，使得总的热量为900卡，同时至少包含一份主食和一份副食，而且总的份数不超过10份。

2. 实验要求

程序输出为该女生每天吃的面条份数、橘子份数、西瓜份数、蔬菜份数，要求按照“面条份数、橘子份数、西瓜份数、蔬菜份数”这个顺序输出所有可能的解，本程序无须输入数据。

测试编号	程序运行结果示例
1	2 0 2 6 3 0 2 4 3 2 2 3 4 0 2 2 4 2 2 1 4 4 2 0 5 0 2 0

3. 实验参考程序

参考程序1如下：

```
1    #include <stdio.h>
2    #include <stdlib.h>
3    int main(void)
4    {
5        int i, j, k, m, sum = 0, flag = 1;
6        for (i=1; i<=5; ++i)
7        {
8            for (j=0; j<=22; ++j)
9            {
10               for (k=0; k<=18; ++k)
11               {
12                   if (j == 0 && k == 0)
13                   {
14                       continue;
15                   }
16                   for (m = 0; m <= 11 && flag; ++m)
17                   {
18                       if (i + j + k + m <= 10)
19                       {
20                           sum = i * 160 + j * 40 + k * 50 + m * 80;
21                           if (sum == 900)
22                           {
23                               printf("%d %d %d %d\n", i, j, k, m);
24                           }
```

```
25                  }
26                  else
27                  {
28                      break;
29                  }
30              }
31          }
32      }
33  }
34  return 0;
35 }
```

参考程序 2 如下：

```
1   #include <stdio.h>
2   #include <stdlib.h>
3   int main(void)
4   {
5       int i, j, k, m, sum = 0, flag = 1;
6       for (i=1; i<=5; ++i)
7       {
8           for (j=0; j<=22; ++j)
9           {
10              for (k=0; k<=18; ++k)
11              {
12                  for (m = 0; m <= 11 && flag; ++m)
13                  {
14                      if (i + j + k + m <= 10 && (j != 0 || k != 0))
15                      {
16                          sum = i * 160 + j * 40 + k * 50 + m * 80;
17                          if (sum == 900)
18                              printf("%d %d %d %d\n", i, j, k, m);
19                      }
20                      else
21                          break;
22                  }
23              }
24          }
25      }
26      return 0;
27  }
```

【思考题】

某男生因减肥每天需要通过活动消耗热量，可以选择的活动包括慢跑 30 分钟（消耗 320 卡）、洗衣服（每 30 分钟消耗 50 卡）、看电影（每次一小时消耗 60 卡）、学习（每次 40 分钟消耗 60 卡）。请帮助该男生计算如何安排这些活动，保证能消耗掉不低于 600 卡且不超过 1000 卡的热量，而花费的时间不超过 3 小时，同时每天至少安排一次学习、至多看一次电影。

第5章　递推法专题

【本章目标】

- 掌握用递推法进行问题求解的基本原理和思想，掌握正向顺推和反向逆推在求解问题方面的不同特点。
- 针对给定的问题，能够选择恰当的方法求解问题，能够使用启发式策略对程序的效率进行优化。

5.1　猴子吃桃

1. 实验内容

猴子第一天摘了若干个桃子，吃了一半，不过瘾，又多吃了 1 个。第二天早上将剩余的桃子又吃掉一半，并且又多吃了 1 个。此后每天都是吃掉前一天剩下的一半，并再多吃一个。到第 n 天时，发现只剩下 1 个桃子。请编写一个程序，计算第一天它摘了多少个桃子。

【设计思路提示】根据题意，猴子每天剩下的桃子数都比前一天的一半少一个，假设第 i+1 天的桃子数是 x_{i+1}，第 i 天的桃子数是 x_i，则有 $x_{i+1}= x_i/2-1$。换句话说就是每天剩下的桃子数加 1 之后，刚好是前一天的一半，即 $x_i=2\times(x_{i+1}+1)$，第 n 天剩余的桃子数是 1，即 $x_n=1$。根据递推公式 $x_i=2\times(x_{i+1}+1)$，从初值 $x_n=1$ 开始反向逆推依次得到 $x_{n-1}=4$，$x_{n-2}=10$，$x_{n-3}=22$，……，直到推出第一天的桃子数即为所求。

2. 实验要求

先输入天数 n，然后输出第一天摘的桃子数。要求用如下函数原型编写程序：

```
int Monkey(int n);
```

要求掌握反向逆推的问题求解方法以及递推程序实现方法。

测试编号	程序运行结果示例	测试编号	程序运行结果示例
1	Input days:5↙ x=46	2	Input days:10↙ x=1534

3. 实验参考程序

参考程序 1 如下：

```
1    #include <stdio.h>
2    int Monkey(int n);
3    int main(void)
4    {
5        int days, total;
6        printf("Input days:");
7        scanf("%d", &days);
8        total = Monkey(days);
9        printf("x=%d\n", total);
10       return 0;
```

```
11  }
12  //函数功能：从第n天只剩下一个桃子反向逆推出第一天的桃子数
13  int Monkey(int n)
14  {
15      int x = 1;
16      while (n > 1)
17      {
18          x = (x + 1) * 2;
19          n--;
20      }
21      return x;
22  }
```

参考程序2如下：

```
1   #include <stdio.h>
2   int Monkey(int n);
3   int main(void)
4   {
5       int days, total;
6       printf("Input days:");
7       scanf("%d", &days);
8       total = Monkey(days);
9       printf("x=%d\n", total);
10      return 0;
11  }
12  //函数功能：从第n天只剩下一个桃子反向逆推出第一天的桃子个数
13  int Monkey(int n)
14  {
15      int x = 1, i;
16      for (i=1; i<n; ++i)
17      {
18          x = (x + 1) * 2;
19      }
20      return x;
21  }
```

5.2 吹气球

1. 实验内容

已知一只气球最多能充 h 升气体，如果气球内气体超过 h 升，气球就会爆炸。小明每天吹一次气，每次吹进去 m 升气体，由于气球慢撒气，第二天早晨发现少了 n 升气体。若小明从早晨开始吹一只气球，请编写一个程序计算第几天气球才能被吹爆。

【设计思路提示】 假设气球内的气体体积 volume 的初值为 0，那么吹气的过程就是执行下面这个累加运算：

```
volume = volume + m;
```

而气球慢撒气的过程就是执行下面这个累加运算：

```
volume = volume - n;
```

在每次吹气（注意不是撒气）后判断气球是否会被吹爆。当 volume>h 时，表示气球被吹爆，此时函数返回累计的天数。

2. 实验要求

先输入 *h*、*m*、*n*，然后输出气球被吹爆所需的天数。要求输入的 *h* 和 *m* 要大于 0，*n* 大于等于 0，并且一次吹进去的气体 *m* 大于一次撒气的气体量 *n*，否则重新输入数据。要求用如下函数原型编写程序：

```
int GetDays(int h, int m, int n);
```

要求掌握正向顺推的问题求解方法和防御式编程方法。

测试编号	程序运行结果示例	测试编号	程序运行结果示例
1	请输入h,m,n:20,2,3↙ 请输入h,m,n:20,5,3↙ 气球第9天被吹爆	2	请输入h,m,n:30,40,1↙ 气球第1天被吹爆

3. 实验参考程序

参考程序1如下：

```
1   #include <stdio.h>
2   int GetDays(int h, int m, int n);
3   int main(void)
4   {
5       int h, m, n;
6       do{
7           printf("请输入h,m,n:");
8           scanf("%d,%d,%d", &h, &m, &n);
9       }while (h<=0 || m<=0 || n<0 || m<=n);
10      printf("气球第%d天被吹爆", GetDays(h, m, n));
11      return 0;
12  }
13  int GetDays(int h, int m, int n)
14  {
15      int days = 0, volume = 0, today = 0;
16      while (today <= h)
17      {
18          days++;
19          volume = volume + m;
20          today = volume;
21          volume = volume - n;
22      }
23      return days;
24  }
```

参考程序2如下：

```
1   #include <stdio.h>
2   int GetDays(int h, int m, int n);
3   int main(void)
4   {
5       int h, m, n;
6       do{
7           printf("请输入h,m,n:");
8           scanf("%d,%d,%d", &h, &m, &n);
9       }while (h<=0 || m<=0 || n<0 || m<=n);
10      printf("气球第%d天被吹爆", GetDays(h, m, n));
11      return 0;
12  }
```

```
13  int GetDays(int h, int m, int n)
14  {
15      int days = 0, volume = 0;
16      while (1)
17      {
18          days++;
19          volume = volume + m;
20          if (volume > h) return days;
21          volume = volume - n;
22      }
23  }
```

【思考题】

已知一只气球最多能充 h 升气体，如果气球内气体超过 h，气球就会爆炸。小明每天吹一次气，每次吹进去 m 升气体，由于气球慢撒气，到了中午发现少了 n 升气体；到了第二天早晨发现气球依然有气，但比前一天中午又少 $2*n$ 升气体。若小明从早晨开始吹一只气球，每天允许吹两次气，早晨和中午各一次，请编写一个程序计算第几天的什么时刻（早晨或中午）气球能被吹爆。

要求 m 与 n 的关系应满足 $m>3*n$，当输入的 h 和 m 小于等于 0 以及 $m \leqslant 3*n$ 时，重新输入数据。

5.3　发红包

1. 实验内容

某公司现提供 n 个红包，每个红包 1 元钱，假设所有人都可以领。在红包足够的情况下，排在第 i 位的人领 Fib(i) 个红包，这里 Fib(i) 是 Fibonacci 数列的第 i 项（第 1 项为 1）。若轮到第 i 个人领取时，剩余的红包不到 Fib(i) 个，那么他就获得所有剩余的红包，第 $i+1$ 个及以后的人就无法获得红包。小白希望自己能拿到最多的红包，请编写一个程序帮小白算一算他应该排在第几个位置，能拿到多少个红包。

【设计思路提示】计算每个人领取红包的个数，需要先计算 Fibonacci 数列。计算 Fibonacci 数列的递推公式如下：

$$f_1=1 \qquad (i=1)$$
$$f_2=1 \qquad (i=2)$$
$$f_i=f_{i-1}+f_{i-2} \qquad (i \geqslant 3)$$

依次令 i=1，2，3，…，可由上述公式递推求出 Fibonacci 数列的前几项分别为：

1，1，2，3，5，8，13，21，34，55，89，144，…

将这些项累加在一起，直到累加和大于等于 n 为止。如果 n 与前 $i-1$ 项的累加和的差值大于 fib($i-1$)，则 n 与前 i-1 项的累加和的差值即为小白可以拿到的最多红包数，i 就是他应排在的位置，否则 fib($i-1$) 即为小白可以拿到的最多红包数，i-1 就是他应排在的位置。

$n \leqslant 3$ 的情况需要单独处理，此时小白能拿到的最多红包数都是 1。

计算 Fibonacci 数列，需要使用正向顺推方法求解。

方法 1：使用三个变量 f1、f2、f3 求出 Fibonacci 数列的第 n 项。用 f1、f2、f3 分别记

录数列中相邻的三项数值，这样不断由前项求出后项，通过 $n-2$ 次递推，即可求出数列中的第 n 项。如下所示，计算 Fibonacci 数列的第 12 项需递推 10 次。

序号	1	2	3	4	5	6	7	8	9	10	11	12
数列值	1	1	2	3	5	8	13	21	34	55	89	144
第 1 次迭代	f1	f2	f3									
第 2 次迭代		f1	f2	f3								
第 3 次迭代			f1	f2	f3							
第 4 次迭代				f1	f2	f3						
第 5 次迭代					f1	f2	f3					
第 6 次迭代						f1	f2	f3				
第 7 次迭代							f1	f2	f3			
第 8 次迭代								f1	f2	f3		
第 9 次迭代									f1	f2	f3	
第 10 次迭代										f1	f2	f3

方法 2：使用两个变量 f1、f2 求出 Fibonacci 数列的第 n 项。如下所示，递推 6 次即可计算出 Fibonacci 数列的第 12 项。

序号	1	2	3	4	5	6	7	8	9	10	11	12
数列值	1	1	2	3	5	8	13	21	34	55	89	144
第 1 次迭代	f1	f2										
第 2 次迭代			f1	f2								
第 3 次迭代					f1	f2						
第 4 次迭代							f1	f2				
第 5 次迭代									f1	f2		
第 6 次迭代											f1	f2

方法 3：用数组作为函数参数，用数组保存递推计算的 Fibonacci 数列的前 n 项。

2. 实验要求

先输入某公司提供的总的红包数量 n，然后输出小白的位置以及他能拿到的红包数量（即红包金额）。如果存在多个位置获得的最多红包金额相同，则输出第一个位置。

要求掌握正向顺推的问题求解方法和防御式编程方法。

测试编号	程序运行结果示例	测试编号	程序运行结果示例
1	Input n:1↙ pos=1 Hongbao=1	4	Input n:29↙ pos=7 Hongbao=9
2	Input n:20↙ pos=6 Hongbao=8	5	Input n:1018↙ pos=14 Hongbao=377
3	Input n:21↙ pos=6 Hongbao=8		

3. 实验参考程序

参考程序1如下：

```
1   #include <stdio.h>
2   long Fib(int n);
3   int main(void)
4   {
5       int i;
6       long  n, sum = 2;
7       printf("Input n:");
8       scanf("%ld", &n);
9       if (n > 3)
10      {
11          for (i=3; sum<n; ++i)
12          {
13              sum = sum + Fib(i);
14          }
15          i--;
16          sum = sum - Fib(i);
17          if (n - sum > Fib(i-1))
18          {
19              printf("pos=%d\nHongbao=%ld\n", i, n - sum);
20          }
21          else
22          {
23              printf("pos=%d\nHongbao=%ld\n", i-1, Fib(i-1));
24          }
25      }
26      else
27      {
28          printf("pos=1\nHongbao=1\n");
29      }
30      return 0;
31  }
32  //函数功能：正向顺推法计算并返回Fibonacci数列的第n项
33  long Fib(int n)
34  {
35      int i;
36      long f1 = 1, f2 = 1, f3;
37      if (n == 1)
38      {
39          return 1;
40      }
41      else if (n == 2)
42      {
43          return 1;
44      }
45      else
46      {
47          for (i=3; i<=n; ++i) //每递推一次计算一项
48          {
49              f3 = f1 + f2;
50              f1 = f2;
51              f2 = f3;
52          }
53          return f3;
54      }
55  }
```

参考程序2如下：

```
1   #include <stdio.h>
2   long Fib(int n);
3   int main(void)
4   {
5       int i;
6       long  n, sum = 2;
7       printf("Input n:");
8       scanf("%ld", &n);
9       if (n > 3)
10      {
11          for (i=3; sum<n; ++i)
12          {
13              sum = sum + Fib(i);
14          }
15          i--;
16          sum = sum - Fib(i);
17          if (n - sum > Fib(i-1))
18          {
19              printf("pos=%d\nHongbao=%ld\n", i, n - sum);
20          }
21          else
22          {
23              printf("pos=%d\nHongbao=%ld\n", i-1, Fib(i-1));
24          }
25      }
26      else
27      {
28          printf("pos=1\nHongbao=1\n");
29      }
30      return 0;
31  }
32  //函数功能：正向顺推法计算并返回Fibonacci数列的第n项
33  long Fib(int n)
34  {
35      int i;
36      long f1 = 1, f2 = 1;
37      if (n == 1)
38      {
39          return 1;
40      }
41      else if (n == 2)
42      {
43          return 1;
44      }
45      else
46      {
47          for (i=1; i<(n+1)/2; ++i) //每递推一次计算两项
48          {
49              f1 = f1 + f2;
50              f2 = f2 + f1;
51          }
52          return  n%2!=0 ? f1 : f2;
53      }
54  }
```

参考程序 3 如下：

```
1   #include <stdio.h>
2   #define N 1018
3   void Fib(long f[], int n);
4   int main(void)
5   {
6       int i;
7       long  n, f[N], sum = 2;
8       printf("Input n:");
9       scanf("%ld", &n);
10      Fib(f, n);
11      if (n > 3)
12      {
13          for (i=3; sum<n; ++i)
14          {
15              sum = sum + f[i];
16          }
17          i--;
18          sum = sum - f[i];
19          if (n - sum > f[i-1])
20          {
21              printf("pos=%d\nHongbao=%ld\n", i, n - sum);
22          }
23          else
24          {
25              printf("pos=%d\nHongbao=%ld\n", i-1, f[i-1]);
26          }
27      }
28      else
29      {
30          printf("pos=1\nHongbao=1\n");
31      }
32      return 0;
33  }
34  //函数功能：正向顺推法计算Fibonacci数列的前n项
35  void Fib(long f[], int n)
36  {
37      int i;
38      f[1] = 1;
39      f[2] = 1;
40      for (i=3; i<n; ++i)
41      {
42          f[i] = f[i-1] + f[i-2];
43      }
44  }
```

参考程序 4 如下：

```
1   #include <stdio.h>
2   long Fib(int n);
3   int main()
4   {
5       int n, i;
6       long sum = 1, next;
7       printf("Input n:");
```

```
8    scanf("%d", &n);
9        if (n == 1 || n == 2)
10       {
11           printf("pos=1\nHongbao=1\n", n, sum);
12       }
13       else
14       {
15           for (i=3,sum=2; n-sum>0; i++)
16           {
17               next = Fib(i);
18               if (n - sum > next)
19                   sum += next;
20               else break;
21           }
22           if (n-sum > Fib(i-1))
23           {
24               printf("pos=%d\nHongbao=%ld\n", i, n-sum);
25           }
26           else
27           {
28               printf("pos=%d\nHongbao=%ld\n", i-1, Fib(i-1));
29           }
30       }
31       return 0;
32   }
33   //函数功能：正向顺推法计算并返回Fibonacci数列的第n项
34   long Fib(int n)
35   {
36       int i;
37       long f1 = 1, f2 = 1, f3;
38       if (n == 1)
39       {
40           return 1;
41       }
42       else if (n == 2)
43       {
44           return 1;
45       }
46       else
47       {
48           for (i=3; i<=n; ++i) //每递推一次计算一项
49           {
50               f3 = f1 + f2;
51               f1 = f2;
52               f2 = f3;
53           }
54           return f3;
55       }
56   }
```

【思考题】

某公司现提供 *n* 个红包，每个红包 1 元钱，假设所有人都可以领取。在红包足够的情况下，排在第 *i* 位的人领取 Fib(*i*) 个红包，这里 Fib(*i*) 是 Fibonacci 数列的第 *i* 项（第 1 项为 1）。若轮到第 *i* 个人领取时，剩余的红包不到 Fib(*i*) 个，那么他就获得所有剩余的红包，第

$i+1$ 个及以后的人就无法获得红包。请编写一个程序，计算一共有多少人可以领到红包，并计算最后一个人能领到多少红包。

5.4　水手分椰子

1. 实验内容

n（$1<n\leqslant 8$）个水手在岛上发现一堆椰子，先由第1个水手把椰子分为等量的 n 堆，还剩下1个给了猴子，自己藏起1堆。然后，第2个水手把剩下的 $n-1$ 堆混合后重新分为等量的 n 堆，还剩下1个给了猴子，自己藏起1堆。以后第3、4个水手依次按此方法处理。最后，第 n 个水手把剩下的椰子分为等量的 n 堆后，同样剩下1个给了猴子。请编写一个程序，计算原来这堆椰子至少有多少个。

【设计思路提示】依题意，前一水手面对的椰子数减1（给了猴子）后，取其4/5，就是留给当前水手的椰子数。因此，若当前水手面对的椰子数是 y 个，则他前一个水手面对的椰子数是 $y*5/4+1$ 个，依此类推。若对某一个整数 y 经上述5次迭代都是整数，则最后的结果即为所求。因为依题意 y 一定是5的倍数加1，所以让 y 从 $5x+1$ 开始取值（x 从1开始取值），在按 $y*5/4+1$ 进行的4次迭代中，若某一次 y 不是整数，则将 x 增1后用新的 x 再试，直到5次迭代的 y 值全部为整数时，输出 y 值即为所求。

一般地，对 n（$n>1$）个水手，按 $y*n/(n-1)+1$ 进行 n 次迭代可得 n 个水手分椰子问题的解。

2. 实验要求

先从键盘输入 n 的值，然后输出原来至少应该有的椰子数。

要求掌握联合递推与枚举进行问题求解的方法。

测试编号	程序运行结果示例	测试编号	程序运行结果示例
1	Input n:5↙ y = 3121	2	Input n:8↙ y = 16777209

3. 实验参考程序

```
1   #include <stdio.h>
2   long Coconut(int n);
3   int main(void)
4   {
5       int n;
6       do{
7           printf("Input n:");
8           scanf("%d", &n);
9       }while (n<1 || n>8);
10      printf("y = %ld\n", Coconut(n));
11      return 0;
12  }
13  long Coconut(int n)
14  {
15      int   i = 1;
16      double x = 1, y;
17      y = n * x + 1;
18      do{
19          y = y * n / (n-1) + 1;
```

```
20            ++i; //记录递推次数
21            if (y != (long)y)
22            {
23                x = x + 1; //试下一个 x
24                y = n * x + 1;
25                i = 1; //递推重新开始计数
26            }
27        }while (i < n);
28        return (long)y;
29    }
```

【思考题】

本题还可以从另一个角度结合枚举和递推方法进行求解。首先确定枚举对象为椰子数 m，m 从 $n+1$ 开始试，按照 $m = m + n$ 来试下一个 m，判定条件需要通过递推方法来确定，令 y 的初值为 m，若（$y-1$）% n==0，则剩下的椰子数为 $y=(n-1)*(y-1)/n$。以此类推，递推 n 次都能满足（$y-1$）% n == 0，则 m 即为所求。只要有一次循环不满足此条件，就继续试下一个 n。请按此思路编写程序求解。

第6章　近似迭代法专题

【本章目标】

- 掌握近似迭代法的基本原理和思想，掌握简单迭代、牛顿迭代以及二分法在求解方程的根时的不同特点。
- 对比不同迭代法的收敛速度。

6.1　直接迭代法求方程的根

1. 实验内容

用简单迭代法（也称直接迭代法）求一元三次方程 $x^3-x-1=0$ 在 [1,3] 之间的根。

【设计思路提示】设迭代变量为 x，从方程 $x^3-x-1=0$ 可以推出以下迭代关系式：

$$x_{n+1}=\sqrt[3]{x_n+1}$$

设迭代初值为 x_0，满足迭代结束条件 $|x_{n+1}-x_n|<\varepsilon$（$\varepsilon$ 是一个很小的数，例如 10^{-6}）的 x_{n+1} 即为所求。请编写一个程序，用简单迭代法求解方程的根，并输出所需的迭代次数。

2. 实验要求

先从键盘输入迭代初值 x_0 和允许的误差 ε，然后输出求得的方程根和所需的迭代次数。

要求掌握求解方程根的简单迭代方法的基本思想及其程序实现方法。

测试编号	程序运行结果示例
1	Input x0,eps:2,1e-6↙ x=1.324718 count=9

3. 实验参考程序

```
1   #include  <stdio.h>
2   #include  <math.h>
3   double Iteration(double x1, double eps);
4   int count = 0;
5   int main(void)
6   {
7       double x0, x1, eps;
8       printf("Input x0,eps:");
9       scanf("%lf,%lf", &x0, &eps);
10      x1 = Iteration(x0, eps);
11      printf("x=%lf\n", x1);
12      printf("count=%d\n", count);
13      return 0;
14  }
15  //函数功能：用简单迭代法，用 x1 作为初值迭代计算方程的根
16  double Iteration(double x1, double eps)
17  {
```

```
18        double x0;
19        do{
20            x0 = x1;
21            x1 = pow(x0+1, 1.0/3);
22            count++;
23        }while (fabs(x1-x0) >= eps);
24        return x1;
25    }
```

6.2 牛顿迭代法求方程的根

1. 实验内容

用牛顿迭代法求一元三次方程 $x^3-x-1=0$ 在 [1,3] 之间的根。

【设计思路提示】求方程 $f(x)=0$ 的根相当于求函数 $f(x)$ 与 x 轴交点的横坐标。如图 6-1 所示，牛顿迭代法的基本原理就是，用函数 $f(x)$ 的切线与 x 轴交点的横坐标近似代替函数 $f(x)$ 与 x 轴交点的横坐标。用牛顿迭代法解非线性方程，实质上是以直代曲，把非线性方程 $f(x)=0$ 线性化的一种近似方法，相当于使用函数 $f(x)$ 的泰勒级数的前两项（取其线性部分）来近似得到方程 $f(x)=0$ 的根。

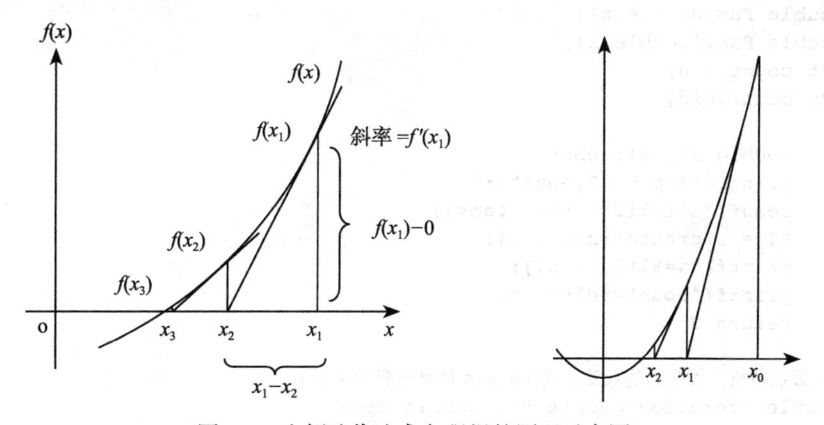

图 6-1　牛顿迭代法求方程根的原理示意图

设 $x*$ 是方程 $f(x)=0$ 的根，选取 x_1 作为 $x*$ 的初始估值，过点 $(x_1, f(x_1))$ 作曲线 $y= f(x)$ 的切线 L，切线 L 的斜率为 $f'(x_1)$，切线 L 的方程为：

$$y=f(x_1)+f'(x_1)(x-x_1)$$

设 $f'(x) \neq 0$，则求出切线 L 与 x 轴交点（x_2, 0）的横坐标 x_2 作为根 $x*$ 的一个新估值，将交点（x_2, 0）代入切线方程得 x_2 的值为：

$$x_2 = x_1 - \frac{f(x_1)}{f'(x_1)}$$

过点 $(x_2, f(x_2))$ 做曲线 $y=f(x)$ 的切线，并求该切线与 x 轴交点的横坐标 x_3 为：

$$x_3 = x_2 - \frac{f(x_2)}{f'(x_2)}$$

重复以上过程，得 $x*$ 的近似值序列为 $x_1, x_2,\cdots, x_n,\cdots$。其中，

$$x_{n+1} = x_n - \frac{f(x_n)}{f'(x_n)}$$

上式称为求解方程 $f(x)=0$ 根的牛顿迭代公式。x_n 称为迭代变量，在每次迭代中不断以新值 x_{n+1} 取代旧值 x_n 继续迭代，直到 $|x_{n+1}-x_n| < \varepsilon$（$\varepsilon$ 是一个很小的数，例如 10^{-6}）为止，于是认为 x_{n+1} 是方程 $f(x)=0$ 的根。

2. 实验要求

先从键盘输入迭代初值 x_0 和允许的误差 ε，然后输出求得的方程根和所需的迭代次数。要求掌握求解方程根的牛顿迭代方法的基本思想及其程序实现方法。

测试编号	程序运行结果示例
1	Input x0,eps:2,1e-6↙ x=1.324718 count=6

3. 实验参考程序

```
1   #include  <stdio.h>
2   #include  <math.h>
3   double Iteration(double x1, double eps);
4   double Fun(double x);
5   double Fun1(double x);
6   int count = 0;
7   int main(void)
8   {
9       double x0, x1, eps;
10      printf("Input x0,eps:");
11      scanf("%lf,%lf", &x0, &eps);
12      x1 = Iteration(x0, eps);
13      printf("x=%lf\n", x1);
14      printf("count=%d\n", count);
15      return 0;
16  }
17  //函数功能：用牛顿迭代法，用 x0 作为初值迭代计算方程的根
18  double Iteration(double x1, double eps)
19  {
20      double x0;
21      do{
22          x0 = x1;
23          x1 = x0 - Fun(x0)/Fun1(x0);
24          count++;
25      }while (fabs(x1-x0) >= eps);
26      return x1;
27  }
28  //函数功能：计算 f(x)=x^3-x-1 的函数值
29  double Fun(double x)
30  {
31      return x * x * x - x - 1;
32  }
33  //函数功能：计算 f(x)=x^3-x-1 的导数值
34  double Fun1(double x)
35  {
36      return 3 * x * x - 1;
37  }
```

6.3 二分法求方程的根

1. 实验内容

用二分法求一元三次方程 $x^3-x-1=0$ 在区间 [1, 3] 上误差不大于 10^{-6} 的根。

【设计思路提示】如图 6-2 所示，用二分法求方程的根的基本原理是：若函数有实根，则函数曲线应当在根 x^* 这一点上与 x 轴有一个交点，并且由于函数是单调的，在根附近的左右区间内，函数值的符号应当相反。利用这一特点，可以通过不断将求根区间二分的方法，即每次将求根区间缩小为原来的一半，在新的折半后的区间内继续搜索方程的根，对根所在区间继续二分，直到求出方程的根为止，输出方程的根并打印出所需的迭代次数。

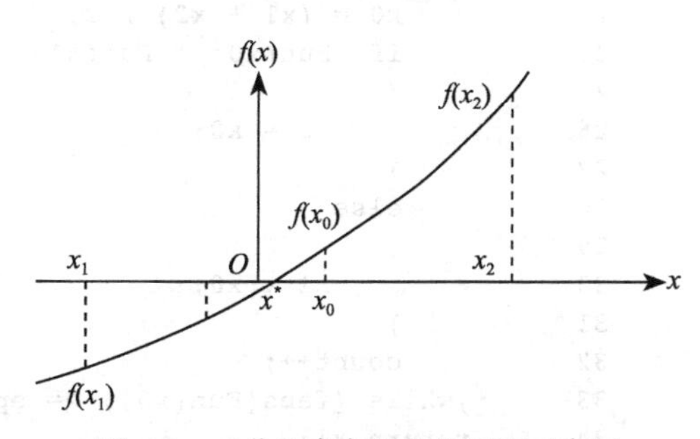

图 6-2 二分法求方程的根原理示意图

该方法的关键在于解决如下两个问题：

1）如何对区间进行二分，并在二分后的左右两个区间中确定下一次求根搜索的区间？

假设区间端点为 x_1 和 x_2，则通过计算区间的中点 x_0，即可将区间 $[x_1, x_2]$ 二分为 $[x_1, x_0]$ 和 $[x_0, x_2]$。这时，为了确定下一次求根搜索的区间，必须判断方程的根在哪一个区间内，由图 6-2 可知，方程的根所在区间的两个端点处的函数值的符号一定是相反的。也就是说，如果 $f(x_0)$ 与 $f(x_1)$ 是异号的，则根一定在左区间 $[x_1, x_0]$ 内，否则根一定在右区间 $[x_0, x_2]$ 内。

2）如何终止这个搜索过程，即如何确定找到了方程的根？

对根所在区间继续二分，直到 $|f(x_0)| \leqslant \varepsilon$（$\varepsilon$ 是一个很小的数，例如 10^{-6}），即 $|f(x_0)| \approx 0$ 时，则认为 x_0 是逼近函数 $f(x)$ 的根。

2. 实验要求

先从键盘输入迭代初值 x_0 和允许的误差 ε，然后输出求得的方程根和所需的迭代次数。要求掌握求解方程根的牛顿迭代方法的基本思想及其程序实现方法。

测试编号	程序运行结果示例
1	Input x1,x2,eps:1,3,1e-6↙ x=1.324718 count=22

3. 实验参考程序

```
1   #include  <stdio.h>
2   #include  <math.h>
3   double Iteration(double x1, double x2, double eps);
4   double Fun(double x);
5   int count = 0;
6   int main(void)
7   {
8       double  x0, x1, x2, eps;
9       do{
10          printf("Input x1,x2,eps:");
11          scanf("%lf,%lf,%lf", &x1, &x2, &eps);
12      }while (Fun(x1) * Fun(x2) > 0);
13      x0 = Iteration(x1, x2, eps);
14      printf("x=%f\n", x0);
```

```
15      printf("count=%d\n", count);
16      return 0;
17  }
18  //函数功能：用二分法计算方程的根
19  double Iteration(double x1, double x2, double eps)
20  {
21      double  x0;
22      do{
23          x0 = (x1 + x2) / 2;
24          if (Fun(x0) * Fun(x1) < 0)
25          {
26              x2 = x0;
27          }
28          else
29          {
30              x1 = x0;
31          }
32          count++;
33      }while (fabs(Fun(x0)) >= eps);
34      return x1;
35  }
36  //函数功能：计算 f(x)=x^3-x-1 的函数值
37  double Fun(double x)
38  {
39      return x * x * x - x - 1;
40  }
```

【思考题】

请读者自行对比分析简单迭代、牛顿迭代以及二分法求方程根这几种方法的不同特点。

6.4 计算平方根

1. 实验内容

已知求 m 的平方根可用下面的迭代公式进行求解：

$$x_{n+1} = (x_n + m / x_n) /2$$

在每次迭代中不断以新值 x_{n+1} 取代旧值 x_n 继续迭代，直到 $|x_{n+1}-x_n| < \varepsilon$（$\varepsilon$ 是一个很小的数，例如 10^{-6}）为止。

2. 实验要求

先从键盘输入迭代初值 x_0 和允许的误差 ε，然后输出求得的平方根和所需的迭代次数。要求平方根的输出结果保留 3 位小数。

要求掌握近似迭代方法的基本思想及其程序实现方法。

测试编号	程序运行结果示例	测试编号	程序运行结果示例
1	`Input m,eps:3,1e-6↙` `1.732`	2	`Input m,eps:24,1e-6↙` `4.899`

3. 实验参考程序

```
1   #include <stdio.h>
2   #include <math.h>
3   double Mysqrt(double m, double eps);
4   int main(void)
```

```
5   {
6       double m, y, eps;
7       printf("Input m,eps:");
8       scanf("%lf,%lf", &m, &eps);
9       y = Mysqrt(m, eps);
10      printf("%.3lf", y);
11      return 0;
12  }
13  //函数功能：计算m的平方根
14  double Mysqrt(double m, double eps)
15  {
16      double x, y;
17      y = m;
18      do{
19          x = y;
20          y = (x + m / x) / 2;
21      }while (fabs(x-y) >= eps);
22      return y;
23  }
```

【思考题】

在本专题中，几种迭代算法在某些情况下都有可能无法收敛，如果数列发散，那么这个迭代过程将永远不会结束，为防止这种情况发生，就一定要给迭代设置一个迭代次数的上限值 N，当迭代次数到达 N 时，即使误差没有降低到指定范围，也要停止迭代。此外，在涉及除法运算时还要检查除数是否为 0，以避免发生除 0 错误，请读者根据这些提示优化算法的程序实现。

第 7 章　递归法专题

【本章目标】

- 掌握用递归法进行问题求解的基本思想，理解分治与递归、递归与迭代之间的关系。
- 掌握递归程序的设计和实现方法。理解递归函数的定义、调用和执行过程，以及条件递归的基本要素。

7.1　最大公约数

1. 实验内容

两个正整数的最大公约数（Greatest Common Divisor，GCD）是能够整除这两个整数的最大整数。从键盘任意输入两个正整数 *a* 和 *b*，请分别采用如下几种方法编程计算并输出 *a* 和 *b* 的最大公约数。

任务 1：枚举法。由于 *a* 和 *b* 的最大公约数不可能比 *a* 和 *b* 中的较小者还大，否则一定不能整除它，因此，先找到 *a* 和 *b* 中的较小者 *t*，然后从 *t* 开始逐次减 1 尝试每种可能，即检验 *t* 到 1 之间的所有整数，第一个满足公约数条件的 *t* 就是 *a* 和 *b* 的最大公约数。

任务 2：欧几里得算法，也称辗转相除法。对正整数 *a* 和 *b*，连续进行求余运算，直到余数为 0 为止，此时非 0 的除数就是最大公约数。设 $r=a \bmod b$ 表示 *a* 除以 *b* 的余数，若 $r \neq 0$，则将 *b* 作为新的 *a*，*r* 作为新的 *b*，即 $\mathrm{Gcd}(a, b)=\mathrm{Gcd}(b, r)$，重复 $a \bmod b$ 运算，直到 $r=0$ 时为止，此时 *b* 为所求的最大公约数。例如，50 和 15 的最大公约数的求解过程可表示为：Gcd(50, 15)=Gcd(15, 5)=Gcd(5, 0)=5。

该算法既可以用迭代程序实现，也可以用递归程序实现。

任务 3：利用最大公约数的性质计算。对正整数 *a* 和 *b*，当 $a>b$ 时，若 *a* 中含有与 *b* 相同的公约数，则 *a* 中去掉 *b* 后剩余的部分 $a-b$ 中也应含有与 *b* 相同的公约数，对 $a-b$ 和 *b* 计算公约数就相当于对 *a* 和 *b* 计算公约数。反复使用最大公约数的上述性质，直到 *a* 和 *b* 相等为止，这时，*a* 或 *b* 就是它们的最大公约数。

这三条性质也可以表示如下：

- 性质 1：如果 $a>b$，则 *a* 和 *b* 与 $a-b$ 和 *b* 的最大公约数相同，即 $\mathrm{Gcd}(a, b) = \mathrm{Gcd}(a-b, b)$。
- 性质 2：如果 $b>a$，则 *a* 和 *b* 与 *a* 和 $b-a$ 的最大公约数相同，即 $\mathrm{Gcd}(a, b) = \mathrm{Gcd}(a, b-a)$。
- 性质 3：如果 $a=b$，则 *a* 和 *b* 的最大公约数与 *a* 值和 *b* 值相同，即 $\mathrm{Gcd}(a, b) = a = b$。

该算法既可以用迭代程序实现，也可以用递归程序实现。

2. 实验要求

从键盘中输入的两个数中只要有一个是负数，就输出“Input error !”。程序输出是两个正整数的最大公约数。

要求掌握最大公约数的多种求解方法，理解递归函数的定义、调用和执行过程，以及条件递归的基本要素。

测试编号	程序运行结果示例	测试编号	程序运行结果示例
1	Input a,b:16,24↙ 8	2	Input a,b:-2,-8↙ Input error!

3. 实验参考程序

任务1的参考程序如下：

```
1    #include <stdio.h>
2    int Gcd(int a, int b);
3    int main(void)
4    {
5        int a, b, c;
6        printf("Input a,b:");
7        scanf("%d,%d", &a, &b);
8        c = Gcd(a, b);
9        if (c != -1)
10           printf("%d\n", c);
11       else
12           printf("Input error!\n");
13       return 0;
14   }
15   //函数功能：计算a和b的最大公约数，输入负数时返回-1
16   int Gcd(int a, int b)
17   {
18       int i, t;
19       if (a <= 0 || b <= 0)      return -1;
20       t = a < b ? a : b;
21       for (i=t; i>0; --i)
22       {
23           if (a%i==0 && b%i==0)  return i;
24       }
25       return 1;
26   }
```

任务2的非递归方法编写的参考程序1如下：

```
1    #include <stdio.h>
2    int Gcd(int a, int b);
3    int main(void)
4    {
5        int a, b, c;
6        printf("Input a,b:");
7        scanf("%d,%d", &a, &b);
8        c = Gcd(a, b);
9        if (c != -1)
10           printf("%d\n", c);
11       else
12           printf("Input error!\n");
13       return 0;
14   }
15   //函数功能：计算a和b的最大公约数，输入负数时返回-1
16   int Gcd(int a, int b)
17   {
18       int r;
```

```
19      if (a <= 0 || b <= 0)    return -1;
20      do{
21          r = a % b;
22          a = b;
23          b = r;
24      }while (r != 0);
25      return  a;
26  }
```

任务 2 的递归方法编写的参考程序 2 如下：

```
1   #include <stdio.h>
2   int Gcd(int a, int b);
3   int main(void)
4   {
5       int a, b, c;
6       printf("Input a,b:");
7       scanf("%d,%d", &a, &b);
8       c = Gcd(a, b);
9       if (c != -1)
10          printf("%d\n", c);
11      else
12          printf("Input error!\n");
13      return 0;
14  }
15  //函数功能：计算a和b的最大公约数，输入负数时返回-1
16  int Gcd(int a, int b)
17  {
18      if (a <= 0 || b <= 0)    return -1;
19      if (a%b == 0)
20          return b;
21      else
22          return Gcd(b, a%b);
23  }
```

任务 3 的非递归方法编写的参考程序 1 如下：

```
1   #include <stdio.h>
2   int Gcd(int a, int b);
3   int main(void)
4   {
5       int a, b, c;
6       printf("Input a,b:");
7       scanf("%d,%d", &a, &b);
8       c = Gcd(a, b);
9       if (c != -1)
10          printf("%d\n", c);
11      else
12          printf("Input error!\n");
13  return 0;
14  }
15  //函数功能：计算a和b的最大公约数，输入负数时返回-1
16  int Gcd(int a, int b)
17  {
        if (a <= 0 || b <= 0)    return -1;
18      while (a != b)
19      {
20          if (a > b)
```

```
21            a = a - b;
22        else if (b > a)
23            b = b - a;
24    }
25    return a;
26 }
```

任务 3 的递归方法编写的参考程序 2 如下：

```
1  #include <stdio.h>
2  int Gcd(int a, int b);
3  int main(void)
4  {
5      int a, b, c;
6      printf("Input a,b:");
7      scanf("%d,%d", &a, &b);
8      c = Gcd(a, b);
9      if (c != -1)
10         printf("%d\n", c);
11     else
12         printf("Input error!\n");
13     return 0;
14 }
15 // 函数功能：递归方法计算 a 和 b 的最大公约数，输入负数时返回 -1
16 int Gcd(int a, int b)
17 {
18     if (a <=0 || b <=0)        return -1;
19     if (a == b)
20         return a;
21     else if (a > b)
22         return Gcd(a-b, b);
23     else
24         return Gcd(a, b-a);
25 }
```

7.2　汉诺塔问题

1. 实验内容

汉诺塔（Hanoi）是必须用递归方法才能解决的经典问题，它来自印度神话。大梵天创造世界时做了三根金刚石柱子，第一根柱子从下往上按大小顺序摞着 64 片黄金圆盘。大梵天命令婆罗门把圆盘从下面开始按大小顺序重新摆放到第二根柱子上，并且规定每次只能移动一个圆盘，在小圆盘上不能放大圆盘。请编写一个程序，求解 n（n>1）个圆盘的汉诺塔问题。

【设计思路提示】图 7-1 是 n（n>1）个圆盘的汉诺塔的初始状态。首先考虑最简单的情况：只有 1 个圆盘的汉诺塔问题，这时直接将一个圆盘从一根柱子移到另一根柱子上即可求解。接下来再考虑 n 个圆盘的汉诺塔问题的求解。采用数学归纳法来分析，假设 $n-1$ 个圆盘的汉诺塔问题已经解决，利用这个已解决的问题来求解 n 个圆盘的汉诺塔问题。具体方法是：将“上面的 $n-1$ 个圆盘”看成一个整体，即将 n 个圆盘分成两部分：上面的 $n-1$ 个圆盘和最下面的第 n 号圆盘。于是，移动 n 个圆盘的汉诺塔问题可简化为：

- 如图 7-2 所示，将前 $n-1$ 个圆盘从第一根柱子移到第三根柱子上，即 A → C；

- 如图 7-3 所示，将第 n 号圆盘从第一根柱子移到第二根柱子上，即 A → B；
- 如图 7-4 所示，将前 $n-1$ 个圆盘从第三根柱子移到第二根柱子上，即 C → B。

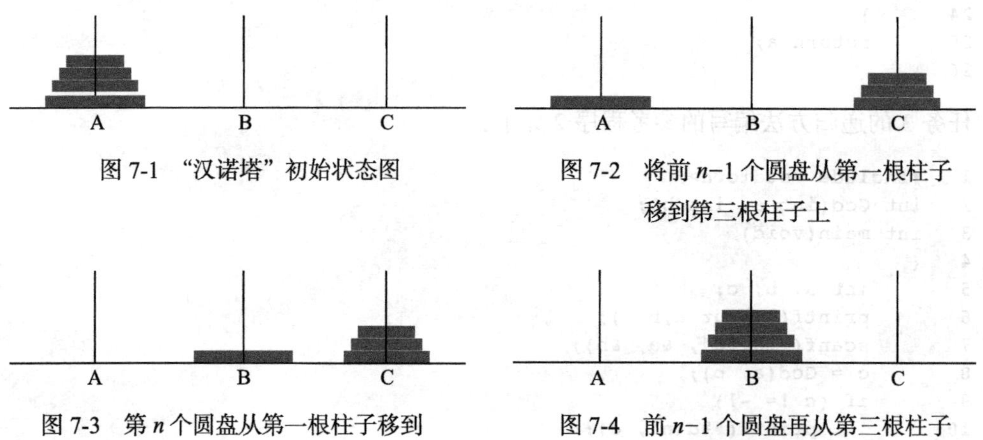

图 7-1　“汉诺塔”初始状态图

图 7-2　将前 $n-1$ 个圆盘从第一根柱子移到第三根柱子上

图 7-3　第 n 个圆盘从第一根柱子移到第二根柱子上

图 7-4　前 $n-1$ 个圆盘再从第三根柱子移到第二根柱子上

2. 实验要求

先输入圆盘的数量，然后输出圆盘移动的步骤。

测试编号	程序运行结果示例
1	Input the number of disks:3↙ Steps of moving 3 disks from A to B by means of C: Move 1：from A to B Move 2：from A to C Move 1：from B to C Move 3：from A to B Move 1：from C to A Move 2：from C to B Move 1：from A to B
2	Input the number of disks:2↙ Steps of moving 2 disks from A to B by means of C: Move 1：from A to C Move 2：from A to B Move 1：from C to B

3. 实验参考程序

```
1    #include <stdio.h>
2    void Hanoi(int n, char a, char b, char c);
3    void Move(int n, char a, char b);
4    int main(void)
5    {
6        int n;
7        printf("Input the number of disks:");
8        scanf("%d", &n);
9        printf("Steps of moving %d disks from A to B by means of C:\n", n);
10       Hanoi(n, 'A', 'B', 'C'); // 调用递归函数 Hanoi() 将 n 个圆盘借助于 C 由 A 移动到 B
11       return 0;
12   }
13   // 函数功能：用递归方法将 n 个圆盘借助于柱子 c 从源柱子 a 移动到目标柱子 b 上
```

```
14  void Hanoi(int n, char a, char b, char c)
15  {
16      if (n == 1)
17      {
18          Move(n, a, b);          //将第 n 个圆盘由 a 移到 b
19      }
20      else
21      {
22          Hanoi(n-1, a, c, b);//递归调用 Hanoi()，将第 n-1 个圆盘借助于 b 由 a 移动到 c
23          Move(n, a, b);      //第 n 个圆盘由 a 移到 b
24          Hanoi(n-1, c, b, a);//递归调用 Hanoi()，将第 n-1 个圆盘借助于 a 由 c 移动到 b
25      }
26  }
27  //函数功能：将第 n 个圆盘从源柱子 a 移到目标柱子 b 上
28  void Move(int n, char a, char b)
29  {
30      printf("Move %d: from %c to %c\n", n, a, b);
31  }
```

【思考题】

当n=64时，需移动18446744073709551615，即1844亿亿次，若按每次耗时1微秒计算，则64个圆盘的移动需60万年，你知道这个数是怎样算出来的吗？

7.3 骑士游历

1. 实验内容

给出一块具有n^2个格子的$n \times n$棋盘，如图7-5所示，一位骑士从初始位置(x_0, y_0)开始，按照“马跳日”规则在棋盘上移动。问能否在n^2-1步内遍历棋盘上的所有位置，即每个格子刚好游历一次？如果能，请编写一个程序找出这样的游历方案。

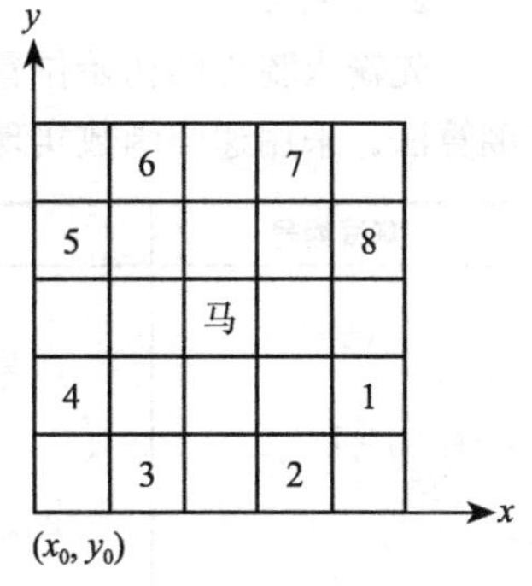

图7-5　骑士游历问题示意图

【设计思路提示】首先，要确定数据的表示方法。这里用二维数组来表示$n \times n$的棋盘格子，例如，用$h[i][j]$记录坐标为(i, j)的棋盘格子被游历的历史，其值为整数，表示格子(i, j)被游历的情况，约定$h[x][y]=0$，表示格子(x, y)未被游历过，$h[x][y]=i$（$1 \leqslant i \leqslant n^2$），表示格子$(x, y)$在第$i$步移动中被游历，或者说在第$i$步移动的移动位置为$(x, y)$。

其次，设计合理的函数入口参数和出口参数。本问题可以简化为考虑下一步移动或发现无路可走的子问题，用深度优先搜索和回溯算法来求解，用递归函数来实现，如果还有候选者，则递归下去，尝试下一步移动；如果发现该候选者走不通，不能最终解决问题，则抛弃该候选者，将其从记录中删掉，回溯到上一次，从移动表中选择下一候选者，直到试完所有候选者。因此，该递归函数的入口参数应包括：确定下一步移动的初始状态，即出发点坐标位置(x, y)；骑士已经移动了多少步，即移动次数i；记录棋盘格子被游历历史的数组h。出口参数应为报告游历是否成功的信息，用返回值1表示游历成功，用返回值0表示游历失败。

在上述分析基础上，按照自顶向下、逐步求精方法设计该问题的抽象算法如下：

```
HorseTry(尝试下一步移动)
{
    作移动前的准备(预置游历标志变量为不成功，计算下一步移动候选者的位置)；
```

```
do{
    从下一步移动表中挑选下一步移动的候选者；
    if（该候选者可接受）
    {
        记录这一步移动的移动位置；
        if（棋盘未遍历完毕）
        {
            尝试下一步移动；
            if（移动不成功）
                删去以前的记录；
        }
        else    置游历标志变量为成功；
    }
}while（移动不成功 && 移动表中还有候选者）；
return 游历标志变量记录的成功与否信息；
}
```

如图 7-5 所示，考虑“马跳日”的规则，若给定起点坐标为 (x, y)，则移动表中最多可有 8 个移动的候选者，它们的坐标可用如下方法进行计算：

```
u = x + a[count];
v = y + b[count];
```

其中，a 和 b 两个数组用于分别存放 x 和 y 方向上的相对位移量，即

```
static int a[9] = {0, 2, 1, -1, -2, -2, -1, 1, 2};
static int b[9] = {0, 1, 2, 2, 1, -1, -2, -2, -1};
```

2. 实验要求

先输入骑士的初始位置，然后输出相应的游历方案。要求掌握简单的深度优先搜索和回溯算法，采用递归函数实现。

测试编号	程序运行结果示例
1	Input the initial position x,y:1,1↙ 1 6 15 10 21 14 9 20 5 16 19 2 7 22 11 8 13 24 17 4 25 18 3 12 23
2	Input the initial position x,y:1,1↙ No solution!

3. 实验参考程序

```
1   #include <stdio.h>
2   #define N 5
3   #define NSQUARE N*N  //N×N 棋盘格子的总数
4   int HorseTry(int i, int x, int y, int h[N+1][N+1]);
5   static int a[9] = {0, 2, 1, -1, -2, -2, -1, 1, 2};
6   static int b[9] = {0, 1, 2, 2, 1, -1, -2, -2, -1};
7   int main(void)
8   {
9       int i, j, flag, x, y;
10      static int h[N+1][N+1] ={{0}};
11      printf("Input the initial position x,y:");
12      scanf("%d,%d", &x, &y);
```

```
13      h[x][y] = 1;
14      flag = HorseTry(2, x, y, h);
15      if (flag)
16      {
17          for (i=1; i<=N; ++i)
18          {
19              for (j=1; j<=N; ++j)
20              {
21                  printf("%5d", h[i][j]);
22              }
23              printf("\n");
24          }
25      }
26      else
27      {
28          printf("No solution!\n");
29      }
30      return 0;
31  }
32  int HorseTry(int i, int x, int y, int h[N+1][N+1])
33  {
34      int u, v, flag, count = 0;
35      do{
36          count++;
37          flag = 0;
38          u = x + a[count];
39          v = y + b[count];
40          if ((u>=1&&u<=N) && (v>=1&&v<=N) && h[u][v]==0)
41          {
42              h[u][v] = i;
43              if (i < NSQUARE)
44              {
45                  flag = HorseTry(i+1, u, v, h);
46                  if (!flag)
47                  {
48                      h[u][v] = 0;
49                  }
50              }
51              else
52              {
53                  flag = 1;
54              }
55          }
56      }while (!flag && count<8);
57      return flag;
58  }
```

7.4　八皇后问题

1. 实验内容

八皇后问题是 1850 年由数学家高斯首先提出的。这个问题表述如下：在一个 8×8 的国际象棋棋盘上放置 8 个皇后，要求每个皇后两两之间不冲突，即没有一个皇后能“吃掉”任何其他一个皇后。如图 7-6 所示，简而言之就是没有任何两个皇后占据棋盘上的同一行或同一列或同一对

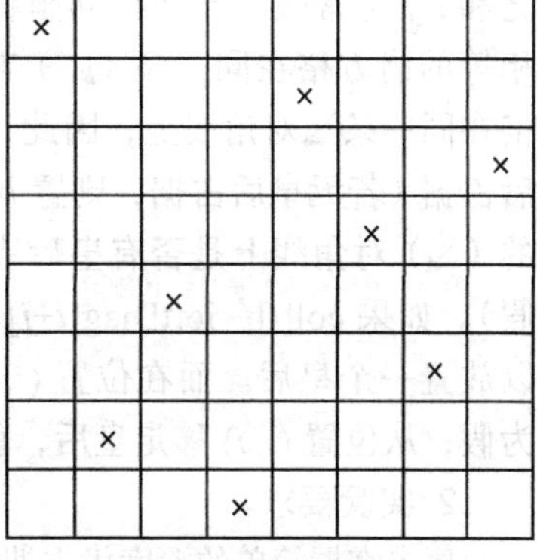

图 7-6　八皇后问题的一个解

角线，即在每一横列、竖列、斜列都只有一个皇后。

请编写一个程序，找出其中的一个解，即输出每一行中的皇后所在的列数。

【设计思路提示】先规定每行只放置一个皇后，在此前提下放置皇后，可以减少判断皇后是否冲突的次数。然后，确定数据的表示方法。与骑士游历问题不同的是：本问题中最常用的信息不是每个皇后的位置，而是每列和每条对角线上是否已经放置了皇后，因此，这里不用二维数组表示棋盘，而选用下列 4 个一维数组：

```
int rowPos[8], col[8], leftDiag[15], rightDiag[15];
```

其中，rowPos[*i*] 表示第 *i* 行上皇后的位置（即位于第 *i* 行的第几列），col[*j*] 表示第 *j* 列上没有皇后占据，leftDiag[*k*] 表示第 *k* 条左对角线（↙）上没有皇后占据，rightDiag[*k*] 表示第 *k* 条右对角线（↘）上没有皇后占据。

仍然用深度优先搜索和回溯法求解，用递归函数来实现，分别测试每一种摆法，直到得出满足题目约束条件的答案。

在上述分析基础上，按自顶向下、逐步求精方法设计该问题的抽象算法如下：

```
QueenTry( 尝试第 i 种摆法 )
{
    做选择第 i 行皇后位置的准备 ;
    do{
        选择下一个位置 ;
        if ( 该位置安全 )
        {
            在该位置放置皇后 ;
            if (i<7)
            {
                尝试第 i+1 种摆法 ;
                if ( 不成功 )
                    移走该位置上的皇后 ;
            }
            else
                置标志变量为成功 ;
        }
    } while ( 不成功 && 位置未试完 );
    return  标志变量记录成功与否的信息 ;
}
```

由于对角线有两个方向，在同一对角线上的所有点（设其坐标为 (i, j)），要么行列坐标之和 $i+j$ 是常数，要么行列坐标之差 $i-j$ 是常数。其中，行列坐标之和（在 0 ～ 14 范围内）相等的诸方格在同一条（↙）对角线上，而行列坐标之差（在 −7 ～ 7 范围内）相等的诸方格在同一条↘对角线上，因此，可用 $b[i+j]$ 的值表示位置为 (i, j) 的（↙）对角线上是否有皇后占据（若无皇后占据，则置 $b[i+j]$ 为真，否则置 $b[i+j]$ 为假），用 $c[i-j+7]$ 表示位置为 (i, j) 的（↘）对角线上是否有皇后占据（若无皇后占据，则置 $c[i-j+7]$ 为真，否则置 $c[i-j+7]$ 为假）。如果 col[*j*]、leftDiag[*i*+*j*] 和 rightDiag[*i*−*j*+7] 都为真，则说明位置 (i, j) 是安全的，可以放置一个皇后。而在位置 (i, j) 放置皇后，就是置 col[*j*]、leftDiag[*i*+*j*] 和 rightDiag[*i*−*j*+7] 为假；从位置 (i, j) 移走皇后，就是置 col[*j*]、leftDiag[*i*+*j*] 和 rightDiag[*i*−*j*+7] 为真。

2. 实验要求

要求掌握简单的深度优先搜索和回溯算法，采用递归函数实现。本程序无需用户输入数据。

测试编号	程序运行结果示例
1	Result: 0 4 7 5 2 6 1 3

3. 实验参考程序

```
1   #include <stdio.h>
2   int QueenTry(int i,int rowPos[],int col[],int leftDiag[],int rightDiag[]);
3   int main(void)
4   {
5       int i, flag;
6       static int rowPos[8];
7       static int col[8] = {1,1,1,1,1,1,1,1};
8       static int leftDiag[15] = {1,1,1,1,1,1,1,1,1,1,1,1,1,1,1};
9       static int rightDiag[15] = {1,1,1,1,1,1,1,1,1,1,1,1,1,1,1};
10      flag = QueenTry(0, rowPos, col, leftDiag, rightDiag);
11      if (flag)
12      {
13          printf("Result:\n");
14          for (i=0; i<8; ++i)
15          {
16              printf("%4d", rowPos[i]);
17          }
18          printf("\n");
19      }
20      return 0;
21  }
22  //函数功能：求解八皇后问题的一个解
23  int QueenTry(int i,int rowPos[],int col[],int leftDiag[],int rightDiag[])
24  {
25      int flag, j = -1;
26      do{
27          ++j;
28          flag = 0;
29          if (col[j] && leftDiag[i+j] && rightDiag[i-j+7])
30          {
31              rowPos[i] = j;
32              col[j] = 0;
33              leftDiag[i+j] = 0;
34              rightDiag[i-j+7] = 0;
35              if (i < 7)
36              {
37                  flag = QueenTry(i+1, rowPos, col, leftDiag, rightDiag);
38                  if (!flag)
39                  {
40                      col[j] = 1;
41                      leftDiag[i+j] = 1;
42                      rightDiag[i-j+7] = 1;
43                  }
44              }
45              else
46              {
47                  flag = 1;
48              }
49          }
50      }while (!flag && j<7);
51      return flag;
52  }
```

【思考题】

下面程序是计算八皇后问题全部 92 个解的程序，请读者自己分析其原理。

```
1   #include <stdio.h>
2   void QueenTry(int i,int rowPos[],int col[],int leftDiag[],
3                int rightDiag[]);
4   int m = 0;
5   int main(void)
6   {
7       static int rowPos[8];
8       static int col[8] = {1,1,1,1,1,1,1,1};
9       static int leftDiag[15] = {1,1,1,1,1,1,1,1,1,1,1,1,1,1,1};
10      static int rightDiag[15] = {1,1,1,1,1,1,1,1,1,1,1,1,1,1,1};
11      QueenTry(0, rowPos, col, leftDiag, rightDiag);
12      return 0;
13  }
14  //函数功能：求解八皇后问题的全部解
15  void QueenTry(int i,int rowPos[],int col[],int leftDiag[],int rightDiag[])
16  {
17      int j, k;
18      for (j=0; j<8; ++j)
19      {
20          if (col[j] && leftDiag[i+j] && rightDiag[i-j+7])
21          {
22              rowPos[i] = j;
23              col[j] = 0;
24              leftDiag[i+j] = 0;
25              rightDiag[i-j+7] = 0;
26              if (i < 7)
27              {
28                  QueenTry(i+1, rowPos, col, leftDiag, rightDiag);
29              }
30              else
31              {
32                  m++;
33                  printf("<%d> ", m);
34                  for (k=0; k<8; ++k)
35                  {
36                      printf("%4d",rowPos[k]);
37                  }
38                  printf("\n");
39              }
40              col[j] = 1;
41              leftDiag[i+j] = 1;
42              rightDiag[i-j+7] = 1;
43          }
44      }
45  }
```

第 8 章　趣味数字专题

【本章目标】

- 综合运用三种基本控制结构（即枚举、递推、递归），以及数组这种顺序存储的数据结构解决与趣味数字相关的实际问题。
- 掌握以空间换时间等常用的程序优化方法。

8.1　杨辉三角形

1. 实验内容

任务 1：用函数编程计算并输出如下所示的直角三角形形式的杨辉三角形。

```
1
1  1
1  2   1
1  3   3   1
1  4   6   4   1
1  5   10  10  5   1
1  6   15  20  15  6   1
```

任务 2：用函数编程计算并输出如下所示的等腰三角形形式的杨辉三角形。

```
                 1
               1   1
            1    2    1
          1   3    3    1
        1   4    6    4    1
      1   5   10   10    5    1
    1   6   15   20   15    6    1
```

任务 3：用函数编程计算并输出如下所示的直角三角形形式的杨辉三角形。

```
                                  1
                              1   1
                         1    2   1
                    1    3    3   1
               1    4    6    4   1
          1    5    10   10   5   1
     1    6    15   20   15   6   1
```

2. 实验要求

先输入想要输出的杨辉三角形的行数，然后输出相应行数的杨辉三角形。

任务 1 和任务 3 要求输出的每个数字左对齐，任务 2 要求输出的每个数字右对齐。

要求掌握数组的初始化方法、二维数组作为函数参数的参数传递方法，以及 printf 函数的输出格式控制方法。

要求按如下函数原型编写程序：

```
//函数功能：输出杨辉三角形前n行元素的值
void PrintYH(int a[][N], int n);
```

实验任务	测试编号	程序运行结果示例
1	1	Input n(n<20): 7↙ 1 1 1 1 2 1 1 3 3 1 1 4 6 4 1 1 5 10 10 5 1
	2	Input n(n<20): 10↙ 1 1 1 1 2 1 1 3 3 1 1 4 6 4 1 1 5 10 10 5 1 1 6 15 20 15 6 1 1 7 21 35 35 21 7 1 1 8 28 56 70 56 28 8 1 1 9 36 84 126 126 84 36 9 1
2	1	Input n(n<20): 7↙ 1 1 1 1 2 1 1 3 3 1 1 4 6 4 1 1 5 10 10 5 1 1 6 15 20 15 6 1
	2	Input n(n<20): 10↙ 1 1 1 1 2 1 1 3 3 1 1 4 6 4 1 1 5 10 10 5 1 1 6 15 20 15 6 1 1 7 21 35 35 21 7 1 1 8 28 56 70 56 28 8 1 1 9 36 84 126 126 84 36 9 1
3	1	Input n(n<20): 7↙ 1 1 1 1 2 1 1 3 3 1 1 4 6 4 1 1 5 10 10 5 1 1 6 15 20 15 6 1

（续）

实验任务	测试编号	程序运行结果示例
3	2	Input n(n<20): 10↙ 1 1 1 1 2 1 1 3 3 1 1 4 6 4 1 1 5 10 10 5 1 1 6 15 20 15 6 1 1 7 21 35 35 21 7 1 1 8 28 56 70 56 28 8 1 1 9 36 84 126 126 84 36 9 1

3. 实验参考程序

任务 1 的参考程序 1 如下：

```
1   #include<stdio.h>
2   #define  N  20
3   void  CalculateYH(int a[][N], int  n);
4   void  PrintYH(int a[][N], int  n);
5   int main(void)
6   {
7       int  a[N][N] = {0}, n;
8       printf("Input n(n<20):");
9       scanf("%d", &n);
10      CalculateYH(a, n);
11      PrintYH(a, n);
12      return 0;
13  }
14  //函数功能：计算杨辉三角形前 n 行元素的值
15  void CalculateYH(int a[][N], int n)
16  {
17      int  i, j;
18      for (i=0; i<n; ++i)
19      {
20          a[i][0] = 1;
21          a[i][i] = 1;
22      }
23      for (i=2; i<n; ++i)
24      {
25          for (j=1; j<=i-1; ++j)
26          {
27              a[i][j] = a[i-1][j-1] + a[i-1][j];
28          }
29      }
30  }
31  //函数功能：以直角三角形形式输出杨辉三角形前 n 行元素的值
32  void PrintYH(int a[][N], int n)
33  {
34      int  i, j;
35      for (i=0; i<n; ++i)
36      {
37          for (j=0; j<=i; ++j)
38          {
39              printf("%-4d", a[i][j]); //输出结果左对齐
```

```
40            }
41            printf("\n");
42        }
43    }
```

任务 1 的参考程序 2 如下：

```
1    #include<stdio.h>
2    #define  N  20
3    void  CalculateYH(int a[][N], int  n);
4    void  PrintYH(int a[][N], int  n);
5    int main(void)
6    {
7        int  a[N][N] = {0}, n;
8        printf("Input n(n<20):");
9        scanf("%d", &n);
10       CalculateYH(a, n);
11       PrintYH(a, n);
12       return 0;
13   }
14   //函数功能：计算杨辉三角形前n行元素的值
15   void CalculateYH(int a[][N], int n)
16   {
17       int  i, j;
18       for (i=0; i<n; ++i)
19       {
20           for (j=0; j<=i; ++j)
21           {
22               if (j==0 || i==j)
23                   a[i][j] = 1;
24               else
25                   a[i][j] = a[i-1][j-1] + a[i-1][j];
26           }
27       }
28   }
29   //函数功能：以直角三角形形式输出杨辉三角形前n行元素的值
30   void PrintYH(int a[][N], int n)
31   {
32       int  i, j;
33       for (i=0; i<n; ++i)
34       {
35           for (j=0; j<=i; ++j)
36           {
37               printf("%-4d", a[i][j]); //输出结果左对齐
38           }
39           printf("\n");
40       }
41   }
```

任务 2 的参考程序 1 如下：

```
1    #include<stdio.h>
2    #define  N  20
3    void  CalculateYH(int a[][N], int  n);
4    void  PrintYH(int a[][N], int  n);
5    int main(void)
6    {
7        int  a[N][N] = {0}, n;
8        printf("Input n(n<20):");
```

```
9        scanf("%d", &n);
10       CalculateYH(a, n);
11       PrintYH(a, n);
12       return 0;
13   }
14   //函数功能：计算杨辉三角形前n行元素的值
15   void CalculateYH(int a[][N], int n)
16   {
17       int  i, j;
18       for (i=0; i<n; ++i)
19       {
20           a[i][0] = 1;
21           a[i][i] = 1;
22       }
23       for (i=2; i<n; ++i)
24       {
25           for (j=1; j<=i-1; ++j)
26           {
27               a[i][j] = a[i-1][j-1] + a[i-1][j];
28           }
29       }
30   }
31   //函数功能：以等腰三角形形式输出杨辉三角形前n行元素的值
32   void PrintYH(int a[][N], int n)
33   {
34       int  i, j;
35       for (i=0; i<n; ++i)
36       {
37           for (j=n-i; j>0; --j)
38           {
39               printf("  ");//输出两个空格
40           }
41           for (j=0; j<=i; ++j)
42           {
43               printf("%4d", a[i][j]); //输出结果右对齐
44           }
45           printf("\n");
46       }
47   }
```

任务 2 的参考程序 2 如下：

```
1    #include<stdio.h>
2    #define  N  20
3    void  CalculateYH(int a[][N], int  n);
4    void  PrintYH(int a[][N], int  n);
5    int main(void)
6    {
7        int  a[N][N] = {0}, n;
8        printf("Input n(n<20):");
9        scanf("%d", &n);
10       CalculateYH(a, n);
11       PrintYH(a, n);
12       return 0;
13   }
14   //函数功能：计算杨辉三角形前n行元素的值
15   void CalculateYH(int a[][N], int n)
16   {
17       int  i, j;
```

```
18      for (i=0; i<n; ++i)
19      {
20          for (j=0; j<=i; ++j)
21          {
22              if (j==0 || i==j)
23                  a[i][j] = 1;
24              else
25                  a[i][j] = a[i-1][j-1] + a[i-1][j];
26          }
27      }
28  }
29  //函数功能：以等腰三角形形式输出杨辉三角形前n行元素的值
30  void PrintYH(int a[][N], int n)
31  {
32      int  i, j;
33      for (i=0; i<n; ++i)
34      {
35          for (j=n-i; j>0; --j)
36          {
37              printf("  ");//输出两个空格
38          }
39          for (j=0; j<=i; ++j)
40          {
41              printf("%4d", a[i][j]); //输出结果右对齐
42          }
43          printf("\n");
44      }
45  }
```

任务3的参考程序1如下：

```
1   #include<stdio.h>
2   #define  N  20
3   void  CalculateYH(int a[][N], int  n);
4   void  PrintYH(int a[][N], int  n);
5   int main(void)
6   {
7       int  a[N][N] = {0}, n;
8       printf("Input n(n<20):");
9       scanf("%d", &n);
10      CalculateYH(a, n);
11      PrintYH(a, n);
12      return 0;
13  }
14  //函数功能：计算杨辉三角形前n行元素的值
15  void CalculateYH(int a[][N], int n)
16  {
17      int  i, j;
18      for (i=0; i<n; ++i)
19      {
20          a[i][0] = 1;
21          a[i][i] = 1;
22      }
23      for (i=2; i<n; ++i)
24      {
25          for (j=1; j<=i-1; ++j)
26          {
27              a[i][j] = a[i-1][j-1] + a[i-1][j];
28          }
```

```
29      }
30  }
31  //函数功能：输出杨辉三角形前n行元素的值
32  void PrintYH(int a[][N], int n)
33  {
34      int  i, j;
35      for (i=0; i<n; ++i)
36      {
37          for (j=n-i; j>0; --j)
38          {
39              printf("    ");//输出4个空格
40          }
41          for (j=0; j<=i; ++j)
42          {
43              printf("%-4d", a[i][j]); //输出结果左对齐
44          }
45          printf("\n");
46      }
47  }
```

任务 3 的参考程序 2 如下：

```
1   #include<stdio.h>
2   #define  N  20
3   void  CalculateYH(int a[][N], int  n);
4   void  PrintYH(int a[][N], int  n);
5   int main(void)
6   {
7       int  a[N][N] = {0}, n;
8       printf("Input n(n<20):");
9       scanf("%d", &n);
10      CalculateYH(a, n);
11      PrintYH(a, n);
12      return 0;
13  }
14  //函数功能：计算杨辉三角形前n行元素的值
15  void CalculateYH(int a[][N], int n)
16  {
17      int  i, j;
18      for (i=0; i<n; ++i)
19      {
20          for (j=0; j<=i; ++j)
21          {
22              if (j==0 || i==j)
23                  a[i][j] = 1;
24              else
25                  a[i][j] = a[i-1][j-1] + a[i-1][j];
26          }
27      }
28  }
29  //函数功能：以等腰三角形形式输出杨辉三角形前n行元素的值
30  void PrintYH(int a[][N], int n)
31  {
32      int  i, j;
33      for (i=0; i<n; ++i)
34      {
35          for (j=n-i; j>0; --j)
36          {
37              printf("  ");//输出4个空格
```

```
38          }
39          for (j=0; j<=i; ++j)
40          {
41              printf("%-4d", a[i][j]);//输出结果左对齐
42          }
43          printf("\n");
44      }
45  }
```

8.2 好数对

1. 实验内容

已知一个集合 A，对 A 中任意两个不同的元素，若其和仍在 A 内，则称其为好数对。例如，对于由 1、2、3、4 构成的集合，因为有 1+2=3、1+3=4，所以好数对有两个。请编写一个程序，统计并输出好数对的个数。

【设计思路提示】定义两个数组 a 和 b，先将输入的元素值存储到数组 a 中，另一个数组 b 为在集合中存在的数做标记，标记值为 1 表示该数在集合中存在，标记值为 0 表示该数在集合中不存在。然后用双重循环遍历数组 a，先计算数组 a 中任意两个元素之和，然后将其作为下标，检查数组 b 中对应这个下标的元素值是否为 1，若为 1，则表示这两个数组元素是好数对。

2. 实验要求

程序先输入集合中元素的个数，然后输出能够组成的好数对的个数。已知集合中最多有 1000 个元素。如果输入的数据不满足要求，则重新输入。

要求按如下函数原型编写程序：

```
//函数功能：计算并返回n个元素能够组成的好数对的个数
int GoodNum(int a[], int n);
```

测试编号	程序运行结果示例	测试编号	程序运行结果示例
1	Input n:5↙ Input 5 numbers:0 1 2 3 4↙ 6	2	Input n:4000↙ Input n:4↙ Input 4 numbers:1 2 3 4↙ 2

3. 实验参考程序

参考程序 1 如下：

```
1   #include<stdio.h>
2   #define N 10000
3   int GoodNum(int a[], int n);
4   int main(void)
5   {
6       int a[N], n, i;
7       do{
8           printf("Input n:");
9           scanf("%d", &n);
10      }while (n > 1000);
11      printf("Input %d numbers:", n);
12      for (i=0; i<n; ++i)
13      {
```

```
14          scanf("%d", &a[i]); // 输入数据
15      }
16      GoodNum(a, n);
17      return 0;
18  }
19  // 函数功能：计算并返回n个元素能够组成的好数对的个数
20  int GoodNum(int a[], int n)
21  {
22      int i, j, cnt = 0, result = 0, sum[N];
23      for (i=0; i<n; ++i)
24      {
25          for (j=i+1; j<n; ++j)
26          {
27              sum[cnt++] = a[i] + a[j]; // 将任意两个数相加的和存储到数组中
28          }
29      }
30      for (i=0; i<n; ++i)
31      {
32          for (j=0; j<cnt; ++j)
33          {
34              if (a[i] == sum[j]) // 判断是否相等
35              {
36                  result++;
37              }
38          }
39      }
40      printf("%d", result);
41      return 0;
42  }
```

参考程序 2 如下：

```
1   #include<stdio.h>
2   int GoodNum(int a[], int n);
3   int main(void)
4   {
5       int a[1000];
6       int i, n, s = 0;
7       do{
8           printf("Input n:");
9           scanf("%d", &n);
10      }while (n > 1000);
11      printf("Input %d numbers:", n);
12      for (i=0; i<n; ++i)
13      {
14          scanf("%d", &a[i]);
15      }
16      s = GoodNum(a, n);
17      printf("%d\n", s);
18      return 0;
19  }
20  // 函数功能：计算并返回n个元素能够组成的好数对的个数
21  int GoodNum(int a[], int n)
22  {
23      int b[10001];
24      int i, j, s = 0;
25      for (i=0; i<n; ++i)
26      {
27          b[a[i]] = 1;
```

```
28      }
29      for (i=0; i<n; ++i)
30      {
31          for (j=i+1; j<n; ++j)
32          {
33              if (b[a[i] + a[j]] == 1)
34              {
35                  s++;
36              }
37          }
38      }
39      return s;
40  }
```

8.3 完全数

1. 实验内容

完全数（Perfect Number），又称为完美数或完数，它是指这样的一些特殊的自然数：它所有的真因子（即除自身以外的约数）的和恰好等于它本身，即 *m* 的所有小于 *m* 的不同因子（包括 1）加起来恰好等于 *m* 本身。注意：1 没有真因子，所以 1 不是完全数。计算机已经证实在 10^{300} 以下，没有奇数的完全数。例如，因为 6 = 1 + 2 + 3，所以 6 是一个完全数。

任务 1：请编写一个程序，判断一个整数 *m* 是否是完全数。

任务 2：请编写一个程序，计算一个整数 *m* 的全部因子，以验证 *m* 是否是一个完全数。

任务 3：请编写一个程序，输出 *n* 以内所有的完全数。

任务 4：对任务 3 的程序进行优化，以提高其执行效率。

2. 实验要求

任务 1：先输入一个整数 *m*，若 *m* 是完全数，则输出“Yes!”，否则输出“No!”。

任务 2：先输入一个整数 *m*，若 *m* 是完全数，则输出“Yes!”，同时输出 *m* 的全部因子。若 *m* 不是完全数，则输出“No!”

任务 3：先输入 *n*，然后输出 *n* 以内所有的完全数。要求 *n* 的值不小于 1，并且不超过 1000000，如果超出这个范围或者输入了非法字符，则输出“Input error!\n”，并且结束程序的运行。

任务 4：以高于任务 3 的程序执行速度，输出 *n* 以内所有的完全数。如果 *n* 的值超过 1000000 或者输入了非法字符，则重新输入。

【设计思路提示】假如 *x* 能被 *i* 整除，那么 *x* 必定可以表示为 $i \times x/i$，即如果 *i* 是 *x* 的一个因子，那么 *x/i* 必定也是 *x* 的一个因子，因此可以在每次循环时同时加上两个因子 *i* 和 *x/i*，这样循环次数就可以减少一半，从而提高程序的执行效率。

要求按照如下函数原型编写程序：

```
//函数功能：判断完全数，若函数返回 0，则代表不是完全数，若返回 1，则代表是完全数
int IsPerfect(int x);
```

实验任务	测试编号	程序运行结果示例
1	1	Input m:28↙ Yes!

（续）

实验任务	测试编号	程序运行结果示例
1	2	Input m:8↙ No!
	3	Input m:1↙ No!
2	1	Input m:28↙ Yes! 1,2,4,7,14
	2	Input m:6↙ Yes! 1,2,3
	3	Input m:1↙ No!
3	1	Input n:100000↙ 6 28 496 8128
	2	Input n:2000000↙ Input error!
4	1	Input n:100000↙ 6 28 496 8128
	2	Input n:2000000↙ Input n:a↙ Input n:1000 6 28 496

3. 实验参考程序

任务 1 的参考程序如下：

```
1   #include <stdio.h>
2   int IsPerfect(int x);
3   int main(void)
4   {
5       int m;
6       printf("Input m:");
7       scanf("%d", &m);
8       if (IsPerfect(m))  //若m是完全数
9       {
10          printf("Yes!\n");
11      }
12      else               //若m不是完全数
13      {
14          printf("No!\n");
15      }
16      return 0;
```

```
17  }
18  //函数功能：判断完全数，若函数返回0，则代表不是完全数，若返回1，则代表是完全数
19  int IsPerfect(int x)
20  {
21      int i;
22      int sum = 0;  //x为1时，sum=0，函数将返回0，表示1没有真因子，不是完全数
23      for (i=1; i<=x/2; ++i)
24      {
25          if (x%i == 0)
26          {
27              sum = sum + i;
28          }
29      }
30      return sum==x ? 1 : 0;
31  }
```

任务2的参考程序如下：

```
1   #include <stdio.h>
2   #include <math.h>
3   int IsPerfect(int x);
4   void OutputFactor(int m);
5   int main(void)
6   {
7       int m;
8       printf("Input m:");
9       scanf("%d", &m);
10      if (IsPerfect(m))  //若m是完全数
11      {
12          printf("Yes!\n");
13          OutputFactor(m);
14      }
15      else                  //若m不是完全数
16      {
17          printf("No!\n");
18      }
19      return 0;
20  }
21  //函数功能：判断完全数，若函数返回0，则代表不是完全数，若返回1，则代表是完全数
22  int IsPerfect(int x)
23  {
24      int i;
25      int sum = 0;  //x为1时，sum=0，函数将返回0，表示1没有真因子，不是完全数
26      for (i=1; i<x; ++i)
27      {
28          if (x%i == 0)
29          {
30              sum = sum + i;
31          }
32      }
33      return sum==x ? 1 : 0;
34  }
35  //函数功能：输出x的所有包括1在内的因子
36  void OutputFactor(int m)
37  {
38      int i, isFirstFactor = 1;
39      for (i=1; i<fabs(m); ++i)//输出包括1在内的因子，所以从1开始
40      {
```

```
41            if (m%i == 0)
42            {
43                if (isFirstFactor == 0)     printf(",");
44                printf("%d", i);
45                isFirstFactor = 0;
46            }
47        }
48        printf("\n");
49    }
```

任务 3 的参考程序如下：

```
1     #include <stdio.h>
2     #include <stdlib.h>
3     int IsPerfect(int x);
4     int main(void)
5     {
6         int n, i, ret;
7         printf("Input n:");
8         ret = scanf("%d", &n);
9         if (ret!=1 || n<1 || n>1000000)
10        {
11            printf("Input error!\n");
12            exit(0);
13        }
14        for (i=1; i<n; ++i)
15        {
16            if (IsPerfect(i))
17            {
18                printf("%d\n", i);
19            }
20        }
21        return 0;
22    }
23    // 函数功能：判断完全数。若函数返回 0，则代表不是完全数；若返回 1，则代表是完全数
24    int IsPerfect(int x)
25    {
26        int i;
27        int sum = 0;
28        for (i=1; i<=x/2; ++i)
29        {
30            if (x%i == 0)
31            {
32                sum = sum + i;
33            }
34        }
35        return sum==x ? 1 : 0;
36    }
```

任务 4 的参考程序 1 如下：

```
1     #include <stdio.h>
2     #include <stdlib.h>
3     #include <math.h>
4     int IsPerfect(int x);
5     int main(void)
6     {
7         int n, i, ret;
8         printf("Input n:");
```

```
9       ret = scanf("%d", &n);
10      while (ret!=1 || n<1 || n>1000000)
11      {
12          while (getchar() != '\n');//清空输入缓冲区
13          printf("Input n:");
14          ret = scanf("%d", &n);
15      }
16      for (i=2; i<n; ++i)
17      {
18          if (IsPerfect(i))
19          {
20              printf("%d\n", i);
21          }
22      }
23      return 0;
24  }
25  //函数功能：判断完全数。若函数返回0，则代表不是完全数；若返回1，则代表是完全数
26  int IsPerfect(int x)
27  {
28      int i;
29      int sum = 1;
30      int k = (int)sqrt(x);
31      for (i=2; i<=k; ++i)
32      {
33          if (x%i == 0)
34          {
35              sum += i;
36              sum += x / i;
37          }
38      }
39      return sum==x ? 1 : 0;
40  }
```

任务4的参考程序2如下：

```
1   #include <stdio.h>
2   #include <stdlib.h>
3   int IsPerfect(int x);
4   int main(void)
5   {
6       int n, i, ret;
7       do{
8           printf("Input n:");
9           ret = scanf("%d", &n);
10          if (ret != 1) while (getchar() != '\n');//清空输入缓冲区
11      }while (ret!=1 || n<1 || n>1000000);
12      for (i=2; i<=n; ++i)
13      {
14          if (IsPerfect(i))
15          {
16              printf("%d\n", i);
17          }
18      }
19      return 0;
20  }//函数功能：判断完全数。若函数返回0，则代表不是完全数；若返回1，则代表是完全数
21  int IsPerfect(int x)
22  {
23      int i;
```

```
24      int sum = 1;
25      for (i=2; i*i<=x; ++i)
26      {
27          if (x%i == 0)
28          {
29              sum = sum + i;
30              if (i * i != x)
31              {
32                  sum += x / i;
33              }
34          }
35      }
36      return sum==x ? 1 : 0;
37  }
```

8.4　亲密数

1. 实验内容

2500 年前，数学大师毕达哥拉斯就发现 220 与 284 之间存在着奇妙的联系：

- 220 的真因数之和为：1+2+4+5+10+11+20+22+44+55+110=284。
- 284 的真因数之和为：1+2+4+71+142=220。

毕达哥拉斯把这样的数对称为亲密数。亲密数也称为相亲数，如果整数 A 的全部因子（包括 1，不包括 A 本身）之和等于 B，且整数 B 的全部因子（包括 1，不包括 B 本身）之和等于 A，则将整数 A 和 B 称为亲密数。

任务 1：请编写一个程序，判断两个整数 *m* 和 *n* 是否是亲密数。

任务 2：请编写一个程序，计算并输出 *n* 以内的全部亲密数。

任务 3：请编写一个程序，计算并输出 *n* 以内的全部亲密数，并输出这些亲密数的真因数之和。

2. 实验要求

任务 1：先输入 *m* 和 *n*，若 *m* 和 *n* 是亲密数，则输出 “Yes!”，否则输出 “No!”。

任务 2：先输入一个整数 *n*，然后输出 *n* 以内的全部亲密数。要求对程序进行优化，以提高程序的执行速度，并对比优化前和优化后的程序执行速度。

任务 3：先输入一个整数 *n*，然后输出 *n* 以内的全部亲密数，同时输出这些亲密数的真因数之和。

实验任务	测试编号	程序运行结果示例
1	1	Input m, n:220,284↙ Yes!
	2	Input m, n:224,280↙ No!
2	1	Input n:1000↙ (220,284)
	2	Input n:3000↙ (220,284) (1184,1210) (2620,2924)

（续）

实验任务	测试编号	程序运行结果示例
2	3	Input n:10000↙ (220,284) (1184,1210) (2620,2924) (5020,5564) (6232,6368)
3	1	Input n:6000↙ 相亲数：220,284 220 的真因数之和为：1+2+4+5+10+11+20+22+44+55+110=284 284 的真因数之和为：1+2+4+71+142=220 相亲数：1184,1210 1184 的真因数之和为：1+2+4+8+16+32+37+74+148+296+592=1210 1210 的真因数之和为：1+2+5+10+11+22+55+110+121+242+605=1184 相亲数：2620,2924 2620 的真因数之和为：1+2+4+5+10+20+131+262+524+655+1310=2924 2924 的真因数之和为：1+2+4+17+34+43+68+86+172+731+1462=2620 相亲数：5020,5564 5020 的真因数之和为：1+2+4+5+10+20+251+502+1004+1255+2510=5564 5564 的真因数之和为：1+2+4+13+26+52+107+214+428+1391+2782=5020
	2	Input n:1000↙ 相亲数：220,284 220 的真因数之和为：1+2+4+5+10+11+20+22+44+55+110=284 284 的真因数之和为：1+2+4+71+142=220

3. 实验参考程序

任务 1 的参考程序如下：

```
1    #include <stdio.h>
2    int FactorSum(int x);
3    int main(void)
4    {
5        int m, n;
6        printf("Input m, n:");
7        scanf("%d,%d", &m, &n);
8        if (FactorSum(m)==n && FactorSum(n)==m)  //若m和n是亲密数
9        {
10           printf("Yes!\n");
11       }
12       else                        //若m和n不是亲密数
13       {
14           printf("No!\n");
15       }
16       return 0;
17   }
18   //函数功能：返回x的所有因子之和
19   int FactorSum(int x)
20   {
21       int i;
22       int sum = 0;
23       for (i=1; i<x; ++i)
24       {
25           if (x%i == 0)
```

```
26          {
27              sum = sum + i;
28          }
29      }
30      return sum;
31  }
32
```

任务 2 的未经优化的参考程序 1 如下：

```
1   #include <stdio.h>
2   #include <math.h>
3   #include <stdlib.h>
4   int FactorSum(int x);
5   int main(void)
6   {
7       int  n, i, j;
8       printf("Input n:");
9       scanf("%d", &n);
10      for (i=1; i<n; ++i)
11      {
12          for (j=i+1; j<n; ++j)
13          {
14              if (FactorSum(i)==j && FactorSum(j)==i) //若 i 和 j 是亲密数
15              {
16                  printf("(%d,%d)\n", i, j);
17              }
18          }
19      }
20      return 0;
21  }
22  // 函数功能：返回 x 的所有真因子之和
23  int FactorSum(int x)
24  {
25      int i;
26      int sum = 0;
27      for (i=1; i<x; ++i)
28      {
29          if (x%i == 0)
30          {
31              sum = sum + i;
32          }
33      }
34      return sum;
35  }
```

任务 2 的经过优化后的参考程序 2 如下：

```
1   #include <stdio.h>
2   #include <math.h>
3   int FactorSum(int x);
4   int main(void)
5   {
6       int  n, k, i, j;
7       printf("Input n:");
8       scanf("%d", &n);
9       for (i=1; i<n; ++i)    //仅使用一重循环
10      {
```

```
11          j = FactorSum(i); //计算i的所有真因子之和
12          k = FactorSum(j); //计算j的所有真因子之和
13          if (i==k && i<j)  //若i和j是亲密数
14          {
15              printf("(%d,%d)\n", i, j);
16          }
17      }
18      return 0;
19  }
20  // 函数功能：返回x的所有真因子之和
21  int FactorSum(int x)
22  {
23      int i;
24      int sum = 1;
25      int k = (int)sqrt(x);
26      for (i=2; i<=k; ++i)
27      {
28          if (x%i == 0)
29          {
30              sum += i;
31              sum += x/i;
32          }
33      }
34      return sum;
35  }
```

任务 2 的经过优化后的参考程序 3 如下：

```
1   #include <stdio.h>
2   #include <math.h>
3   int FactorSum(int x);
4   int main(void)
5   {
6       int  n, k, i, j;
7       printf("Input n:");
8       scanf("%d", &n);
9       for (i=1; i<n; ++i)
10      {
11          j = FactorSum(i);      //计算i的所有真因子之和
12          if (i < j)
13          {
14              k = FactorSum(j); //仅在i<j时才计算j的所有真因子之和
15              if (i == k)       //若i和j是亲密数
16              {
17                  printf("(%d,%d)\n", i, j);
18              }
19          }
20      }
21      return 0;
22  }
23  // 函数功能：计算并返回x的所有真因子之和
24  int FactorSum(int x)
25  {
26      int i;
27      int sum = 1;
28      int k = (int)sqrt(x);
29      for (i=2; i<=k; ++i)
30      {
```

```
31          if (x%i == 0)
32          {
33              sum += i + x/i;
34          }
35      }
36      return sum;
37  }
```

任务 2 的以空间换时间用数组实现的参考程序 4 如下：

```
1   #include <stdio.h>
2   #include <math.h>
3   #define N 30000
4   void FactorSum(int a[],int n);
5   int main()
6   {
7       int a[N];
8       int i, j, n;
9       printf("Input n:");
10      scanf("%d", &n);
11      FactorSum(a, n);
12      for (i=0; i<n; i++)
13      {
14          for (j=i+1; j<n; j++)
15          {
16              if (a[i]==j && a[j]==i)
17              {
18                  printf("(%d,%d)\n", i, j);
19              }
20          }
21      }
22      return 0;
23  }
24  void FactorSum(int a[], int n)
25  {
26      int i, j, k;
27      for (i=0; i<n; i++)
28      {
29          a[i] = 1;
30          k = (int)sqrt(i);
31          for (j=2; j<=k; j++)
32          {
33              if (i%j == 0)
34              {
35                  a[i] += j;
36                  a[i] += i/j;
37              }
38          }
39      }
40  }
```

任务 2 的以空间换时间用数组实现的参考程序 5 如下：

```
1   #include <stdio.h>
2   #include <math.h>
3   #define N 30000
4   void FactorSum(int a[], int n);
5   int main()
```

```
6   {
7       int  n, k, i, j;
8       int a[N];
9       printf("Input n:");
10      scanf("%d", &n);
11      FactorSum(a, n);
12      for (i=1; i<n; i++)
13      {
14          j = a[i]; //计算i的所有因子之和
15          k = a[j]; //计算m的所有因子之和
16          if (i==k && i<j)  //若m和i是亲密数
17          {
18              printf("(%d,%d)\n", i, j);
19          }
20      }
21      return 0;
22  }
23  // 函数功能：返回x的所有因子之和
24  void FactorSum(int a[], int n)
25  {
26      int i, j, k;
27      for (i=0; i<n; i++)
28      {
29          a[i] = 1;
30          k = (int)sqrt(i);
31          for (j=2; j<=k; j++)
32          {
33              if (i%j == 0)
34              {
35                  a[i] += j;
36                  a[i] += i/j;
37              }
38          }
39      }
40  }
```

任务3的参考程序1如下：

```
1   #include <stdio.h>
2   #include <math.h>
3   int FactorSum(int x);
4   void Print(int t, int s);
5   int main(void)
6   {
7       int  n, k, i, j;
8       printf("Input n:");
9       scanf("%d", &n);
10      for (i=1; i<n; ++i)
11      {
12          j = FactorSum(i); //计算i的所有真因子之和
13          k = FactorSum(j); //计算j的所有真因子之和
14          if (i==k && i<j) //若i和j是亲密数
15          {
16              printf("亲密数：(%d,%d)\n", i, j);
17              Print(i,j);
18              Print(j,i);
19          }
20      }
```

```
21      return 0;
22  }
23  // 函数功能：计算并返回 x 的所有真因子之和
24  int FactorSum(int x)
25  {
26      int i;
27      int sum = 1;
28      int k = (int)sqrt(x);
29      for (i=2; i<=k; ++i)
30      {
31          if (x%i == 0)
32          {
33              sum += i + x/i;
34          }
35      }
36      return sum;
37  }
38  // 函数功能：计算并打印 t 的所有真因子分解式以及真因子之和 s
39  void Print(int t, int s)
40  {
41      int j;
42      printf("%d 的真因子之和为：%d", t, 1); //首个因子单独打印
43      for (j=2; j<=t/2; ++j)//按顺序打印各个真因子
44      {
45          if (t % j == 0)
46          {
47              printf("+%d", j);
48          }
49      }
50      printf("=%d\n", s);
51  }
```

任务 3 的参考程序 2 如下：

```
1   #include <stdio.h>
2   #include <math.h>
3   int FactorSum(int x);
4   void Print(int t);
5   int main(void)
6   {
7       int  n, k, i, j;
8       printf("Input n:");
9       scanf("%d", &n);
10      for (i=1; i<n; ++i)
11      {
12          j = FactorSum(i); //计算 i 的所有因子之和
13          k = FactorSum(j); //计算 j 的所有因子之和
14          if (i==k && i<j)  //若 m 和 i 是亲密数
15          {
16              printf("亲密数：%d,%d\n", i, j);
17              Print(i);
18              Print(j);
19          }
20      }
21      return 0;
22  }
23  // 函数功能：返回 x 的所有真因子之和
24  int FactorSum(int x)
```

```
25 {
26     int i;
27     int sum = 1;
28     int k = (int)sqrt(x);
29     for (i=2; i<=k; ++i)
30     {
31         if (x%i == 0)
32         {
33             sum += i;
34             sum += x/i;
35         }
36     }
37     return sum;
38 }
39 // 函数功能：打印t的所有真因子分解式以及真因子之和
40 void Print(int t)
41 {
42     int j, sum = 1;
43     printf("%d 的真因子之和为：%d", t, 1);
44     for (j = 2; j <= t / 2; ++j)
45     {
46         if (t % j == 0)
47         {
48             printf("+%d", j);
49             sum += j;
50         }
51     }
52     printf("=%d\n", sum);
53 }
```

8.5 素数求和

1. 实验内容

任务1：请编写一个程序，计算并输出 1 ～ n 之间的所有素数之和。

任务2：利用筛法对任务1进行加速。

埃拉托斯特尼筛法（简称筛法）是一种著名的快速求素数的方法。所谓“筛”就是对给定的到 N 为止的自然数，从中排除所有的非素数，最后剩下的就都是素数。筛法的基本思想就是筛掉所有素数的倍数，剩下的一定不是素数。

【设计思路提示】筛法求素数的过程为：将 2，3，…，N 依次存入相应下标的数组元素中，假设用数组 a 保存这些值，则将数组元素分别初始化为以下的数值：

$$a[2]=2, a[3]=3, \cdots, a[N]=N;$$

然后，依次从 a 中筛掉 2 的倍数，3 的倍数，5 的倍数，……，sqrt(N) 的倍数，即筛掉所有素数的倍数，直到 a 中仅剩下素数为止，因此剩下的数不是任何数的倍数（除 1 之外）。筛法求素数的过程如下所示：

$a[i]$	2	3	4	5	6	7	8	9	10	11	12	13
筛 2 的倍数		3	0	5	0	7	0	9	0	11	0	13
筛 3 的倍数			0	5	0	7	0	0	0	11	0	13
筛 5 的倍数					0	7	0	0	0	11	0	13

……

根据上述基本原理，按照自顶向下、逐步求精的设计方法设计该算法的步骤为：

step 1：设计总体算法

初始化数组 *a*，使 *a*[2]=2, *a*[3]=3, …, *a*[*N*]=*N*

对 *i*=2, 3, …, sqrt(*N*) 分别执行：筛掉 *a* 中所有 *a*[*i*] 的倍数

输出数组中余下的数（*a*[*i*]!=0 的数）

step 2：对“筛掉 *a* 中所有的 *a*[*i*] 的倍数”求精

对 *a* 中下标 *i* 后面 *j* 所有数分别执行：如果“该数是 *a*[*i*] 的倍数”，则“筛掉该数”

step 3：
```
for(i=2;i<=sqrt(N);++i)
    for(j=i+1;j<=N;++j)
        if(a[i]!=0&&a[j]!=0&&a[j]%a[i]==0)
            a[j]=0;
```

2. 实验要求

先输入 *n*，然后输出 1 ～ *n* 之间的所有素数之和。要求按如下函数原型编写程序：

```
//函数功能：计算并返回n以内的所有素数之和
int SumofPrime(int n);
```

测试编号	程序运行结果示例	测试编号	程序运行结果示例
1	Input n:8↙ sum=17	2	Input n:100↙ sum=1060

3. 实验参考程序

任务 1 的参考程序如下：

```
1   #include <stdio.h>
2   #include <math.h>
3   int IsPrime(int x);
4   int SumofPrime(int n);
5   int main(void)
6   {
7       int n;
8       printf("Input n:");
9       scanf("%d", &n);
10      printf("sum=%d\n", SumofPrime(n));
11      return 0;
12  }
13  //函数功能：判断x是否是素数。若函数返回0，则表示不是素数；若返回1，则代表是素数
14  int IsPrime(int x)
15  {
16      int i, flag = 1;
17      int squareRoot = (int)sqrt(x);
18      if (x <= 1)   flag = 0;      //负数、0和1都不是素数
19      for (i=2; i<=squareRoot && flag; ++i)
20      {
21          if (x%i == 0) flag = 0; //若能被整除，则不是素数
22      }
23      return flag;
24  }
25  //函数功能：计算并返回n以内的所有素数之和
26  int SumofPrime(int n)
27  {
28      int m, sum = 0;
```

```
29      for (m=1; m<=n; ++m)
30      {
31          if (IsPrime(m))    //是素数则累加
32          {
33              sum += m;
34          }
35      }
36      return sum;
37  }
```

任务 2 的参考程序如下：

```
1   #include <stdio.h>
2   #include <math.h>
3   #define N  100
4   void SiftPrime(int a[], int n);
5   int SumofPrime(int n);
6   int main(void)
7   {
8       int n;
9       printf("Input n:");
10      scanf("%d", &n);
11      printf("sum=%d\n", SumofPrime(n));
12      return 0;
13  }
14  //函数功能：利用筛法求素数
15  void SiftPrime(int a[], int n)
16  {
17      int i, j;
18      for (i=2; i<=n; ++i)
19      {
20          a[i] = i;
21      }
22      for (i=2; i<=sqrt(n); ++i)
23      {
24          for (j=i+1; j<=n; ++j)
25          {
26              if (a[i]!=0 && a[j]!=0 && a[j]%a[i]==0)
27              {
28                  a[j] = 0;
29              }
30          }
31      }
32  }
33  //函数功能：计算并返回n以内的所有素数之和
34  int SumofPrime(int n)
35  {
36      int m, sum = 0;
37      int a[N+1];
38      SiftPrime(a, n);
39      for (sum=0, m=2; m<=n; ++m)
40      {
41          if (a[m] != 0)    //是素数则累加
42          {
43              sum += m;
44          }
45      }
46      return sum;
47  }
```

8.6 验证哥德巴赫猜想

1. 实验内容

著名的哥德巴赫猜想是指任何一个大于或等于 6 的偶数总能表示为两个素数之和。例如 8=3+5、12=5+7 等。请编写一个程序，验证哥德巴赫猜想。

【设计思路提示】基本思路是将 n 分解为两个奇数之和，即 $n=a+b$，然后测试 a 和 b 是否均为素数。若 a 和 b 均为素数，则验证了 n 符合哥德巴赫猜想。为了编程方便，可采用枚举法，从 3 开始测试所有的奇数，直到 $n/2$ 为止，只要测试 a 和 $n-a$ 是否均为素数即可。因为 a 和 b 的对称性，所以分解后的两个数中至少有一个是小于等于 $n/2$ 的。

2. 实验要求

先从键盘输入一个取值在 [6, 2000000000] 内的任意偶数 n，如果超过这个范围或者出现非法字符，则重新输入。如果 n 符合哥德巴赫猜想，则输出将 n 表示为两个素数之和的等式，否则输出“n 不符合哥德巴赫猜想！”的提示信息。

要求分别按如下两种函数原型编写程序：

```
//函数功能：验证哥德巴赫猜想，验证成功时将其表示为两个素数之和输出
//函数参数：n是被验证的数
//函数返回值：若返回值为非 0，则验证成功；否则验证失败
int Goldbach(long n);
//函数功能：验证哥德巴赫猜想
//函数参数：n是被验证的数
//函数返回值：若返回值大于 0，则验证成功；若返回 0，则验证失败；若返回 -1，表示无须验证
long Goldbach(long n);
```

测试编号	程序运行结果示例
1	Input n: 3000000000↙ Input n:5↙ Input n:d↙ Input n:8↙ 8=3+5
2	Input n:12↙ 12=5+7
3	Input n:2000000000↙ 2000000000=73+1999999927

3. 实验参考程序

参考程序 1 如下：

```
1   #include <stdio.h>
2   #include <stdlib.h>
3   #include <math.h>
4   int IsPrime(long x);
5   int Goldbach(long n);
6   int main(void)
7   {
8       long n;
9       int ret;
10      do{
11          printf("Input n:");
12          ret = scanf("%ld", &n);
```

```
13          if (ret != 1) while (getchar() != '\n');
14      }while (ret!=1 || n%2!=0 || n<6 || n>2000000000);
15      if (!Goldbach(n))
16      {
17          printf("%ld 不符合哥德巴赫猜想 \n", n);
18      }
19      return 0;
20  }
21  // 函数功能：判断 x 是否是素数。若函数返回 0，则表示不是素数；若返回 1，则代表是素数
22  int IsPrime(long x)
23  {
24      int i, flag = 1;
25      int squareRoot = (int)sqrt(x);
26      if (x <= 1)    flag = 0;       // 负数、0 和 1 都不是素数
27      for (i=2; i<=squareRoot && flag; ++i)
28      {
29          if (x%i == 0) flag = 0; // 若能被整除，则不是素数
30      }
31      return flag;
32  }
33  // 函数功能：验证哥德巴赫猜想，验证成功时将其表示为两个素数之和输出
34  // 函数参数：n 是被验证的数
35  // 函数返回值：若返回值为非 0，则验证成功；否则验证失败
36  int Goldbach(long n)
37  {
38      long a;
39      int find = 0;
40      for (a=3; a<=n/2&&!find; a+=2)
41      {
42          if (IsPrime(a) && IsPrime(n-a))
43          {
44              printf("%ld=%ld+%ld", n, a, n-a);
45              find = 1;
46          }
47      }
48      return find;
49  }
```

参考程序 2 如下：

```
1   #include <stdio.h>
2   #include <math.h>
3   int IsPrime(long x);
4   long Goldbach(long n);
5   int main(void)
6   {
7       long find = 0, n;
8       int  ret;
9       do{
10          printf("Input n:");
11          ret = scanf("%ld", &n);
12          if (ret != 1) while (getchar() != '\n');
13      }while (ret!=1 || n%2!=0 || n<6 || n>2000000000);
14      find = Goldbach(n);
15      if (find == -1)
16      {
17          printf("Input error!\n");
18      }
```

```
19      else if (find == 0)
20      {
21          printf("%ld不符合哥德巴赫猜想\n", n);
22      }
23      else
24      {
25          printf("%ld=%ld+%ld\n", n, find, n-find);
26      }
27      return 0;
28  }
29  //函数功能：判断x是否是素数。若函数返回0，则表示不是素数；若返回1，则代表是素数
30  int IsPrime(long x)
31  {
32      int i, flag = 1;
33      int squareRoot = (long)sqrt(x);
34      if (x <= 1)   flag = 0;      //负数、0和1都不是素数
35      for (i=2; i<=squareRoot && flag; ++i)
36      {
37          if (x%i == 0) flag = 0; //若能被整除，则不是素数
38      }
39      return flag;
40  }
41  //函数功能：验证哥德巴赫猜想
42  //函数参数：n是被验证的数
43  //函数返回值：若返回值大于0，则验证成功；若返回0，则验证失败；若返回-1，表示无须验证
44  long Goldbach(long n)
45  {
46      long a;
47      if (n % 2 != 0)
48      {
49          return -1;
50      }
51      for (a=3; a<=n/2; a+=2)
52      {
53          if (IsPrime(a) && IsPrime(n-a))
54          {
55              return a;
56          }
57      }
58      return 0;
59  }
```

【思考题】

如果要求输出所有可能的分解等式，应该如何修改程序？

8.7 孪生素数

1. 实验内容

相差为 2 的两个素数称为孪生素数，例如，3 与 5、41 与 43 是孪生素数。请编写一个程序，计算并输出指定区间 [c,d] 上的所有孪生素数，并统计这些孪生素数的对数。

2. 实验要求

先输入区间 [c,d] 的下限值 c 和上限值 d，要求 c>2，如果数值不符合要求或出现非法字符，则重新输入。然后输出指定区间 [c,d] 上的所有孪生素数以及这些孪生素数的对数。

要求按如下函数原型编写程序：

```
//函数功能：输出[min，max]之间的孪生素数，返回区间内孪生素数的个数
int TwinPrime(int min, int max);
```

测试编号	程序运行结果示例
1	Input c,d(c>2):3,10↙ (3,5)(5,7) count=2
2	Input c,d(c>2):1,100↙ Input c,d(c>2):2,100↙ Input c,d(c>2):3,100↙ (3,5)(5,7)(11,13)(17,19)(29,31)(41,43)(59,61)(71,73) count=8

3. 实验参考程序

参考程序1如下：

```
1   #include <stdio.h>
2   #include <math.h>
3   int IsPrime(int x);
4   int TwinPrime(int min, int max);
5   int main(void)
6   {
7       int c, d, n, ret;
8       do{
9           printf("Input c,d(c>2):");
10          ret = scanf("%d,%d", &c, &d);
11  if (ret != 2) while (getchar() != '\n');
12      }while (ret!=2 || c<=2 || c>=d);
13      n = TwinPrime(c, d);
14      printf("count=%d\n", n);
15      return 0;
16  }
17  //函数功能：判断x是否是素数。若函数返回0，则表示不是素数；若返回1，则代表是素数
18  int IsPrime(int x)
19  {
20      int i, flag = 1;
21      int squareRoot = (int)sqrt(x);
22      if (x <= 1)   flag = 0;       //负数、0和1都不是素数
23      for (i=2; i<=squareRoot && flag; ++i)
24      {
25          if (x%i == 0) flag = 0; //若能被整除，则不是素数
26      }
27      return flag;
28  }
29  //函数功能：打印[min,max]之间的孪生素数，返回区间内孪生素数的个数
30  int TwinPrime(int min, int max)
31  {
32      int i, front = 0;
33      int count = 0;
34      if (min%2 == 0)
35      {
36          min++;
37      }
38      for (i=min; i<=max; i+=2)
```

```
39      {
40          if (IsPrime(i))
41          {
42              if (i-front == 2)
43              {
44                  printf("(%d,%d)", front, i);
45                  count++;
46              }
47              front = i;
48          }
49      }
50      printf("\n");
51      return count;
52  }
```

参考程序 2 如下：

```
1   #include <stdio.h>
2   #include <math.h>
3   int IsPrime(int x);
4   int TwinPrime(int min, int max);
5   int main(void)
6   {
7       int c, d, n, ret;
8       do{
9           printf("Input c,d(c>2):");
10          ret = scanf("%d,%d", &c, &d);
11          if (ret != 2) while (getchar() != '\n');
12      }while (ret!=2 || c<=2 || c>=d);
13      n = TwinPrime(c, d);
14      printf("count=%d\n", n);
15      return 0;
16  }
17  //函数功能：判断x是否是素数。若函数返回0，则表示不是素数；若返回1，则代表是素数
18  int IsPrime(int x)
19  {
20      int i, flag = 1;
21      int squareRoot = (int)sqrt(x);
22      if (x <= 1)   flag = 0;      //负数、0和1都不是素数
23      for (i=2; i<=squareRoot && flag; ++i)
24      {
25          if (x%i == 0) flag = 0; //若能被整除，则不是素数
26      }
27      return flag;
28  }
29  //函数功能：打印[min, max]之间的孪生素数。返回区间内孪生素数的个数
30  int TwinPrime(int min, int max)
31  {
32      int i;
33      int count = 0;
34      if (min%2 == 0)
35      {
36          min++;
37      }
38      for (i=min; i<=max-2; i+=2)
39      {
40          if (IsPrime(i) && IsPrime(i+2))
41          {
```

```
42              printf("(%d,%d)", i, i+2);
43              count++;
44          }
45      }
46      printf("\n");
47      return count;
48  }
```

8.8　回文素数

1. 实验内容

对一个素数 *n*，如果从左到右读和从右到左读都是相同的，这样的素数称为回文素数，例如 11、101、313 等。请编写一个程序，计算并输出 *n* 以内的所有回文素数，并统计这些回文素数的个数。

2. 实验要求

先输入一个取值在 [100,1000] 范围内的任意整数 *n*，如果超过这个范围或者出现非法字符，则重新输入。然后输出 *n* 以内的所有回文素数，以及这些回文素数的个数。

要求按如下函数原型编写程序：

```
//函数功能：计算并输出不超过n（100<=n<=1000）的回文素数，并返回回文素数的个数
int PalindromicPrime(int n);
```

测试编号	程序运行结果示例
1	Input n:10↙ Input n:100↙ 11 count=1
2	Input n:2000↙ Input n:1000↙ 11 101 131 151 181 191 313 353 373 383 727 757 787 919 929 count=16

3. 实验参考程序

```
1   #include<stdio.h>
2   #include<math.h>
3   int IsPrime(int x);
4   int PalindromicPrime(int n);
5   int main(void)
6   {
7       int n, count, ret;
8       do{
9           printf("Input n:");
10          ret = scanf("%d", &n);
11          if (ret != 1) while (getchar() != '\n');
12      }while (ret!=1 || n<100 || n>1000);
13      count = PalindromicPrime(n);
14      printf("count=%d\n", count);
15      return 0;
16  }
17  //函数功能：判断x是否是素数。若函数返回0，则表示不是素数；若返回1，则代表是素数
18  int IsPrime(int x)
```

```
19  {
20      int i, flag = 1;
21      int squareRoot = (int)sqrt(x);
22      if (x <= 1)   flag = 0;      // 负数、0 和 1 都不是素数
23      for (i=2; i<=squareRoot && flag; ++i)
24      {
25          if (x%i == 0) flag = 0; // 若能被整除，则不是素数
26      }
27      return flag;
28  }
29  // 函数功能：计算并输出不超过 n（100<=n<=1000）的回文素数，并返回回文素数的个数
30  int PalindromicPrime(int n)
31  {
32      int i, j, k, t, m, count = 0;
33      for (m=10; m<n; ++m)    // 从 10 开始试到 n-1
34      {
35          i = m / 100;              // 分离出百位数字
36          j = (m - i * 100) / 10;  // 分离出十位数字
37          k = m % 10;               // 分离出个位数字
38          if (m < 100)              // 若为两位数
39          {
40              t = k * 10 + j ;      // 右读结果
41          }
42          else                      // 若为三位数
43          {
44              t = k * 100 + j * 10 + i; // 右读结果
45          }
46          if (m==t && IsPrime(m))
47          {
48              printf("%d\t", m);
49              count++;
50          }
51      }
52      printf("\n");
53      return count;
54  }
```

第9章　矩阵运算专题

【本章目标】

- 综合运用三种基本控制结构以及数组和指针来解决与矩阵计算相关的实际问题。
- 掌握用数组、指向数组的指针作为函数参数的参数传递方法。

9.1　矩阵转置

1. 实验内容

任务1：请编写一个程序，计算并输出 $n\times n$ 阶矩阵的转置矩阵。

任务2：请编写一个程序，计算并输出 $m\times n$ 阶矩阵的转置矩阵。

2. 实验要求

任务1：输入 n 的值，然后输出 $n\times n$ 阶矩阵的转置矩阵。要求分别按如下函数原型编写程序：

```
//函数功能：计算n*n矩阵的转置矩阵
void Transpose(int a[][N], int at[][N], int n);
void Transpose(int a[][N], int n);
void Transpose(int (*a)[N], int n);
void Transpose(int *a, int n);
```

任务2：输入 n 的值，然后输出 $m\times n$ 阶矩阵的转置矩阵。要求分别按如下函数原型编写程序：

```
//函数功能：计算m*n矩阵a的转置矩阵at
void Transpose(int a[][N], int at[][M], int m, int n);
void Transpose(int (*a)[N], int (*at)[M], int m, int n);
void Transpose(int *a, int *at, int m, int n);
```

实验任务	测试编号	程序运行结果示例
1	1	Input n:3↙ Input 3*3 matrix: 1 2 3↙ 4 5 6↙ 7 8 9↙ The transposed matrix is: 1　4　7 2　5　8 3　6　9
	2	Input n:2↙ Input 2*2 matrix: 1 2↙ 4 5↙ The transposed matrix is: 1　4 2　5

（续）

实验任务	测试编号	程序运行结果示例
2	1	Input m,n:3,4↙ Input 3*4 matrix: 1 2 3 4↙ 5 6 7 8↙ 9 10 11 12↙ The transposed matrix is: 1 5 9 2 6 10 3 7 11 4 8 12
	2	Input m,n:2,3↙ Input 2*3 matrix: 1 2 3↙ 4 5 6↙ The transposed matrix is: 1 4 2 5 3 6

3. 实验参考程序

任务 1 的参考程序 1 如下：

```
1   #include <stdio.h>
2   #define N 10
3   void Transpose(int a[][N], int at[][N], int n);
4   void InputMatrix(int a[][N], int n);
5   void PrintMatrix(int a[][N], int n);
6   int main(void)
7   {
8       int s[N][N], st[N][N], n;
9       printf("Input n:");
10      scanf("%d", &n);
11      InputMatrix(s, n);
12      Transpose(s, st, n);
13      printf("The transposed matrix is:\n");
14      PrintMatrix(st, n);
15      return 0;
16  }
17  //函数功能：用二维数组作为函数参数，计算n*n阶矩阵a的转置矩阵at
18  void Transpose(int a[][N], int at[][N], int n)
19  {
20      int i, j;
21      for (i=0; i<n; ++i)
22      {
23          for (j=0; j<n; ++j)
24          {
25              at[j][i] = a[i][j];
26          }
27      }
28  }
29  //函数功能：输入n*n矩阵的值
30  void InputMatrix(int a[][N], int n)
31  {
```

```
32      int i, j;
33      printf("Input %d*%d matrix:\n", n, n);
34      for (i=0; i<n; ++i)
35      {
36          for (j=0; j<n; ++j)
37          {
38              scanf("%d", &a[i][j]);
39          }
40      }
41  }
42  //函数功能：输出n*n矩阵的值
43  void PrintMatrix(int a[][N], int n)
44  {
45      int i, j;
46      for (i=0; i<n; ++i)
47      {
48          for (j=0; j<n; ++j)
49          {
50              printf("%d\t", a[i][j]);
51          }
52          printf("\n");
53      }
54  }
```

任务1的参考程序2如下：

```
1   #include <stdio.h>
2   #define N 10
3   void Transpose(int a[][N], int n);
4   void InputMatrix(int a[][N], int n);
5   void PrintMatrix(int a[][N], int n);
6   int main(void)
7   {
8       int s[N][N], n;
9       printf("Input n:");
10      scanf("%d", &n);
11      InputMatrix(s, n);
12      Transpose(s, n);
13      printf("The transposed matrix is:\n");
14      PrintMatrix(s, n);
15      return 0;
16  }
17  //函数功能：用二维数组作为函数参数，计算n*n矩阵的转置矩阵
18  void Transpose(int a[][N], int n)
19  {
20      int i, j, temp;
21      for (i=0; i<n; ++i)
22      {
23          for (j=i+1; j<n; ++j)
24          {
25              temp = a[i][j];
26              a[i][j] = a[j][i];
27              a[j][i] = temp;
28          }
29      }
30  }
31  //函数功能：输入n*n矩阵的值
32  void InputMatrix(int a[][N], int n)
33  {
```

```
34      int i, j;
35      printf("Input %d*%d matrix:\n", n, n);
36      for (i=0; i<n; ++i)
37      {
38          for (j=0; j<n; ++j)
39          {
40              scanf("%d", &a[i][j]);
41          }
42      }
43  }
44  //函数功能：输出n*n矩阵的值
45  void PrintMatrix(int a[][N], int n)
46  {
47      int i, j;
48      for (i=0; i<n; ++i)
49      {
50          for (j=0; j<n; ++j)
51          {
52              printf("%d\t", a[i][j]);
53          }
54          printf("\n");
55      }
56  }
```

任务1的参考程序3如下：

```
1   #include <stdio.h>
2   #define N 10
3   void  Swap(int *x, int *y);
4   void Transpose(int a[][N], int n);
5   void InputMatrix(int a[][N], int n);
6   void PrintMatrix(int a[][N], int n);
7   int main(void)
8   {
9       int s[N][N], n;
10      printf("Input n:");
11      scanf("%d", &n);
12      InputMatrix(s, n);
13      Transpose(s, n);
14      printf("The transposed matrix is:\n");
15      PrintMatrix(s, n);
16      return 0;
17  }
18  //函数功能：交换两个整型数的值
19  void  Swap(int *x, int *y)
20  {
21      int  temp;
22      temp = *x;
23      *x = *y;
24      *y = temp;
25  }
26  //函数功能：用二维数组作为函数参数，计算n*n矩阵的转置矩阵
27  void Transpose(int a[][N], int n)
28  {
29      int i, j;
30      for (i=0; i<n; ++i)
31      {
32          for (j=i; j<n; ++j)
33          {
```

```
34                  Swap(&a[i][j], &a[j][i]);
35              }
36          }
37  }
38  //函数功能：输入n*n矩阵的值
39  void InputMatrix(int a[][N], int n)
40  {
41      int i, j;
42      printf("Input %d*%d matrix:\n", n, n);
43      for (i=0; i<n; ++i)
44      {
45          for (j=0; j<n; ++j)
46          {
47              scanf("%d", &a[i][j]);
48          }
49      }
50  }
51  //函数功能：输出n*n矩阵的值
52  void PrintMatrix(int a[][N], int n)
53  {
54      int i, j;
55      for (i=0; i<n; ++i)
56      {
57          for (j=0; j<n; ++j)
58          {
59              printf("%d\t", a[i][j]);
60          }
61          printf("\n");
62      }
63  }
```

任务1的参考程序4如下：

```
1   #include <stdio.h>
2   #define N 10
3   void  Swap(int *x, int *y);
4   void Transpose(int (*a)[N], int n);
5   void InputMatrix(int (*a)[N], int n);
6   void PrintMatrix(int (*a)[N], int n);
7   int main(void)
8   {
9       int s[N][N], n;
10      printf("Input n:");
11      scanf("%d", &n);
12      InputMatrix(s, n);
13      Transpose(s, n);
14      printf("The transposed matrix is:\n");
15      PrintMatrix(s, n);
16      return 0;
17  }
18  //函数功能：交换两个整型数的值
19  void  Swap(int *x, int *y)
20  {
21      int  temp;
22      temp = *x;
23      *x = *y;
24      *y = temp;
25  }
26  //函数功能：用指向一维数组的指针作为函数参数，计算n*n矩阵的转置矩阵
```

```
27  void Transpose(int (*a)[N], int n)
28  {
29      int i, j;
30      for (i=0; i<n; ++i)
31      {
32          for (j=i; j<n; ++j)
33          {
34              Swap(*(a+i)+j, *(a+j)+i);
35          }
36      }
37  }
38  //函数功能: 输入n*n矩阵的值
39  void InputMatrix(int (*a)[N], int n)
40  {
41      int i, j;
42      printf("Input %d*%d matrix:\n", n, n);
43      for (i=0; i<n; ++i)
44      {
45          for (j=0; j<n; ++j)
46          {
47              scanf("%d", *(a+i)+j);
48          }
49      }
50  }
51  //函数功能: 输出n*n矩阵的值
52  void PrintMatrix(int (*a)[N], int n)
53  {
54      int i, j;
55      for (i=0; i<n; ++i)
56      {
57          for (j=0; j<n; ++j)
58          {
59              printf("%d\t", *(*(a+i)+j));
60          }
61          printf("\n");
62      }
63  }
```

任务1的参考程序5如下:

```
1   #include <stdio.h>
2   #define N 10
3   void  Swap(int *x, int *y);
4   void Transpose(int *a, int n);
5   void InputMatrix(int *a, int n);
6   void PrintMatrix(int *a, int n);
7   int main(void)
8   {
9       int s[N][N], n;
10      printf("Input n:");
11      scanf("%d", &n);
12      InputMatrix(*s, n);
13      Transpose(*s, n);
14      printf("The transposed matrix is:\n");
15      PrintMatrix(*s, n);
16      return 0;
17  }
18  //函数功能: 交换两个整型数的值
```

```
19 void  Swap(int *x, int *y)
20 {
21     int  temp;
22     temp = *x;
23     *x = *y;
24     *y = temp;
25 }
26 //函数功能：用二维数组的列指针作为函数参数，计算n*n矩阵的转置矩阵
27 void Transpose(int *a, int n)
28 {
29     int i, j;
30     for (i=0; i<n; ++i)
31     {
32         for (j=i; j<n; ++j)
33         {
34             Swap(&a[i*n+j], &a[j*n+i]);
35         }
36     }
37 }
38 //函数功能：输入n*n矩阵的值
39 void InputMatrix(int *a, int n)
40 {
41     int i, j;
42     printf("Input %d*%d matrix:\n", n, n);
43     for (i=0; i<n; ++i)
44     {
45         for (j=0; j<n; ++j)
46         {
47             scanf("%d", &a[i*n+j]);
48         }
49     }
50 }
51 //函数功能：输出n*n矩阵的值
52 void PrintMatrix(int *a, int n)
53 {
54     int i, j;
55     for (i=0; i<n; ++i)
56     {
57         for (j=0; j<n; ++j)
58         {
59             printf("%d\t", a[i*n+j]);
60         }
61         printf("\n");
62     }
63 }
```

任务 2 的参考程序 1 如下：

```
1  #include <stdio.h>
2  #define M 10
3  #define N 10
4  void Transpose(int a[][N], int at[][M], int m, int n);
5  void InputMatrix(int a[][N], int m, int n);
6  void PrintMatrix(int at[][M], int n, int m);
7  int main(void)
8  {
9      int s[M][N], st[N][M], m, n;
10     printf("Input m,n:");
```

```
11      scanf("%d,%d", &m, &n);
12      InputMatrix(s, m, n);
13      Transpose(s, st, m, n);
14      printf("The transposed matrix is:\n");
15      PrintMatrix(st, n,  m);
16      return 0;
17  }
18  //函数功能：用二维数组作为函数参数，计算m×n矩阵a的转置矩阵at
19  void Transpose(int a[][N], int at[][M], int m, int n)
20  {
21      int i, j;
22      for (i=0; i<m; ++i)
23      {
24          for (j=0; j<n; ++j)
25          {
26              at[j][i] = a[i][j];
27          }
28      }
29  }
30  //函数功能：输入m×n矩阵a的值
31  void InputMatrix(int a[][N], int m, int n)
32  {
33      int i, j;
34      printf("Input %d*%d matrix:\n", m, n);
35      for (i=0; i<m; ++i)
36      {
37          for (j=0; j<n; ++j)
38          {
39              scanf("%d", &a[i][j]);
40          }
41      }
42  }
43  //函数功能：输出n×m矩阵at的值
44  void PrintMatrix(int at[][M], int n, int m)
45  {
46      int i, j;
47      for (i=0; i<n; ++i)
48      {
49          for (j=0; j<m; ++j)
50          {
51              printf("%d\t", at[i][j]);
52          }
53          printf("\n");
54      }
55  }
```

任务2的参考程序2如下：

```
1   #include <stdio.h>
2   #define M 10
3   #define N 10
4   void Transpose(int (*a)[N], int (*at)[M], int m, int n);
5   void InputMatrix(int (*a)[N], int m, int n);
6   void PrintMatrix(int (*at)[M], int n, int m);
7   int main(void)
8   {
9       int s[M][N], st[N][M], m, n;
10      printf("Input m, n:");
```

```
11      scanf("%d,%d", &m, &n);
12      InputMatrix(s, m, n);
13      Transpose(s, st, m, n);
14      printf("The transposed matrix is:\n");
15      PrintMatrix(st, n,  m);
16      return 0;
17  }
18  //函数功能：用指向一维数组的指针作为函数参数，计算m×n矩阵a的转置矩阵at
19  void Transpose(int (*a)[N], int (*at)[M], int m, int n)
20  {
21      int i, j;
22      for (i=0; i<m; ++i)
23      {
24          for (j=0; j<n; ++j)
25          {
26              *(*(at+j)+i) = *(*(a+i)+j);
27          }
28      }
29  }
30  //函数功能：输入m×n矩阵a的值
31  void InputMatrix(int (*a)[N], int m, int n)
32  {
33      int i, j;
34      printf("Input %d*%d matrix:\n", m, n);
35      for (i=0; i<m; ++i)
36      {
37          for (j=0; j<n; ++j)
38          {
39              scanf("%d", *(a+i)+j);
40          }
41      }
42  }
43  //函数功能：输出n*m矩阵at的值
44  void PrintMatrix(int (*at)[M], int n, int m)
45  {
46      int i, j;
47      for (i=0; i<n; ++i)
48      {
49          for (j=0; j<m; ++j)
50          {
51              printf("%d\t", *(*(at+i)+j));
52          }
53          printf("\n");
54      }
55  }
```

任务2的参考程序3如下：

```
1   #include <stdio.h>
2   #define M 10
3   #define N 10
4   void Transpose(int *a, int *at, int m, int n);
5   void InputMatrix(int *a, int m, int n);
6   void PrintMatrix(int *at, int n, int m);
7   int main(void)
8   {
9       int s[M][N], st[N][M], m, n;
10      printf("Input m, n:");
```

```
11      scanf("%d,%d", &m, &n);
12      InputMatrix(*s, m, n);
13      Transpose(*s, *st, m, n);
14      printf("The transposed matrix is:\n");
15      PrintMatrix(*st, n, m);
16      return 0;
17  }
18  // 函数功能：用二维数组的列指针作为函数，计算 m*n 矩阵 a 的转置矩阵 at
19  void Transpose(int *a, int *at, int m, int n)
20  {
21      int i, j;
22      for (i=0; i<m; ++i)
23      {
24          for (j=0; j<n; ++j)
25          {
26              at[j*m+i] = a[i*n+j];
27          }
28      }
29  }
30  // 函数功能：输入 m*n 矩阵 a 的值
31  void InputMatrix(int *a, int m, int n)
32  {
33      int i, j;
34      printf("Input %d*%d matrix:\n", m, n);
35      for (i=0; i<m; ++i)
36      {
37          for (j=0; j<n; ++j)
38          {
39              scanf("%d", &a[i*n+j]);
40          }
41      }
42  }
43  // 函数功能：输出 n*m 矩阵 at 的值
44  void PrintMatrix(int *at, int n, int m)
45  {
46      int i, j;
47      for (i=0; i<n; ++i)
48      {
49          for (j=0; j<m; ++j)
50          {
51              printf("%d\t", at[i*m+j]);
52          }
53          printf("\n");
54      }
55  }
```

9.2 幻方矩阵

1. 实验内容

任务 1：幻方矩阵检验。在 $n \times n$（$n \leqslant 15$）阶幻方矩阵中，每一行、每一列、每一对角线上的元素之和都是相等的。请编写一个程序，将这些幻方矩阵中的元素读到一个二维整型数组中，然后检验其是否为幻方矩阵，并将其按要求的格式显示到屏幕上。

任务 2：生成奇数阶幻方矩阵。所谓的 n 阶幻方矩阵是指把 $1 \sim n \times n$ 的自然数按一定方法排列成 $n \times n$ 的矩阵，使得任意行、任意列以及两个对角线上的数字之和都相等（已知 n

为奇数，假设 n 不超过 15）。请编写一个程序，实现奇数阶幻方矩阵的生成。

【设计思路提示】 奇数阶幻方矩阵的算法如下：

第 1 步：将 1 放入第一行的正中处。

第 2 步：按照如下方法将第 i 个数（i 从 2 到 $n \times n$）依次放到合适的位置上。

- 如果第 $i-1$ 个数的右上角位置没有放数，则将第 i 个数放到前一个数的右上角位置。
- 如果第 $i-1$ 个数的右上角位置已经有数，则将第 i 个数放到第 $i-1$ 个数的下一行且列数相同的位置，即放到前一个数的下一行。

在这里，计算右上角位置的行列坐标是一个难点，当右上角位置超过矩阵边界时，要把矩阵元素看成是首尾衔接的。因此，可以采用对 n 求余的方式来计算。

2. 实验要求

任务 1：先输入矩阵的阶数 n（假设 $n \leqslant 15$），再输入 $n \times n$ 阶矩阵，如果该矩阵是幻方矩阵，则输出“It is a magic square!”，否则输出“It is not a magic square!”。

任务 2：先输入矩阵的阶数 n（假设 $n \leqslant 15$），然后生成并输出 $n \times n$ 阶幻方矩阵。

实验任务	测试编号	程序运行结果示例
1	1	Input n:5↙ Input 5*5 matrix: 17 24 1 8 15↙ 23 5 7 14 16↙ 4 6 13 20 22↙ 10 12 19 21 3↙ 11 18 25 2 9↙ It is a magic square!
	2	Input n:5↙ Input 5*5 matrix: 17 24 1 15 8↙ 23 5 7 14 16↙ 4 6 13 20 22↙ 10 12 19 21 3↙ 11 18 25 2 9↙ It is not a magic square!
	3	Input n:7↙ Input 7*7 matrix: 30 39 48 1 10 19 28↙ 38 47 7 9 18 27 29↙ 46 6 8 17 26 35 37↙ 5 14 16 25 34 36 45↙ 13 15 24 33 42 44 4↙ 21 23 32 41 43 3 12↙ 22 31 40 49 2 11 20↙ It is a magic square!
2	1	Input n:5↙ 5*5 magic square: 17 24 1 8 15 23 5 7 14 16 4 6 13 20 22 10 12 19 21 3 11 18 25 2 9

（续）

实验任务	测试编号	程序运行结果示例
2	2	Input n:7↙ 7*7 magic square: 30 39 48 1 10 19 28 38 47 7 9 18 27 29 46 6 8 17 26 35 37 5 14 16 25 34 36 45 13 15 24 33 42 44 4 21 23 32 41 43 3 12 22 31 40 49 2 11 20

3. 实验参考程序

任务 1 的参考程序 1 如下：

```
1   #include  <stdio.h>
2   #define   N  10
3   void ReadMatrix(int x[][N], int n);
4   void PrintMatrix(int x[][N], int n);
5   int IsMagicSquare(int  x[][N], int n);
6   int main(void)
7   {
8       int  x[N][N], n;
9       printf("Input n:");
10      scanf("%d", &n);
11      printf("Input %d*%d matrix:\n", n, n);
12      ReadMatrix(x, n);
13      if (IsMagicSquare(x, n))
14      {
15          printf("It is a magic square!\n");
16      }
17      else
18      {
19          printf("It is not a magic square!\n");
20      }
21      return 0;
22  }
23  //函数功能：判断n×n阶矩阵x是否为幻方矩阵，是则返回1，否则返回0
24  int IsMagicSquare(int  x[][N], int n)
25  {
26      int  i, j;
27      int  diagSum1, diagSum2, rowSum[N], colSum[N];
28      int  flag = 1;
29      for (i=0; i<n; ++i)
30      {
31          rowSum[i] = 0;
32          for (j=0; j<n; ++j)
33          {
34              rowSum[i] = rowSum[i] + x[i][j];
35          }
36      }
37      for (j=0; j<n; ++j)
38      {
39          colSum[j] = 0;
40          for (i=0; i<n; ++i)
41          {
```

```
42                  colSum[j] = colSum[j] + x[i][j];
43              }
44          }
45          diagSum1 = 0;
46          for (j=0; j<n; ++j)
47          {
48              diagSum1 = diagSum1 + x[j][j];
49          }
50          diagSum2 = 0;
51          for (j=0; j<n; ++j)
52          {
53              diagSum2 = diagSum2 + x[j][n-1-j];//或 diagSum2=diagSum2+x[n-1-j][j];
54          }
55          if (diagSum1 != diagSum2)
56          {
57              flag = 0;
58          }
59          else
60          {
61              for (i=0; i<n; ++i)
62              {
63                  if ((rowSum[i] != diagSum1) || (colSum[i] != diagSum1))
64                      flag = 0;
65              }
66          }
67          return flag;
68      }
69      //函数功能：输出 n×n 阶矩阵 x
70      void PrintMatrix(int x[][N], int n)
71      {
72          int i, j;
73          for (i=0; i<n; ++i)
74          {
75              for (j=0; j<n; ++j)
76              {
77                  printf("%4d", x[i][j]);
78              }
79              printf("\n");
80          }
81      }
82      //函数功能：读入 n×n 阶矩阵 x
83      void ReadMatrix(int x[][N], int n)
84      {
85          int i, j;
86          for (i=0; i<n; ++i)
87          {
88              for (j=0; j<n; ++j)
89              {
90                  scanf("%d", &x[i][j]);
91              }
92          }
93      }
```

任务 1 的参考程序 2 如下：

```
1    #include  <stdio.h>
2    #define   N  10
3    void ReadMatrix(int x[][N], int n);
```

```
4    void PrintMatrix(int x[][N], int n);
5    int IsMagicSquare(int  x[][N], int n);
6    int main(void)
7    {
8        int  x[N][N], n;
9        printf("Input n:");
10       scanf("%d", &n);
11       printf("Input %d*%d matrix:\n", n, n);
12       ReadMatrix(x, n);
13       if (IsMagicSquare(x, n))
14       {
15           printf("It is a magic square!\n");
16           PrintMatrix(x, n);
17       }
18       else
19       {
20           printf("It is not a magic square!\n");
21       }
22       return 0;
23   }
24   //函数功能：判断n×n阶矩阵x是否为幻方矩阵，是则返回1，否则返回0
25   int IsMagicSquare(int  x[][N], int n)
26   {
27       int  i, j;
28       static int  sum[2*N+1] = {0};
29       for (i=0; i<n; ++i)
30       {
31           sum[i] = 0;
32           for (j=0; j<n; ++j)
33           {
34               sum[i] = sum[i] + x[i][j];
35           }
36       }
37       for (j=n; j<2*n; ++j)
38       {
39           sum[j] = 0;
40           for (i=0; i<n; ++i)
41           {
42               sum[j] = sum[j] + x[i][j-n];
43           }
44       }
45       for (j=0; j<n; ++j)
46       {
47           sum[2*n] = sum[2*n] + x[j][j];
48       }
49       for (j=0; j<n; ++j)
50       {
51           sum[2*n+1] = sum[2*n+1] + x[j][n-1-j]; //或加上x[n-1-j][j]
52       }
53       for (i=0; i<2*n+1; ++i)
54       {
55           if (sum[i+1] != sum[i])
56           {
57               return 0;
58           }
59       }
60       return 1;
61   }
```

```
62  //函数功能：输出n×n阶矩阵x
63  void PrintMatrix(int x[][N], int n)
64  {
65      int i, j;
66      for (i=0; i<n; ++i)
67      {
68          for (j=0; j<n; ++j)
69          {
70              printf("%4d", x[i][j]);
71          }
72          printf("\n");
73      }
74  }
75  //函数功能：读入n×n阶矩阵x
76  void ReadMatrix(int x[][N], int n)
77  {
78      int i, j;
79      for (i=0; i<n; ++i)
80      {
81          for (j=0; j<n; ++j)
82          {
83              scanf("%d", &x[i][j]);
84          }
85      }
86  }
```

任务2的参考程序如下：

```
1   #include <stdio.h>
2   #define N 15
3   void InitializerMatrix(int x[][N], int n);
4   void PrintMatrix(int x[][N], int n);
5   void GenerateMagicSquare(int  x[][N], int n);
6   int main(void)
7   {
8       int matrix[N][N], n;
9       printf("Input n:");
10      scanf("%d", &n);
11      InitializerMatrix(matrix, n);
12      GenerateMagicSquare(matrix, n);
13      printf("%d*%d magic square:\n", n, n);
14      PrintMatrix(matrix, n);
15      return 0;
16  }
17  //函数功能：生成n阶幻方矩阵
18  void GenerateMagicSquare(int  x[][N], int n)
19  {
20      int  i, r, c, row, col;
21      //第1步：定位1的初始位置
22      row = 0;
23      col = (n - 1) / 2;
24      x[row][col] = 1;
25      //第2步：将第i个数（i从2到N*N）依次放到合适的位置上
26      for (i=2; i<=n*n; ++i)
27      {
28          r = row;  //记录前一个数的行坐标
29          c = col;  //记录前一个数的列坐标
30          row = (row - 1 + n) % n;    //计算第i个数要放置的行坐标
31          col = (col + 1) % n;        //计算第i个数要放置的列坐标
```

```
32          if (x[row][col] == 0)  //该处无数(未被占用),则放入该数
33          {
34              x[row][col] = i;
35          }
36          else                    //该处有数(已占用),则放到前一个数的下一行
37          {
38              r = (r + 1) % n;
39              x[r][c] = i;
40              row = r;
41              col = c;
42          }
43      }
44  }
45  //函数功能:输出 n 阶幻方矩阵
46  void PrintMatrix(int x[][N], int n)
47  {
48      int i, j;
49      for (i=0; i<n; ++i)
50      {
51          for (j=0; j<n; ++j)
52          {
53              printf("%4d", x[i][j]);
54          }
55          printf("\n");
56      }
57  }
58  //函数功能:初始化数组元素全为 0,标志数组元素未被占用
59  void InitializerMatrix(int x[][N], int n)
60  {
61      int i, j;
62      for (i=0; i<n; ++i)
63      {
64          for (j=0; j<n; ++j)
65          {
66              x[i][j] = 0;
67          }
68      }
69  }
```

【思考题】

所谓四阶素数幻方矩阵，是指在一个 4 × 4 的矩阵中，每一个元素位置填入一个数字，使得每一行、每一列和两条对角线上的四个数字所组成的四位数均为可逆素数。请编写一个程序，计算并输出四阶的素数幻方矩阵。

9.3　蛇形矩阵

1. 实验内容

已知 4 × 4 和 5 × 5 的蛇形矩阵如下所示：

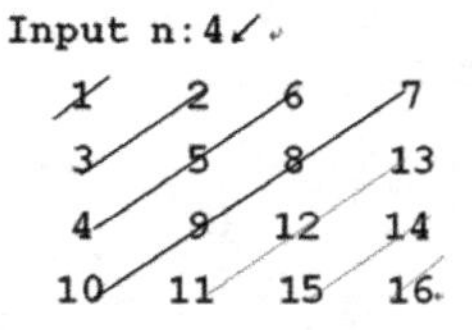

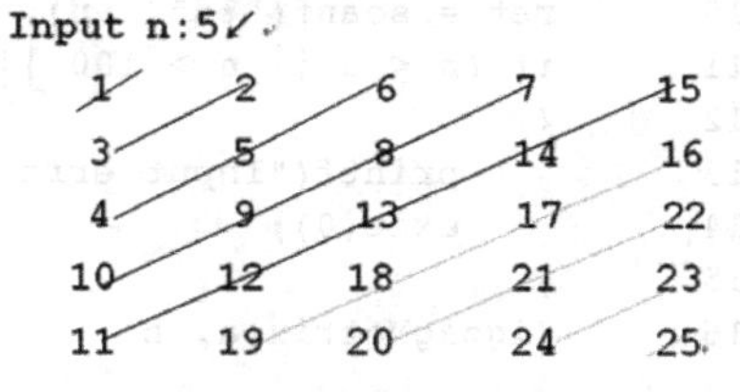

请编写一个程序，输出一个 $n\times n$ 的蛇形矩阵。

【设计思路提示】用两个双重循环分别计算 $n\times n$ 矩阵的左上三角和右下三角，设置一个计数器从 1 开始记录当前要写入矩阵的元素值，每次写完一个元素值计数器加 1，在计算左上角和右下角矩阵元素时，需要分两种情况考虑待写入的元素在矩阵中的行列下标位置。

总计 2*n−1 条左对角线，假设 2*n−1 条左对角线的顺序号依次为 i=0，1，2，3，…，2*n−1，则左对角线上元素的两个下标之和即对角线的顺序号 *i*，左上角上的对角线元素个数是递增的，右上角上的对角线元素个数是递减的。偶数序号的左对角线上的元素是从下往上写的，其行下标是递减的，列下标是递增的；奇数序号的左对角线上的元素是从上往下写的，其行下标是递增的，列下标是递减的。

以写入左上角矩阵元素为例，当 *i*=0 时，在 *a*[0][0] 位置写入一个数，当 *i*=1 时，换一个方向写入两个数，从上到下在 *a*[0][1] 和 *a*[1][0] 位置各写入一个数；当 *i*=2 时，换一个方向写入三个数，从下到上在 *a*[2][0]、*a*[1][1]、*a*[0][2] 位置各写入一个数；当 *i*=3 时，换一个方向写入 4 个数，从上到下在 *a*[0][3]、*a*[1][2]、*a*[2][1]、*a*[3][0] 位置各写入一个数，以此类推。同理，可推得写入右下角矩阵元素的方法。

2. 实验要求

先输入矩阵的阶数 *n*（假设 *n* 不超过 100），如果 *n* 不是自然数或者输入了不合法的数字，则输出 “Input error!”，然后结束程序的执行。

<table>
<tr><th>测试编号</th><th>程序运行结果示例</th><th>测试编号</th><th>程序运行结果示例</th></tr>
<tr><td>1</td><td><pre>Input n:4↙
 1   2   6   7
 3   5   8 13
 4   9 12 14
10 11 15 16</pre></td><td>3</td><td><pre>Input n:-2↙
Input error!</pre></td></tr>
<tr><td>2</td><td><pre>Input n:5↙
 1   2   6   7 15
 3   5   8 14 16
 4   9 13 17 22
10 12 18 21 23
11 19 20 24 25</pre></td><td>4</td><td><pre>Input n:q↙
Input error!</pre></td></tr>
</table>

3. 实验参考程序

```
1    #include <stdio.h>
2    #include <stdlib.h>
3    #define N 100
4    void ZigzagMatrix(int a[][N], int n);
5    void Print(int a[][N], int n);
6    int main(void)
7    {
8        int a[N][N], n, ret;
9        printf("Input n:");
10       ret = scanf("%d", &n);
11       if (n < 0 || n > 100 || ret != 1)
12       {
13           printf("Input error!\n");
14           exit(0);
15       }
16       ZigzagMatrix(a, n);
```

```
17      Print(a, n);
18      return 0;
19  }
20  //函数功能：计算n*n的蛇形矩阵
21  void ZigzagMatrix(int a[][N], int n)
22  {
23      int i, j, k = 1;
24      //计算左上三角n条对角线
25      for (i=0; i<n; ++i)
26      {
27          for (j=0; j<=i; ++j)
28          {
29              if (i % 2 == 0)
30              {
31                  a[i-j][j] = k;
32              }
33              else
34              {
35                  a[j][i-j] = k;
36              }
37              ++k;
38          }
39      }
40      //计算右下三角n-1条对角线
41      for (i=n; i<2*n-1; ++i)
42      {
43          for (j=0; j<2*n-i-1; ++j)
44          {
45              if (i % 2 == 0)
46              {
47                  a[n-1-j][i-n+j+1] = k;
48              }
49              else
50              {
51                  a[i-n+j+1][n-1-j] = k;
52              }
53              ++k;
54          }
55      }
56  }
57  //函数功能：输出n×n阶矩阵a
58  void Print(int a[][N], int n)
59  {
60      int i, j;
61      for (i=0; i<n; ++i)
62      {
63          for (j=0; j<n; ++j)
64          {
65              printf("%4d", a[i][j]);
66          }
67          printf("\n");
68      }
69  }
```

【思考题】

如果要显示出每个元素值依次写入矩阵的过程，请问怎样修改程序？

9.4 螺旋矩阵

1. 实验内容

已知 5×5 的螺旋矩阵如下所示：

1	2	3	4	5
16	17	18	19	6
15	24	25	20	7
14	23	22	21	8
13	12	11	10	9

请编写一个程序，输出以（0, 0）为起点、以数字 1 为起始数字的 $n \times n$ 螺旋矩阵。

【设计思路提示】第一种思路是采用按圈赋值的方法，即控制走过指定的圈数。对于 $n \times n$ 的螺旋矩阵，一共需要走过的圈数为（n+1）/2。首先根据输入的阶数，判断需要用几圈生成螺旋矩阵。然后在每一圈中设置四个循环，生成每一圈的上下左右四个方向的数字，直到每一圈都生成完毕为止。n 为奇数的情况下，最后一圈有 1 个数；n 为偶数的情况下最后一圈有 4 个数。

第二种思路是将第一种思路的“控制走过指定的圈数”，改为“控制走过指定的格子数”。首先根据输入的阶数，判断需要生成多少个数字。然后在每一圈中设置四个循环，生成每一圈的上下左右四个方向的数字，直到每一圈都生成完毕为止（奇数情况下最后一圈有 1 个数，i=j）。以 5×5 的螺旋矩阵为例，第一圈一共走过的格子数是 16，即生成 4×4=16 个数字。起点是（0，0），右边界是 4，下边界是 4，先向右走四个格子，然后向下走四个格子，再向左走四个格子，再向上走四个格子回到起点。第二圈一共走过的格子数是 8，即生成 2×4=8 个数字。起点是（1，1），右边界是 3，下边界是 3，向右走 2 个格子，然后向下走 2 个格子，再向左走 2 个格子，再向上走 2 个格子回到起点。第三圈一共走过的格子数是 1，起点是（2，2），右边界 2，下边界是 2，起点在边界上，表明此时只剩一个点，那么直接走完这个点，然后退出。

2. 实验要求

先输入矩阵的阶数 n（假设 n 不超过 100），如果 n 不是自然数或者输入了不合法的数字，则输出“Input error!”，然后结束程序的执行。

测试编号	程序运行结果示例	测试编号	程序运行结果示例
1	Input n:4↙ 1 2 3 4 12 13 14 5 11 16 15 6 10 9 8 7	3	Input n:-2↙ Input error!
2	Input n:5↙ 1 2 3 4 5 16 17 18 19 6 15 24 25 20 7 14 23 22 21 8 13 12 11 10 9	4	Input n:q↙ Input error!

3. 实验参考程序

非递归实现的参考程序 1 如下：

```
1   #include<stdio.h>
2   #include <stdlib.h>
3   #define N 10
4   void PrintArray(int a[][N], int n);
5   void SetArray(int a[][N], int n);
6   int main(void)
7   {
8       int a[N][N], n, ret;
9       printf("Input n:");
10      ret = scanf("%d", &n);
11      if (n < 0 || n > 10 || ret != 1)
12      {
13          printf("Input error!\n");
14          exit(0);
15      }
16      SetArray(a, n);
17      PrintArray(a, n);
18      return 0;
19  }
20  // 函数功能：通过控制走过指定的圈数，生成 n×n 阶螺旋矩阵
21  void SetArray(int a[][N], int n)
22  {
23      int m, k, level, len = 1;
24      level = n>0 ? (n+1)/2 : -1;
25      for (m=0; m<level; ++m)
26      {
27          //top
28          for(k=m; k<n-m; ++k)
29          {
30              a[m][k] = len++;
31          }
32          //right
33          for(k=m+1; k<n-m-1; ++k)
34          {
35              a[k][n-m-1] = len++;
36          }
37          //bottom
38          for(k=n-m-1; k>m; --k)
39          {
40              a[n-m-1][k] = len++;
41          }
42          //left
43          for(k=n-m-1; k>m; --k)
44          {
45              a[k][m] = len++;
46          }
47      }
48  }
49  // 函数功能：输出 n×n 阶矩阵 a
50  void PrintArray(int a[][N], int n)
51  {
52      int i, j;
53      for (i=0; i<n; ++i)
54      {
55          for (j=0; j<n; ++j)
```

```
56          {
57              printf("%d\t", a[i][j]);
58          }
59          printf("\n");
60      }
61  }
```

递归实现的参考程序2如下：

```
1   #include<stdio.h>
2   #include <stdlib.h>
3   #define N 10
4   void PrintArray(int a[][N], int n);
5   void SetArray(int a[][N], int n);
6   int main(void)
7   {
8       int a[N][N], n, ret;
9       printf("Input n:");
10      ret = scanf("%d", &n);
11      if (n > 10 || ret != 1)
12      {
13          printf("Input error!\n");
14          exit(0);
15      }
16      SetArray(a, n);
17      PrintArray(a, n);
18      return 0;
19  }
20  //函数功能：通过控制走过指定的圈数，递归生成n×n阶螺旋矩阵
21  void SetArray(int a[][N], int n)
22  {
23      int k, level;
24      static int m = 0, len = 1;
25      level = n>0 ? (n+1)/2 : -1;
26      if (m >= level) return;
27      else
28      {
29          //top
30          for(k=m; k<n-m; ++k)
31          {
32              a[m][k] = len++;
33          }
34          //right
35          for(k=m+1; k<n-m-1; ++k)
36          {
37              a[k][n-m-1] = len++;
38          }
39          //bottom
40          for(k=n-m-1; k>m; --k)
41          {
42              a[n-m-1][k] = len++;
43          }
44          //left
45          for(k=n-m-1; k>m; --k)
46          {
47              a[k][m] = len++;
48          }
49          m++;
50          SetArray(a, n);
```

```
51          }
52      }
53      // 函数功能：输出 n×n 阶矩阵 a
54      void PrintArray(int a[][N], int n)
55      {
56          int i, j;
57          for (i=0; i<n; ++i)
58          {
59              for (j=0; j<n; ++j)
60              {
61                  printf("%d\t", a[i][j]);
62              }
63              printf("\n");
64          }
65      }
```

非递归实现的参考程序 3 如下：

```
1       #include<stdio.h>
2       #include <stdlib.h>
3       #define N 10
4       void PrintArray(int a[][N], int n);
5       void SetArray(int a[][N], int n);
6       int main(void)
7       {
8           int a[N][N], n, ret;
9           printf("Input n:");
10          ret = scanf("%d", &n);
11          if (n > 10 || ret != 1)
12          {
13              printf("Input error!\n");
14              exit(0);
15          }
16          SetArray(a, n);
17          PrintArray(a, n);
18          return 0;
19      }
20      // 函数功能：通过控制走过指定的格子数，生成 n×n 阶螺旋矩阵
21      void SetArray(int a[][N], int n)
22      {
23          int start=0, border=n-1, k, m=1, len=1;
24          while (m <= n*n)
25          {
26              if (start > border) return;
27              else if (start == border)
28              {
29                  a[start][start] = len;
30                  return ;
31              }
32              else
33              {
34                  //top
35                  for (k=start; k<=border-1; ++k)
36                  {
37                      a[start][k] = len++;
38                      m++;
39                  }
40                  //right
41                  for (k=start; k<=border-1; ++k)
```

```
42              {
43                  a[k][border] = len++;
44                  m++;
45              }
46              //bottom
47              for (k=border; k>=start+1; --k)
48              {
49                  a[border][k] = len++;
50                  m++;
51              }
52              //left
53              for (k=border; k>=start+1; --k)
54              {
55                  a[k][start] = len++;
56                  m++;
57              }
58              start++;
59              border--;
60          }
61      }
62  }
63  //函数功能：输出n×n阶矩阵a
64  void PrintArray(int a[][N], int n)
65  {
66      int i, j;
67      for (i=0; i<n; ++i)
68      {
69          for (j=0; j<n; ++j)
70          {
71              printf("%d\t", a[i][j]);
72          }
73          printf("\n");
74      }
75  }
```

递归实现的参考程序4如下：

```
1   #include<stdio.h>
2   #include <stdlib.h>
3   #define N 10
4   void PrintArray(int a[][N], int n);
5   void SetArray(int a[][N], int n, int start, int border);
6   int main(void)
7   {
8       int a[N][N], n, ret;
9       printf("Input n:");
10      ret = scanf("%d", &n);
11      if (n > 10 || ret != 1)
12      {
13          printf("Input error!\n");
14          exit(0);
15      }
16      SetArray(a, n, 0, n-1);
17      PrintArray(a, n);
18      return 0;
19  }
20  //函数功能：递归生成n×n阶螺旋矩阵
21  void SetArray(int a[][N], int n, int start, int border)
22  {
```

```
23      static int len = 1, m = 1;
24      int k;
25      if (start > border) return;
26      else if (start == border)
27      {
28          a[start][start] = len;
29          return ;
30      }
31      else
32      {
33          //top
34          for (k=start; k<=border-1; ++k)
35          {
36              a[start][k] = len++;
37              m++;
38          }
39          //right
40          for (k=start; k<=border-1; ++k)
41          {
42              a[k][border] = len++;
43              m++;
44          }
45          //bottom
46          for (k=border; k>=start+1; --k)
47          {
48              a[border][k] = len++;
49              m++;
50          }
51          //left
52          for (k=border; k>=start+1; --k)
53          {
54              a[k][start] = len++;
55              m++;
56          }
57          start++;
58          border--;
59          SetArray(a, n, start, border);
60      }
61  }
62  // 函数功能：输出 n×n 阶矩阵 a
63  void PrintArray(int a[][N], int n)
64  {
65      int i, j;
66      for (i=0; i<n; ++i)
67      {
68          for (j=0; j<n; ++j)
69          {
70              printf("%d\t", a[i][j]);
71          }
72          printf("\n");
73      }
74  }
```

【思考题】

1）如果要以任意数字为起始数字写 $n \times n$ 的螺旋矩阵，并且显示出每个数字依次写入矩阵的过程，请问应该怎样修改程序？

2）如果要生成一个 $m \times n$ 的螺旋矩阵，请问应该怎样修改程序？

第 10 章　日期和时间专题

【本章目标】

- 综合运用三种基本控制结构、数组、指针和结构体解决与闰年判断和日期计算相关的实际问题，针对给定的设计任务，能够选择恰当的基本控制结构和数据结构来构造程序。
- 结合闰年相关的计算问题，巩固程序测试和程序调试的基本方法，以及防御式编程方法。

10.1　三天打鱼，两天晒网

1. 实验内容

中国有句俗语“三天打鱼，两天晒网”，某人从 1990 年 1 月 1 日开始“三天打鱼，两天晒网”，即工作三天，然后再休息两天。请编写一个程序，计算这个人在以后的某一天中是在工作还是在休息。

【设计思路提示】因为“三天打鱼，两天晒网”的周期是 5 天，即以 5 天为一个周期，每个周期中都是前三天工作后两天休息，所以只要计算出从 1990 年 1 月 1 日开始到输入的某年某月某日之间的总天数，将这个总天数对 5 求余，余数为 1、2、3 就说明是在工作，余数为 4 和 0 就说明是在休息。

2. 实验要求

先从键盘任意输入某年某月某天。如果这一天他在工作，则输出“ He is working”；如果他在休息，则输出“ He is having a rest”。如果输入非法字符或者输入的日期不合法，则提示重新输入。

要求分别按如下两种函数原型编写程序。

```
int WorkORrest(int year, int month, int day);
int WorkORrest(struct date d);
```

请分别用基本类型变量、数组和结构体实现该函数。

测试编号	程序运行结果示例	测试编号	程序运行结果示例
1	Input year,month,day:2014,12,22↙ He is working	4	Input year,month,day:2017,3,8↙ He is having a rest
2	Input year,month,day:2014,12,24↙ He is having a rest	5	Input year,month,day:a↙ Input year,month,day:2014,3,32↙ Input year,month,day:2017,3,9↙ He is having a rest
3	Input year,month,day:2000,3,5↙ He is working		

3. 实验参考程序

参考程序 1 如下：

```
1    #include <stdio.h>
2    #include <stdlib.h>
3    int WorkORrest(int year, int month, int day);
4    int IsLeapYear(int y);
5    int IsLegalDate(int year, int month, int day);
6    int main(void)
7    {
8        int year, month, day, n, ret;
9        printf("Input year,month,day:");
10       n = scanf("%d,%d,%d", &year, &month, &day);
11       while (n!=3 || !IsLegalDate(year, month, day))
12       {
13           while (getchar() != '\n');
14           printf("Input year,month,day:");
15           n = scanf("%d,%d,%d", &year, &month, &day);
16       }
17       ret = WorkORrest(year, month, day);
18       if (ret == 1)
19       {
20           printf("He is working\n");
21       }
22       else
23       {
24           printf("He is having a rest\n");
25       }
26       return 0;
27   }
28   //函数功能：某人三天打鱼两天晒网，判断 year 年 month 月 day 日是工作还是休息
29   //函数参数：year、month、day 分别代表年、月、日
30   //函数返回值：返回 1，表示工作；返回 -1，表示休息
31   int WorkORrest(int year, int month, int day)
32   {
33       int i, sum = 0;
34       for (i=1990; i<year; ++i)
35       {
36           if (IsLeapYear(i))
37           {
38               sum = sum + 366;  //闰年有 366 天
39           }
40           else
41           {
42               sum = sum + 365;  //平年有 365 天
43           }
44       }
45       for (i=1; i<month; ++i)
46       {
47           switch (i)
48           {
49               case 1:
50               case 3:
51               case 5:
52               case 7:
53               case 8:
54               case 10:
55               case 12:sum = sum + 31;
56                       break;
57               case 2: if (IsLeapYear(year))
58                       {
```

```
59                          sum = sum + 29;  //闰年的2月有29天
60                      }
61                      else
62                      {
63                          sum = sum + 28;  //平年的2月有28天
64                      }
65                      break;
66              case 4:
67              case 6:
68              case 9:
69              case 11:sum = sum + 30;
70                      break;
71          }
72      }
73      sum = sum + day;
74      sum = sum % 5;          //以5天为一个周期，看余数是几，决定是在工作还是在休息
75      if (sum == 0 || sum == 4)
76      {
77          return -1;
78      }
79      else
80      {
81          return 1;
82      }
83  }
84  //函数功能：判断y是否是闰年，若是则返回1，否则返回0
85  int IsLeapYear(int y)
86  {
87      return ((y%4==0&&y%100!=0) || (y%400==0)) ? 1 : 0;
88  }
89  //函数功能：判断日期year、month、day是否合法，若合法则返回1，否则返回0
90  int IsLegalDate(int year, int month, int day)
91  {
92      int leap;
93      int dayofmonth[2][12]= {{31,28,31,30,31,30,31,31,30,31,30,31},
94                              {31,29,31,30,31,30,31,31,30,31,30,31}
95                             };
96      if (year<1 || month<1 || month>12 || day<1)  return 0;
97      leap = IsLeapYear(year) ? 1 : 0;
98      return day > dayofmonth[leap][month-1] ? 0 : 1;
99  }
```

参考程序2如下：

```
1   #include <stdio.h>
2   #include <stdlib.h>
3   int WorkORrest(int year, int month, int day);
4   int IsLeapYear(int y);
5   int IsLegalDate(int year, int month, int day);
6   int main(void)
7   {
8       int year, month, day, n, ret;
9       printf("Input year,month,day:");
10      n = scanf("%d,%d,%d", &year, &month, &day);
11      while (n!=3 || !IsLegalDate(year, month, day))
12      {
13          while (getchar() != '\n');
14          printf("Input year,month,day:");
15          n = scanf("%d,%d,%d", &year, &month, &day);
```

```
16      }
17      ret = WorkORrest(year, month, day);
18      if (ret == 1)
19      {
20          printf("He is working\n");
21      }
22      else
23      {
24          printf("He is having a rest\n");
25      }
26      return 0;
27  }
28  //函数功能：某人三天打鱼两天晒网，判断year年month月day日是工作还是休息
29  //函数参数：year、month、day分别代表年、月、日
30  //函数返回值：返回1，表示工作；返回-1，表示休息
31  int WorkORrest(int year, int month, int day)
32  {
33      int i, sum = 0, leap;
34      int dayofmonth[2][12]={{31,28,31,30,31,30,31,31,30,31,30,31},
35                             {31,29,31,30,31,30,31,31,30,31,30,31}
36                             };
37      for (i=1990; i<year; ++i)
38      {
39          if (IsLeapYear(i))
40          {
41              sum = sum + 366;
42          }
43          else
44          {
45              sum = sum + 365;
46          }
47      }
48      leap = IsLeapYear(year) ? 1 : 0;
49      for (i=1; i<month; ++i)
50      {
51          sum = sum + dayofmonth[leap][i-1];
52      }
53      sum = sum + day;
54      sum = sum % 5;
55      return sum == 0 || sum == 4 ? -1 : 1;
56  }
57  //函数功能：判断y是否是闰年，若是则返回1，否则返回0
58  int IsLeapYear(int y)
59  {
60      if ((y%4==0&&y%100!=0) || (y%400==0))
61      {
62          return 1;
63      }
64      else
65      {
66          return 0;
67      }
68  }
69  //函数功能：判断日期year、month、day是否合法，若合法则返回1，否则返回0
70  int IsLegalDate(int year, int month, int day)
71  {
72      int leap;
73      int dayofmonth[2][12]={{31,28,31,30,31,30,31,31,30,31,30,31},
```

```
74                          {31,29,31,30,31,30,31,31,30,31,30,31}
75                          };
76      if (year<1 || month<1 || month>12 || day<1)  return 0;
77      leap = IsLeapYear(year) ? 1 : 0;
78      return day > dayofmonth[leap][month-1] ? 0 : 1;
79  }
```

参考程序3如下：

```
1   #include <stdio.h>
2   #include <stdlib.h>
3   int WorkORrest(int year, int month, int day);
4   int IsLeapYear(int y);
5   int IsLegalDate(int year, int month, int day);
6   int main(void)
7   {
8       int year, month, day, n;
9       do{
10          printf("Input year,month,day:");
11          n = scanf("%d,%d,%d", &year, &month, &day);
12          if (n != 3) while (getchar() != '\n');
13      } while (n!=3 || !IsLegalDate(year, month, day));
14      if (WorkORrest(year, month, day) == 1)
15      {
16          printf("He is working\n");
17      }
18      else
19      {
20          printf("He is having a rest\n");
21      }
22      return 0;
23  }
24  //函数功能：某人三天打鱼两天晒网，判断year年month月day日是工作还是休息
25  //函数参数：year、month、day分别代表年、月、日
26  //函数返回值：返回1，表示工作；返回-1，表示休息
27  int WorkORrest(int year, int month, int day)
28  {
29      int i, sum = 0, leap;
30      int dayofmonth[2][12]={{31,28,31,30,31,30,31,31,30,31,30,31},
31                          {31,29,31,30,31,30,31,31,30,31,30,31}
32                          };
33      for (i=1990; i<year; ++i)
34      {
35          sum = sum + (IsLeapYear(i) ? 366 : 365);
36      }
37      leap = IsLeapYear(year) ? 1 : 0;
38      for (i=1; i<month; ++i)
39      {
40          sum = sum + dayofmonth[leap][i-1];
41      }
42      sum = sum + day;
43      sum = sum % 5;
44      return sum == 0 || sum == 4 ? -1 : 1;
45  }
46  //函数功能：判断y是否是闰年，若是则返回1，否则返回0
47  int IsLeapYear(int y)
48  {
49      return ((y%4==0&&y%100!=0) || (y%400==0)) ? 1 : 0;
50  }
```

```
51  // 函数功能：判断日期 year、month、day 是否合法，若合法则返回 1，否则返回 0
52  int IsLegalDate(int year, int month, int day)
53  {
54      int leap;
55      int dayofmonth[2][12]={{31,28,31,30,31,30,31,31,30,31,30,31},
56                             {31,29,31,30,31,30,31,31,30,31,30,31}
57                            };
58      if (year<1 || month<1 || month>12 || day<1)  return 0;
59      leap = IsLeapYear(year) ? 1 : 0;
60      return day > dayofmonth[leap][month-1] ? 0 : 1;
61  }
```

参考程序 4 如下：

```
1   #include  <stdio.h>
2   #include <stdlib.h>
3   struct date
4   {
5       int year;
6       int month;
7       int day;
8   };
9   int WorkORrest(struct date d);
10  int IsLeapYear(int y);
11  int IsLegalDate(struct date d);
12  int main(void)
13  {
14      struct date today;
15      int n;
16      do{
17          printf("Input year,month,day:");
18          n = scanf("%d,%d,%d", &today.year, &today.month, &today.day);
19          if (n != 3) while (getchar() != '\n');
20      } while (n!=3 || !IsLegalDate(today));
21      if (WorkORrest(today) == 1)
22      {
23          printf("He is working\n");
24      }
25      else
26      {
27          printf("He is having a rest\n");
28      }
29      return 0;
30  }
31  // 函数功能：某人三天打鱼两天晒网，判断 year 年 month 月 day 日是工作还是休息
32  // 函数参数：结构体 d 的三个成员 year、month、day 分别代表年、月、日
33  // 函数返回值：返回 1，表示工作；返回 -1，表示休息
34  int WorkORrest(struct date d)
35  {
36      int i, sum = 0, leap;
37      int dayofmonth[2][12]={{31,28,31,30,31,30,31,31,30,31,30,31},
38                         {31,29,31,30,31,30,31,31,30,31,30,31}
39                         };
40      for (i=1990; i<d.year; ++i)
41      {
42          sum = sum + (IsLeapYear(i) ? 366 : 365);
43      }
44      leap = IsLeapYear(d.year) ? 1 : 0;
45      for (i=1; i<d.month; ++i)
```

```
46      {
47          sum = sum + dayofmonth[leap][i-1];
48      }
49      sum = sum + d.day;
50      sum = sum % 5;        //以5天为一个周期，看余数是几，决定是在工作还是在休息
51      return sum == 0 || sum == 4 ? -1 : 1;
52  }
53  //函数功能：判断y是否是闰年，若是则返回1，否则返回0
54  int IsLeapYear(int y)
55  {
56      return ((y%4==0&&y%100!=0) || (y%400==0)) ? 1 : 0;
57  }
58  //函数功能：判断日期d是否合法，若合法则返回1，否则返回0
59  int IsLegalDate(struct date d)
60  {
61      int leap;
62      int dayofmonth[2][12]= {{31,28,31,30,31,30,31,31,30,31,30,31},
63                              {31,29,31,30,31,30,31,31,30,31,30,31}
64                              };
65      if (d.year<1 || d.month<1 || d.month>12 || d.day<1)  return 0;
66      leap = IsLeapYear(d.year) ? 1 : 0;
67      return d.day > dayofmonth[leap][d.month-1] ? 0 : 1;
68  }
```

10.2 统计特殊的星期天

1. 实验内容

已知1900年1月1日是星期一，请编写一个程序，计算在1901年1月1日至某年12月31日期间共有多少个星期天是每月的第一天。

【设计思路提示】因为一星期的周期是7天，即每隔7天就会出现一个星期天，但是这个星期天是否落在每个月的第一天，需要在每个月的第一天统计从1990年1月1日（星期一）到某年某月第一天的累计天数，这个天数对7求余为1就说明它是星期一，对7求余为2就说明是星期二，依此类推，对7求余为0就说明是星期天，于是就将计数器加1，最后返回计数器统计的结果即为所求。

2. 实验要求

先输入年份*y*，如果输入非法字符，或者输入的年份小于1901，则提示重新输入。然后输出在1901年1月1日至*y*年12月31日期间星期天是每月的第一天的天数。

要求按如下函数原型编写程序。

```
//函数功能：计算并返回1901年1月1日至y年12月31日期间星期天是每月的第一天的天数
int CountSundays(int y);
```

测试编号	程序运行结果示例	测试编号	程序运行结果示例
1	Input year:1901↙ 2	4	Input year:1984↙ 144
2	Input year:1999↙ 170	5	Input year:2100↙ 343
3	Input year:2000↙ 171	6	Input year:a↙ Input year:1900↙ Input year:1902↙ 3

3. 实验参考程序

参考程序 1 如下：

```
1   #include <stdio.h>
2   int CountSundays(int y);
3   int IsLeapYear(int y);
4   int main(void)
5   {
6       int y, n;
7       do{
8           printf("Input year:");
9           n = scanf("%d", &y);
10          if (n != 1) while (getchar() != '\n');
11      } while (n!=1 || y < 1901);
12      printf("%d\n", CountSundays(y));
13      return 0;
14  }
15  //函数功能：计算并返回 1901 年 1 月 1 日至 y 年 12 月 31 日期间星期天是每月第一天的天数
16  int CountSundays(int y)
17  {
18      int days = 365, times = 0;
19      int i, year;
20      for (year=1901; year<=y; ++year)
21      {
22          for (i=1; i<=12; ++i)
23          {
24              if ((days+1)%7 == 0)
25              {
26                  times++;
27              }
28              if (i == 2)
29              {
30                  if (IsLeapYear(year))
31                  {
32                      days = days + 29;
33                  }
34                  else
35                  {
36                      days = days + 28;
37                  }
38              }
39              else if (i==1||i==3||i==5||i==7||i==8||i==10||i==12)
40              {
41                  days = days + 31;
42              }
43              else
44              {
45                  days = days + 30;
46              }
47          }
48      }
49      return times;
50  }
51  //函数功能：判断 y 是否是闰年，若是则返回 1，否则返回 0
52  int IsLeapYear(int y)
53  {
54      return ((y%4==0&&y%100!=0) || (y%400==0)) ? 1 : 0;
55  }
```

10.3　日期转换

1. 实验内容

请编写程序，完成从某年某月某日到这一年的第几天之间的相互转换。

【设计思路提示】将某年某月某日转换为这一年的第几天的算法为：假设给定的月是month，将1，2，3，…，month−1月的各月天数依次累加，再加上指定的日，即可得到它是这一年的第几天。

将某年的第几天转换为某月某日的算法为：对给定的某年的第几天yearDay，从yearDay中依次减去1，2，3，…，各月的天数，直到结果正好为0或不够减时为止，若已减了*i*个月的天数，则月份month的值为*i*+1。这时，yearDay中剩下的天数即为第month月的某日day的值。

2. 实验要求

任务1：先输入某年某月某日，然后输出它是这一年的第几天。

任务2：先输入某一年的第几天，然后输出它是这一年的第几月第几日。

任务3：先输出如下的菜单，然后根据用户输入的选择执行相应的操作。

```
1. year/month/day -> yearDay
2. yearDay -> year/month/day
3. Exit
Please enter your choice:
```

如果用户选择1，则先输入某年某月某日，然后输出它是这一年的第几天。如果用户选择2，则先输入某一年的第几天，然后输出它是这一年的第几月第几日。如果用户选择3，则退出程序的执行。如果输入1、2、3以外的数字，则输出"Input error!"。要求在完成上述日期转换时要考虑闰年。

任务4：循环显示菜单，直到用户选择3退出程序的执行为止。

如果输入非法字符，或者输入的日期不合法，则提示重新输入。

实验任务	测试编号	程序运行结果示例
1	1	Input year,month,day:2016,3,1↙ yearDay = 61
	2	Input year,month,day:2015,3,1↙ yearDay = 60
	3	Input year,month,day:2000,3,1↙ yearDay = 61
	4	Input year,month,day:2100,3,1↙ yearDay = 60
2	1	Please enter year, yearDay:2016,61↙ month = 3,day = 1
	2	Please enter year, yearDay:2015,60↙ month = 3,day = 1
	3	Please enter year, yearDay:2100,60↙ month = 3,day = 1
	4	Please enter year, yearDay:2000,61↙ month = 3,day = 1

（续）

实验任务	测试编号	程序运行结果示例
3	1	1. year/month/day -> yearDay 2. yearDay -> year/month/day 3. Exit Please enter your choice: 1↙ Please enter year, month,day:2000,3,1↙ yearDay = 61
	2	1. year/month/day -> yearDay 2. yearDay -> year/month/day 3. Exit Please enter your choice: 1↙ Please enter year, month,day:2011,3,1↙ yearDay = 60
	3	1. year/month/day -> yearDay 2. yearDay -> year/month/day 3. Exit Please enter your choice: 2↙ Please enter year, yearDay:2000,61↙ month = 3, day = 1
	4	1. year/month/day -> yearDay 2. yearDay -> year/month/day 3. Exit Please enter your choice: 2↙ Please enter year, yearDay:2011,60↙ month = 3, day = 1
	5	1. year/month/day -> yearDay 2. yearDay -> year/month/day 3. Exit Please enter your choice:3
4	1	1. year/month/day -> yearDay 2. yearDay -> year/month/day 3. Exit Please enter your choice: 1↙ Please enter year, month,day:2000,3,1↙ yearDay = 61 1. year/month/day -> yearDay 2. yearDay -> year/month/day 3. Exit Please enter your choice: 1↙ Input year,month,day:2011,2,29↙ Input year,month,day:2011,3,39↙ Input year,month,day:2011,2,a↙ Input year,month,day:2011,3,1↙ yearDay = 60 1. year/month/day -> yearDay 2. yearDay -> year/month/day 3. Exit Please enter your choice: 2↙ Input year,yearDay:2000,61↙

(续)

<table>
<tr><th>实验任务</th><th>测试编号</th><th>程序运行结果示例</th></tr>
<tr><td>4</td><td>1</td><td>month = 3, day = 1
1. year/month/day -> yearDay
2. yearDay -> year/month/day
3. Exit
Please enter your choice: 2↙
Input year,yearDay:2011,60↙
month = 3, day = 1
1. year/month/day -> yearDay
2. yearDay -> year/month/day
3. Exit
Please enter your choice:3↙
Program is over!</td></tr>
</table>

3. 实验参考程序

任务 1 的参考程序 1 如下：

```
1   #include  <stdio.h>
2   typedef  struct  date
3   {
4       int  year;
5       int  month;
6       int  day;
7   }DATE;
8   int DayofYear(DATE d);
9   int IsLeapYear(int y);
10  int IsLegalDate(struct date d);
11  int main(void)
12  {
13      int  days, n;
14      DATE  d;
15      do{
16          printf("Input year,month,day:");
17          n = scanf("%d,%d,%d", &d.year, &d.month, &d.day);
18          if (n != 3) while (getchar() != '\n');
19      } while (n!=3 || !IsLegalDate(d));
20      days = DayofYear(d);
21      printf("yearDay = %d\n", days);
22      return 0;
23  }
24  //函数功能：计算从当年 1 月 1 日起到日期 d 的天数，即计算日期 d 是当年的第几天
25  int DayofYear(DATE d)
26  {
27      int i, sum = 0, leap;
28      int dayofmonth[2][12]={{31,28,31,30,31,30,31,31,30,31,30,31},
29                             {31,29,31,30,31,30,31,31,30,31,30,31}
30                            };
31      leap = IsLeapYear(d.year);
32      for (i=1; i<d.month; ++i)
33      {
34          sum = sum + dayofmonth[leap][i-1];
35      }
36      sum = sum + d.day;
37      return sum;
38  }
```

```
39 //函数功能：判断y是否是闰年，若是则返回1，否则返回0
40 int IsLeapYear(int y)
42 {
43     return ((y%4==0&&y%100!=0) || (y%400==0)) ? 1 : 0;
44 }
45 //函数功能：判断日期d是否合法，若合法则返回1，否则返回0
46 int IsLegalDate(struct date d)
47 {
48     int leap;
49     int dayofmonth[2][12]= {{31,28,31,30,31,30,31,31,30,31,30,31},
50                             {31,29,31,30,31,30,31,31,30,31,30,31}
51                            };
52     if (d.year<1 || d.month<1 || d.month>12 || d.day<1)  return 0;
53     leap = IsLeapYear(d.year) ? 1 : 0;
54     return d.day > dayofmonth[leap][d.month-1] ? 0 : 1;
55 }
```

参考程序2如下：

```
1  #include  <stdio.h>
2  typedef  struct  date
3  {
4      int  year;
5      int  month;
6      int  day;
7  } DATE;
8  int DayofYear(DATE *pd);
9  int IsLeapYear(int y);
10 int IsLegalDate(struct date *d);
11 int main(void)
12 {
13     int  days, n;
14     DATE  d;
15     do{
16         printf("Input year,month,day:");
17         n = scanf("%d,%d,%d", &d.year, &d.month, &d.day);
18         if (n != 3) while (getchar() != '\n');
19     } while (n!=3 || !IsLegalDate(&d));
20     days = DayofYear(&d);
21     printf("yearDay = %d\n", days);
22     return 0;
23 }
24 //函数功能：计算从当年1月1日起到日期d的天数，即计算日期d是当年的第几天
25 int DayofYear(DATE *pd)
26 {
27     int i, sum = 0, leap;
28     int dayofmonth[2][12]= {{31,28,31,30,31,30,31,31,30,31,30,31},
29                             {31,29,31,30,31,30,31,31,30,31,30,31}
30                            };
31     leap = IsLeapYear(pd->year);
32     for (i=1; i<pd->month; ++i)
33     {
34         sum = sum + dayofmonth[leap][i-1];
35     }
36     sum = sum + pd->day;
37     return sum;
38 }
39 //函数功能：判断y是否是闰年，若是则返回1，否则返回0
40 int IsLeapYear(int y)
```

```
41  {
42      return ((y%4==0&&y%100!=0) || (y%400==0)) ? 1 : 0;
43  }
44  //函数功能：判断日期d是否合法，若合法则返回1，否则返回0
45  int IsLegalDate(struct date *d)
46  {
47      int leap;
48      int dayofmonth[2][12]= {{31,28,31,30,31,30,31,31,30,31,30,31},
49                              {31,29,31,30,31,30,31,31,30,31,30,31}
50                             };
51      if (d->year<1 || d->month<1 || d->month>12 || d->day<1)  return 0;
52      leap = IsLeapYear(d->year) ? 1 : 0;
53      return d->day > dayofmonth[leap][d->month-1] ? 0 : 1;
54  }
```

任务 2 的参考程序 1 如下：

```
1   #include  <stdio.h>
2   void  MonthDay(int year, int yearDay, int *pMonth, int *pDay);
3   int IsLeapYear(int y);
4   int main(void)
5   {
6       int  year, month, day, yearDay, n;
7       do{
8          printf("Input year,yearDay:");
9          n = scanf("%d,%d", &year, &yearDay);
10         if (n != 2) while (getchar() != '\n');
11      } while (n!=2 || year<0 || yearDay<1 || yearDay>366);
12      MonthDay(year, yearDay, &month, &day);
13      printf("month = %d,day = %d\n", month, day);
14      return 0;
15  }
16  //函数功能：对给定的某一年的第几天，计算并返回它是这一年的第几月第几日
17  void  MonthDay(int year, int yearDay, int *pMonth, int *pDay)
18  {
19      int dayofmonth[2][12]={{31,28,31,30,31,30,31,31,30,31,30,31},
20                             {31,29,31,30,31,30,31,31,30,31,30,31}
21                            };
22      int  i, leap;
23      leap = IsLeapYear(year);
24      for (i=1; yearDay>dayofmonth[leap][i-1]; ++i)
25      {
26          yearDay = yearDay - dayofmonth[leap][i-1];
27      }
28      *pMonth = i;          //将计算出的月份赋值给pMonth所指向的变量
29      *pDay = yearDay;      //将计算出的日期赋值给pDay所指向的变量
30  }
31  //函数功能：判断y是否是闰年，若是则返回1，否则返回0
32  int IsLeapYear(int y)
33  {
34      return ((y%4==0&&y%100!=0) || (y%400==0)) ? 1 : 0;
35  }
```

任务 2 的参考程序 2 如下：

```
1   #include   <stdio.h>
2   typedef  struct  date
3   {
4       int  year;
```

```
5       int  month;
6       int  day;
7   } DATE;
8   void MonthDay(DATE *pd, int yearDay);
9   int IsLeapYear(int y);
10  int main(void)
11  {
12      int  yearDay, n;
13      DATE d;
14      do{
15          printf("Input year,yearDay:");
16          n = scanf("%d,%d", &d.year, &yearDay);
17          if (n != 2) while (getchar() != '\n');
18      } while (n!=2 || d.year<0 || yearDay<1 || yearDay>366);
19      MonthDay(&d, yearDay);
20      printf("month = %d,day = %d\n", d.month, d.day);
21      return 0;
22  }
23  //函数功能：对给定的某一年的第几天，计算并返回它是这一年的第几月第几日
24  void  MonthDay(DATE *pd, int yearDay)
25  {
26      int dayofmonth[2][12]={{31,28,31,30,31,30,31,31,30,31,30,31},
27                             {31,29,31,30,31,30,31,31,30,31,30,31}
28                            };
29      int  i, leap;
30      leap = IsLeapYear(pd->year);
31      for (i=1; yearDay>dayofmonth[leap][i-1]; ++i)
32      {
33          yearDay = yearDay - dayofmonth[leap][i-1];
34      }
35      pd->month = i;          //将计算出的月份赋值给pd指向的month成员变量
36      pd->day = yearDay;      //将计算出的日期赋值给pd指向的yearDay变量
37  }
38  //函数功能：判断y是否是闰年，若是则返回1，否则返回0
39  int IsLeapYear(int y)
40  {
41      return ((y%4==0&&y%100!=0) || (y%400==0)) ? 1 : 0;
42  }
```

任务 3 的参考程序如下：

```
1   #include <stdio.h>
2   #include   <stdlib.h>
3   typedef  struct  date
4   {
5       int  year;
6       int  month;
7       int  day;
8   } DATE;
9   int DayofYear(DATE pd);
10  void MonthDay(DATE *pd, int yearDay);
11  char Menu(void);
12  int IsLeapYear(int y);
13  int IsLegalDate(struct date d);
14  int main(void)
15  {
16      int    yearDay, days, n;
17      char   c;
```

```
18      DATE   d;
19      c = Menu();          //调用 Menu 函数显示一个固定式菜单并返回用户的选择
20      switch (c)           //判断选择的是何种操作
21      {
22      case '1':
23          do{
24              printf("Input year,month,day:");
25              n = scanf("%d,%d,%d", &d.year, &d.month, &d.day);
26              if (n != 3) while (getchar() != '\n');
27          }while (n!=3 || !IsLegalDate(d));
28          days = DayofYear(d);
29          printf("yearDay = %d\n", days);
30          break;
31      case '2':
32          do{
33              printf("Input year,yearDay:");
34              n = scanf("%d,%d", &d.year, &yearDay);
35              if (n != 2) while (getchar() != '\n');
36          }while (n!=2 || d.year<0 || yearDay<1 || yearDay>366);
37          MonthDay(&d, yearDay);
38          printf("month = %d,day = %d\n", d.month, d.day);
39          break;
40      case '3':
41          printf("Program is over!\n");
42          exit(0);    //退出程序的运行
43      default:
44          printf("Input error!");
45      }
46
47      return 0;
48  }
49  //函数功能：显示菜单并返回用户的选择
50  char  Menu(void)
51  {
52      char c;
53      printf("1. year/month/day -> yearDay\n");
54      printf("2. yearDay -> year/month/day\n");
55      printf("3. Exit\n");
56      printf("Please enter your choice:");
57      scanf(" %c", &c);    //输入用户的选择，%c 前面有一个空格
58      return c;            //返回用户的选择
59  }
60  //函数功能：计算从当年 1 月 1 日起到日期 d 的天数，即计算日期 d 是当年的第几天
61  int DayofYear(DATE d)
62  {
63      int i, sum = 0, leap;
64      int dayofmonth[2][12]= {{31,28,31,30,31,30,31,31,30,31,30,31},
65          {31,29,31,30,31,30,31,31,30,31,30,31}
66      };
67      leap = IsLeapYear(d.year);
68      for (i=1; i<d.month; ++i)
69      {
70          sum = sum + dayofmonth[leap][i-1];
71      }
72      sum = sum + d.day;
73      return sum;
74  }
75  //函数功能：对给定的某一年的第几天，计算并返回它是这一年的第几月第几日
```

```
76  void  MonthDay(DATE *pd, int yearDay)
77  {
78      int dayofmonth[2][12]= {{31,28,31,30,31,30,31,31,30,31,30,31},
79          {31,29,31,30,31,30,31,31,30,31,30,31}
80      };
81      int  i, leap;
82      leap = IsLeapYear(pd->year);
83      for (i=1; yearDay>dayofmonth[leap][i-1]; ++i)
84      {
85          yearDay = yearDay - dayofmonth[leap][i-1];
86      }
87      pd->month = i;          // 将计算出的月份赋值给 pd 指向的 month 成员变量
88      pd->day = yearDay;      // 将计算出的日期赋值给 pd 指向的 yearDay 变量
89  }
90  // 函数功能：判断 y 是否是闰年，若是则返回 1，否则返回 0
91  int IsLeapYear(int y)
92  {
93      return ((y%4==0&&y%100!=0) || (y%400==0)) ? 1 : 0;
94  }
95  // 函数功能：判断日期 d 是否合法，若合法则返回 1，否则返回 0
96  int IsLegalDate(struct date d)
97  {
98      int leap;
99      int dayofmonth[2][12]= {{31,28,31,30,31,30,31,31,30,31,30,31},
100         {31,29,31,30,31,30,31,31,30,31,30,31}
101     };
102     if (d.year<1 || d.month<1 || d.month>12 || d.day<1)  return 0;
103     leap = IsLeapYear(d.year) ? 1 : 0;
104     return d.day > dayofmonth[leap][d.month-1] ? 0 : 1;
105 }
```

任务 4 的参考程序如下：

```
1   #include <stdio.h>
2   #include    <stdlib.h>
3   typedef  struct  date
4   {
5       int  year;
6       int  month;
7       int  day;
8   } DATE;
9   int DayofYear(DATE pd);
10  void MonthDay(DATE *pd, int yearDay);
11  char Menu(void);
12  int IsLeapYear(int y);
13  int IsLegalDate(struct date d);
14  int main(void)
15  {
16      int    yearDay, days, n;
17      char   c;
18      DATE   d;
19      while(1)
20      {
21          c = Menu();         // 调用 Menu 函数显示一个固定式菜单并返回用户的选择
22          switch (c)          // 判断选择的是何种操作
23          {
24          case '1':
25              do{
```

```
26                  printf("Input year,month,day:");
27                  n = scanf("%d,%d,%d", &d.year, &d.month, &d.day);
28                  if (n != 3) while (getchar() != '\n');
29              }while (n!=3 || !IsLegalDate(d));
30              days = DayofYear(d);
31              printf("yearDay = %d\n", days);
32              break;
33          case '2':
34              do{
35                  printf("Input year,yearDay:");
36                  n = scanf("%d,%d", &d.year, &yearDay);
37                  if (n != 2) while (getchar() != '\n');
38              }while (n!=2 || d.year<0 || yearDay<1 || yearDay>366);
39              MonthDay(&d, yearDay);
40              printf("month = %d,day = %d\n", d.month, d.day);
41              break;
42          case '3':
43              printf("Program is over!\n");
44              exit(0);    //退出程序的运行
45          default:
46              printf("Input error!");
47          }
48      }
49      return 0;
50  }
51  //函数功能：显示菜单并返回用户的选择
52  char  Menu(void)
53  {
54      char c;
55      printf("1. year/month/day -> yearDay\n");
56      printf("2. yearDay -> year/month/day\n");
57      printf("3. Exit\n");
58      printf("Please enter your choice:");
59      scanf(" %c", &c);    //输入用户的选择，%c前面有一个空格
60      return c;            //返回用户的选择
61  }
62  //函数功能：计算从当年1月1日起到日期d的天数，即计算日期d是当年的第几天
63  int DayofYear(DATE d)
64  {
65      int i, sum = 0, leap;
66      int dayofmonth[2][12]={{31,28,31,30,31,30,31,31,30,31,30,31},
67                             {31,29,31,30,31,30,31,31,30,31,30,31}
68                            };
69      leap = IsLeapYear(d.year);
70      for (i=1; i<d.month; ++i)
71      {
72          sum = sum + dayofmonth[leap][i-1];
73      }
74      sum = sum + d.day;
75      return sum;
76  }
77  //函数功能：对给定的某一年的第几天，计算并返回它是这一年的第几月第几日
78  void  MonthDay(DATE *pd, int yearDay)
79  {
80      int dayofmonth[2][12]={{31,28,31,30,31,30,31,31,30,31,30,31},
81                             {31,29,31,30,31,30,31,31,30,31,30,31}
82                            };
83      int  i, leap;
```

```
84      leap = IsLeapYear(pd->year);
85      for (i=1; yearDay>dayofmonth[leap][i-1]; ++i)
86      {
87          yearDay = yearDay - dayofmonth[leap][i-1];
88      }
89      pd->month = i;          //将计算出的月份值赋值给pd指向的month成员变量
90      pd->day = yearDay;      //将计算出的日期赋值给pd指向的yearDay变量
91  }
92  //函数功能：判断y是否是闰年，若是则返回1，否则返回0
93  int IsLeapYear(int y)
94  {
95      return ((y%4==0&&y%100!=0) || (y%400==0)) ? 1 : 0;
96  }
97  //函数功能：判断日期d是否合法，若合法则返回1，否则返回0
98  int IsLegalDate(struct date d)
99  {
100     int leap;
101     int dayofmonth[2][12]= {{31,28,31,30,31,30,31,31,30,31,30,31},
102                             {31,29,31,30,31,30,31,31,30,31,30,31}
103                            };
104     if (d.year<1 || d.month<1 || d.month>12 || d.day<1)  return 0;
105     leap = IsLeapYear(d.year) ? 1 : 0;
106     return d.day > dayofmonth[leap][d.month-1] ? 0 : 1;
107 }
```

10.4　动态时钟

1. 实验内容

请编程实现一个动态时钟显示程序。

【设计思路提示】 首先，要生成表盘和表盘上的数字，并确定椭圆的圆心（即表心）和椭圆的长短半轴的长度。因每圈 2π 对应 12 个数字，因此相邻数字之间的角度是 $\pi/6$，即表盘上有 12 个格，每一格的度数是 $\pi/6$。利用 switch 语句分成 12 种情况，使每次转动角度后对应位置的数组元素变为数字字符。

其次，要获取系统当前的当地时间。需要使用下面两条语句：

```
t = time(&t);
s = ctime(&t);
```

这里，t 是 time_t 类型，s 是字符指针类型，指向代表时间的字符串 t 的首地址。例如对于 t = " Mon Nov 20 18:21:10 2016"，s[11] 和 s[12] 代表 24 时制的小时，s[14] 和 s[15] 代表分钟，s[17] 和 s[18] 代表秒，但这些都是字符型的数据，需要通过 s[x]-'0' 转换为对应的数字。

最后，根据获取的系统时间中的时、分、秒信息来确定时针、分针、秒针的端点位置，连接表心与秒针、分针、时针端点，重绘屏幕，并在每次重绘屏幕后延时 999ms。

注意，分针和秒针都是六十进制，因此每一小格代表 $\pi/30$，即每次移动 6°。时针必须根据分针来确定，并且时针是在原来的基础上（$\pi/6$*hour）再向前移动一小段，多移动的这一小段对应的角度是 minute/60*$\pi/6$，即 minute*$\pi/360$，$\pi/6$ 是 12 格中每一格的度数。

2. 实验要求

利用绘制直线和椭圆的算法，绘制一个静态的时钟表盘，实现时钟指针的自动刷新，即让时钟的指针动起来，并且指针指示的时间是当前的当地时间，要求用'*'绘制表盘的圆圈，在表盘上正确绘制出12个数字，分别用“H”“M”“S”绘制出时钟的3个指针，指针的位置要根据系统时间进行绘制。

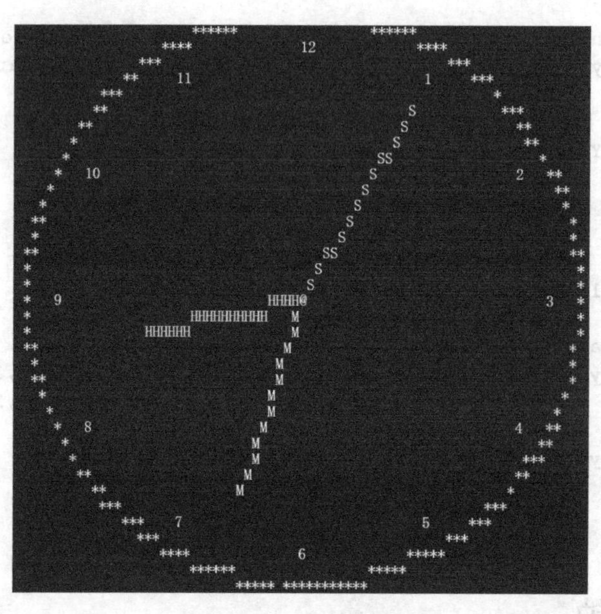

3. 实验参考程序

```
1   #include <stdio.h>
2   #include <stdlib.h>
3   #include <math.h>
4   #include <conio.h>
5   #include <time.h>
6   #include <windows.h>
7   #define N 101
8   #define M 101
9   int Max(int x, int y);
10  void line(int x1, int y1, int x2, int y2, char poto[N][M], char c);
11  int main()
12  {
13      const double Pi = acos(-1.0);
14      double m = 0, n = 0;// n:小时数值整数部分 (24 时制 )
15      int end = 0;        // 循环判断条件
16      int x = 0, y = 0, i = 0, j = 0, clock = 0;
17      int rx = 18, ry = 36;//rx 为椭圆形表横半轴长，ry 为纵半轴长
18      int cx = 40, cy = 40;//cx 为表心横坐标，cy 为表心纵坐标
19      char poto[N][M], *s = NULL;
20      time_t t;
21      t = time(&t);
22      s = ctime(&t);// 获取系统时间，返回代表时间的字符串 t 的首地址
23      do{
24          for (i=0; i<N; i++)// 初始化空格字符数组
25          {
26              for (j=0; j<M; j++)
27              {
28                  poto[i][j] = ' ';
29              }
30          }
31          poto[cx][cy] = '@';// 表心
```

```
32        for (m=0; m<=Pi*2; m=m+0.03)//表框
33        {
34            x = (int)(cx + rx * cos(m) + 0.5);
35            y = (int)(cy + ry * sin(m) + 0.5);
36            poto[2*cy-x][y] = '*';
37        }
38        clock = 0;//计数器表示表上时间
39        for (m=0; m<=Pi*2; m=m+Pi/6) //生成表盘数字，每次变化的角度是Pi/6
40        {
41            x = (int)(cx + 16 * cos(m) + 0.5);
42            y = (int)(cy + 32 * sin(m) + 0.5);
43            switch (clock)
44            {
45            case 0:
46                poto[2*cy-x][y] = '1';
47                poto[2*cy-x][y+1] = '2';
48                break;
49            case 1:
50                poto[2*cy-x][y] = '1';
51                break;
52            case 2:
53                poto[2*cy-x][y] = '2';
54                break;
55            case 3:
56                poto[2*cy-x][y] = '3';
57                break;
58            case 4:
59                poto[2*cy-x][y] = '4';
60                break;
61            case 5:
62                poto[2*cy-x][y] = '5';
63                break;
64            case 6:
65                poto[2*cy-x][y] = '6';
66                break;
67            case 7:
68                poto[2*cy-x][y] = '7';
69                break;
70            case 8:
71                poto[2*cy-x][y] = '8';
72                break;
73            case 9:
74                poto[2*cy-x][y] = '9';
75                break;
76            case 10:
77                poto[2*cy-x][y] = '1';
78                poto[2*cy-x][y+1] = '0';
79                break;
80            case 11:
81                poto[2*cy-x][y] = '1';
82                poto[2*cy-x][y+1] = '1';
83                break;
84            }
85            clock++;
86        }
87        t = time(&t);
88        s = ctime(&t);//获取系统时间
89        //确定秒针的端点位置
```

```
90          m = (s[17] - '0') * 10 + s[18] - '0'; //系统时间的“秒”转换成相应角度
91          x = (int)(cx + 14 * cos(Pi * m/30) + 0.5);//秒针每小格移动Pi/30
92          y = (int)(cy + 28 * sin(Pi * m/30) + 0.5);//秒针每小格移动Pi/30
93          poto[2*cy-x][y] = 'S';  //秒针用S显示
94          line(cx, cy, 2*cy-x, y, poto, 'S'); //连接表心与秒针端点
95          //确定分针的端点位置
96          m = (s[14] - '0') * 10 + s[15] - '0'; //系统时间的“分”转换成相应角度
97          x = (int)(cx + 12 * cos(Pi*m/30) + 0.5);//分针每小格移动Pi/30
98          y = (int)(cy + 24 * sin(Pi*m/30) + 0.5);//分针每小格移动Pi/30
99          poto[2*cy-x][y] = 'M';  //分针用M显示
100         line(cx, cy, 2*cy-x, y, poto, 'M'); //连接表心与分针端点
101         //确定时针的端点位置
102         m = (s[14] - '0') * 10 + s[15] - '0'; //系统时间的“分”转换成相应角度
103         n = ((s[11] - '0') * 10 + s[12] - '0') % 12;//“时”转换成相应角度
104         x = (int)(cx + 10 * cos(Pi*n/6+Pi*m/360) + 0.5);
105         y = (int)(cy + 20 * sin(Pi*n/6+Pi*m/360) + 0.5);
106         poto[2*cy-x][y] = 'H';  //时针用H显示
107         line(cx, cy, 2*cy-x, y, poto, 'H');  //连接表心与时针端点
108         system("cls");          //清屏,以便重绘屏幕
109         for (i=20; i<62; i++) //打印调整后的数组
110         {
111             for (j=0; j<90; j++)
112             {
113                 printf("%c", poto[i][j]);
114             }
115             putchar('\n');
116
117         }
118         Sleep(999);
119     }while (end != -1);
120     return 0;
121 }
122 //函数功能:用字符c连接表心(x1, y1)与秒针端点(x2,y2)
123 void line(int x1, int y1, int x2, int y2, char poto[N][M], char c)
124 {
125     int   chx, chy, a = 1, i;
126     float x[M], y[M+N], s;
127     x[0] = x1;
128     y[0] = y1;
129     chx = x2 - x1;
130     chy = y2 - y1;
131     s = 1.0 / Max(chx, chy);
132     for (i=1; a==1; i++)
133     {
134         x[i] = x[i-1] + s * chx;
135         y[i] = y[i-1] + s * chy;
136         poto[(int)(x[i]+0.5)][(int)(y[i]+0.5)] = c;
137         if (pow((x[i]-x[0]),2)>=chx*chx && (pow((y[i]-y[0]),2))>=chy*chy)
138         {
139             a = -1;
140         }
141     }
142 }
143 int Max(int x, int y)
144 {
145     return abs(x*x > y*y ? x : y);
146 }
```

第 11 章　文本处理专题

【本章目标】

- 掌握字符串的输入、输出和表示方法，了解缓冲区溢出及其安全编程方法。
- 掌握字符串的复制、连接、比较、排序、检索和匹配等常用文本处理方法。

11.1　字符统计

1. 实验内容

任务 1：统计字符串中英文字符、数字字符、空格和其他字符的个数。

任务 2：统计字符串中每个英文字符出现的次数。

任务 3：统计字符串中每个英文字符出现的次数和位置。

2. 实验要求

任务 1：用 gets() 或 scanf 的 %s 格式输入一行字符，输出该字符串中英文字符、数字字符、空格和其他字符的个数。英文字符不区分大小写。

任务 2：用 gets() 或 scanf 的 %s 格式输入一行字符，输出该字符串中每个英文字符出现的次数。英文字符不区分大小写。

任务 3：用 gets() 或 scanf 的 %s 格式输入一行字符，统计字符串中每个英文字符出现的次数和位置。英文字符不区分大小写。

实验任务	测试编号	程序运行结果示例
1	1	Input a string:abc123DEF 456 &?↙ English character:6 digit character:6 space:2 other character:2
	2	Input a string:a1b2c3 d4d5 +-*/%↙ English character:5 digit character:5 space:2 other character:5
2	1	Input a string:a1b2c3D4F5↙ a or A:1 b or B:1 c or C:1 d or D:1 f or F:1
	2	Input a string:abcdeyzABCDEYZ↙ a or A:2 b or B:2 c or C:2

（续）

实验任务	测试编号	程序运行结果示例
2	2	d or D:2 e or E:2 y or Y:2 z or Z:2
3	1	Input a string:aaabcda↙ a or A:count=4,pos=1 b or B:count=1,pos=4 c or C:count=1,pos=5 d or D:count=1,pos=6
	2	Input a string:aabcbcabc↙ a or A:count=3,pos=1 b or B:count=3,pos=3 c or C:count=3,pos=4

3. 实验参考程序

任务 1 的参考程序如下：

```
1   #include <stdio.h>
2   #include <string.h>
3   #define N 80
4   int CountLetter(char str[]);
5   int CountDigit(char str[]);
6   int CountSpace(char str[]);
7   int main(void)
8   {
9       char str[N];
10      printf("Input a string:");
11      gets(str);
12      printf("English character:%d\n", CountLetter(str));// 英文字符个数
13      printf("digit character:%d\n", CountDigit(str));// 数字字符个数
14      printf("space:%d\n", CountSpace(str));// 空格字符个数
15      printf("other character:%d\n", strlen(str)- CountLetter(str) -
16              CountDigit(str) - CountSpace(str));// 其他字符个数
17      return 0;
18  }
19  // 函数功能：统计并返回字符串 str 中英文字符的个数
20  int CountLetter(char str[])
21  {
22      int  i, letter = 0;
23      for (i=0; str[i]!='\0'; ++i)
24      {
25          if ((str[i]>='a' && str[i]<='z') || (str[i]>='A' && str[i]<='Z'))
26              letter++;
27      }
28      return letter;
29  }
30  // 函数功能：统计并返回字符串 str 中数字字符的个数
31  int CountDigit(char str[])
32  {
33      int i, digit = 0;
34      for (i=0; str[i]!='\0'; ++i)
35      {
```

```
36            if (str[i]>='0'&& str[i]<='9')
37                digit++;
38        }
39        return digit;
40    }
41    // 函数功能：统计并返回字符串 str 中空格字符的个数
42    int CountSpace(char str[])
43    {
44        int i, space = 0;
45        for (i=0; str[i]!='\0'; ++i)
46        {
47            if (str[i] == ' ' )
48                space++;
49        }
50        return space;
51    }
```

任务 2 的参考程序如下：

```
1     #include <stdio.h>
2     #include <ctype.h>
3     #include <string.h>
4     #define N 80
5     #define M 26
6     void CountChar(char s[], int count[], int n);
7     int main(void)
8     {
9         char  str[N+1];
10        int   count[M+1];
11        int   i;
12        printf("Input a string:");
13        gets(str);
14        CountChar(str, count, M);
15        for (i=0; i<M; ++i)
16        {
17           if (count[i] != 0) printf("%c or %c:%d\n", 'a'+i, 'A'+i, count[i]);
18        }
19        return 0;
20    }
21    // 函数功能：记录字符串 s 中每个英文字符（不区分大小写）的出现次数，保存到数组 count 中
22    void CountChar(char s[], int count[], int n)
23    {
24        int i;
25        memset(count, 0, n*sizeof(int));// 将计数器数组 count 初始化为 0
26        for (i=0; s[i]!='\0'; ++i)
27        {
28            if (islower(s[i]))              // 若为小写英文字符
29            {
30                count[s[i]-'a']++;          // 记录出现次数
31            }
32            else if (isupper(s[i]))         // 若为大写英文字符
33            {
34                count[s[i]-'A']++;          // 记录出现次数
35            }
36        }
37    }
```

任务 3 的参考程序如下：

```
1   #include <stdio.h>
2   #include <ctype.h>
3   #include <string.h>
4   #define N 80
5   #define M 26
6   void CountChar(char s[], int a[], int pos[], int n);
7   int main(void)
8   {
9       char  str[N+1];
10      int count[M+1], pos[N];
11      int i;
12      printf("Input a string:");
13      gets(str);
14      CountChar(str, count, pos, M);
15      for (i=0; i<M; ++i)
16      {
17          if (count[i] != 0)
18          {
19              printf("%c or %c:count=%d,pos=%d\n",
20                     'a'+i, 'A'+i, count[i], pos[i]);
21          }
22      }
23      return 0;
24  }
25  //函数功能：记录字符串 s 中每个英文字符（不区分大小写）出现的次数和首次出现的位置
26  void CountChar(char s[], int count[], int pos[], int n)
27  {
28      int i;
29      memset(count, 0, n*sizeof(int));  //将记录出现次数的数组 count 初始化为 0
30      memset(pos, 0, n*sizeof(int));    //将记录首次出现位置的数组 pos 初始化为 0
31      for (i=0; s[i]!='\0'; ++i)
32      {
33          if (islower(s[i]))             //若为小写英文字符
34          {
35              count[s[i]-'a']++;         //记录出现次数
36              if (pos[s[i]-'a'] == 0)
37              {
38                  pos[s[i]-'a'] = i + 1; //记录首次出现位置
39              }
40          }
41          else if (isupper(s[i]))        //若为大写英文字符
42          {
43              count[s[i]-'A']++;         //记录出现次数
44              if (pos[s[i]-'A'] == 0)
45              {
46                  pos[s[i]-'A'] = i + 1; //记录首次出现位置
47              }
48          }
49      }
50  }
```

11.2 单词统计

1. 实验内容

任务 1：统计单词数。请编写一个程序，统计其中有多少个单词。

【设计思路提示】由于单词之间一定是以空格分隔的，因此新单词出现的基本特征是：当前被检验字符不是空格，而前一个被检验字符是空格。根据这一特征就可以判断是否有新单词出现。

任务 2：请编写一个程序，找出一串字符中最长单词的长度。

任务 3：请编写一个程序，找出一串字符中的最长单词。

任务 4：请编写一个程序，颠倒句中的单词顺序并输出。

2. 实验要求

任务 1：先输入一串字符（假设字符数小于 80 个，不考虑文本中存在非英文字符的情形），以回车表示输入结束，然后输出其中包含的单词数量。

任务 2：先输入一串字符（假设字符数小于 80 个，不考虑文本中存在非英文字符的情形），以回车表示输入结束，然后输出其中最长单词的长度。

任务 3：先输入一串字符（假设字符数小于 80 个，不考虑文本中存在非英文字符的情形），以回车表示输入结束，然后输出其中的最长单词。

任务 4：先输入一个英文句子（假设字符数小于 80 个，以一个标点符号作为结尾，句子开头和末尾标点符号前均没有空格），以回车表示输入结束，然后颠倒句中的单词顺序并输出，句末标点符号的位置不变。

实验任务	测试编号	程序运行结果示例
1	1	Input a string:How are you↙ Numbers of words = 3
	2	Input a string: How are you↙ Numbers of words = 3
2	1	Input a string:I am a student↙ Max_length = 7
	2	Input a string:you are a teacher↙ Max_length = 7
3	1	Input a string:I am a student↙ The longest word:student
	2	Input a string:you are a teacher↙ The longest word:teacher
4	1	Input a sentence: you can cage a swallow can't you?↙ you can't swallow a cage can you?
	2	Input a string: you are my sunshine!↙ sunshine my are you!
	3	Input a sentence: I love you!↙ you love I!

3. 实验参考程序

任务 1 的参考程序如下：

```
1    #include <stdio.h>
2    int CountWords(char str[]);
3    #define N 80
4    int main(void)
5    {
6        char  str[N];
7        printf("Input a string:");
8        gets(str);
```

```
9       printf("Numbers of words = %d\n", CountWords(str));
10      return 0;
11  }
12  //函数功能：返回字符串str中的单词数
13  int CountWords(char str[])
14  {
15      int   i, num;
16      num = (str[0] != ' ') ? 1 : 0;
17      for (i=1; str[i]!='\0'; ++i)
18      {
19          if (str[i]!=' ' && str[i-1] == ' ')
20          {
21              num++;
22          }
23      }
24      return num;
25  }
```

任务 2 的参考程序 1 如下：

```
1   #include <stdio.h>
3   #include <string.h>
3   #define N 80
4   int LongWordLenth(char str[]);
5   int main(void)
6   {
7       int n;
8       char str[N];
9       printf("Input a string:");
10      gets(str);
11      n = LongWordLenth(str);
12      printf("Max_length = %d", n);
13      return 0;
14  }
15  //函数功能：统计字符串str中最长单词的长度
16  int LongWordLenth(char str[])
17  {
18      int  i, num = 0, max = 0;
19      for (i=0; str[i]!='\0'; ++i)
20      {
21          if (str[i]!=' ')  num++;
22          else              num = 0;
23          if (num > max)    max = num;
24      }
25      return max;
26  }
```

任务 2 的参考程序 2 如下：

```
1   #include <stdio.h>
2   #include <string.h>
3   #define N 80
4   int LongWordLenth(char str[]);
5   int main(void)
6   {
7       int n;
8       char str[N];
9       printf("Input a string:");
```

```
10      gets(str);
11      n = LongWordLenth(str);
12      printf("Max_length = %d", n);
13      return 0;
14  }
15  //函数功能：统计字符串 str 中最长单词的长度
16  int LongWordLenth(char str[])
17  {
18      int  i, num[N] = {0}, c, max;
19      for (i=0, c=0; str[i]!='\0'; ++i)
20      {
21          if (str[i] != ' ')
22          {
23              num[c]++;
24          }
25          else  if (str[i] == ' ')
26          {
27              c++;
28          }
29      }
30      max = num[0];
31      for (i=1; i<=c; ++i)
32      {
33          if (num[i] > max)    max = num[i];
34      }
35      return max;
36  }
```

任务 3 的参考程序如下：

```
1   #include <stdio.h>
2   #include <string.h>
3   #include <ctype.h>
4   #define N 100
5   #define M 20
6   void CountWords(char str[], char longWord[]);
7   int main(void)
8   {
9       char line[N], s[M];
10      printf("Input a string:");
11      gets(line);
12      printf("The longest word:");
13      CountWords(line, s);
14      puts(s);
15      return 0;
16  }
17  //函数功能：统计字符串 str 中最长的单词
18  void CountWords(char str[], char longWord[])
19  {
20      int  i, j, num = 0, max = 0, maxPos = 0;
21      for (i=0; str[i]!='\0'; ++i)
22      {
23          if (str[i]!=' ')  num++;
24          else              num = 0;
25          if (num > max)
26          {
27              max = num;
28              maxPos = i - max + 1;
```

```
29              }
30          }
31          for (i=maxPos, j=0; i<maxPos+max; ++i,++j)
32          {
33              longWord[j] = str[i];
34          }
35          longWord[j] = '\0';
36      }
```

任务 4 的参考程序 1 如下：

```
1   #include <stdio.h>
2   #include <string.h>
3   #define N 100
4   int SeparateWords(char str1[], char str2[][N]);
5   int main(void)
6   {
7       int i, count;
8       char str1[N], str2[N][N], op;
9       printf("Input a sentence:");
10      gets(str1);
11      count = SeparateWords(str1, str2);
12      op = str1[strlen(str1)-1];// 取出句子末尾的标点符号
13      for (i=count-1; i>0; --i)// 将单词颠倒顺序后输出
14      {
15          printf("%s ", str2[i]);
16      }
17      printf("%s%c\n", str2[0], op);// 打印最后一个单词和符号!
18      return 0;
19  }
20  // 函数功能：将 str1 中的单词按顺序存入 str2 的每一行，返回 str1 中的单词数
21  int SeparateWords(char str1[], char str2[][N])
22  {
23      int i, j, count;
24      for (i=0,count=0; i<strlen(str1)-1; ++i)
25      {
26          j = 0;  // 保存下一个单词之前将其二维字符数组的列下标置为 0
27          while (str1[i]!=' ' && str1[i+1]!='\0')// 如果是一个有效的单词
28          {
29              str2[count][j] = str1[i];
30              ++j;
31              ++i;
32          }
33          str2[count][j] = '\0'; // 给单词字符串末尾添加字符串结束标志符
34          count++;                // 单词数计数器加 1
35      }
36      return count;  // 返回单词数
37  }
```

任务 4 的参考程序 2 如下：

```
1   #include <stdio.h>
2   #include <string.h>
3   #define N 100
4   int SeparateWords(char str1[], char str2[][N]);
5   int main(void)
6   {
7       int i, count;
```

```
8       char str1[N], str2[N][N], op;
9       printf("Input a sentence:");
10      gets(str1);//
11      count = SeparateWords(str1, str2);//
12      op = str1[strlen(str1)-1];// 取出句子末尾的标点符号
13      for (i=count-1; i>=0; --i)// 将单词颠倒顺序后输出
14      {
15          printf("%s ", str2[i]);
16      }
17      printf("\b%c\n", op);// 打印最后一个单词和符号!
18      return 0;
19  }
20  // 函数功能：将 str1 中的单词按顺序存入 str2 的每一行，返回 str1 中的单词数
21  int SeparateWords(char str1[], char str2[][N])
22  {
23      int i, j, count;
24      for (i=0,count=0; i<strlen(str1)-1; ++i)//
25      {
26          for (j=0; str1[i]!=' ' && str1[i+1]!='\0'; ++i,++j)
27          {
28              str2[count][j] = str1[i];// 复制单词中的字符
29          }
30          str2[count][j] = '\0'; // 给单词字符串末尾添加字符串结束标志符
31          count++;               // 单词数计数器加 1
32      }
33      return count;  // 返回单词数
34  }
```

【思考题】

1）如果考虑文本中存在非英文字符的情形，那么应该如何修改这些程序？

2）如果要计算一串文本中最后一个单词及其长度，那么应该怎样编写程序？

11.3　行程长度编码

1. 实验内容

任务 1：请编写一个程序，依次记录字符串中每个字符及其重复的次数，然后输出压缩后的结果。

【设计思路提示】为每个重复的字符设置一个计数器 count，遍历字符串 *s* 中的所有字符，若 *s*[*i*] == s[*i*+1]，则将该字符对应的计数器 count 加 1。若 *s*[*i*] != *s*[*i*+1]，则输出或者保存当前已经计数的重复字符的重复次数和该重复字符，同时开始下一个重复字符的计数。

任务 2：请编写一个程序，计算字符串中连续重复次数最多的字符及其重复次数。

【设计思路提示】为每个重复的字符设置一个计数器 count，遍历字符串 *s* 中的所有字符，若 *s*[*i*] == *s*[*i*+1]，则将该字符对应的计数器 count 加 1，同时判断计数器 count 的值是否大于记录的最大重复次数 max。若 count 大于 max，则用计数器 count 的值更新 max 的值，并记录该字符最后出现的位置 *i*+1。若 *s*[*i*] != *s*[*i*+1]，则开始下一个重复字符的计数。字符串中的字符全部遍历结束时，max 的值即为所求。

2. 实验要求

任务 1：先输入一串字符，以回车表示输入结束，然后将其全部转换为大写后输出，最后依次输出字符串中每个字符及其重复的次数。例如，如果待压缩字符串为“AAABBBBCBB”，则压缩结果为 3A4B1C2B，即每对括号内部分别为字符（均为大写）及重复出现的次数。要求

字符的大小写不影响压缩结果。假设输入的字符串中的实际字符数小于 80 个，且全部由大小写字母组成。

任务 2：先输入一串字符，以回车表示输入结束，然后输出这串字符中连续重复次数最多的字符（必须是连续出现的重复字符）及其重复次数。如果重复次数最多的字符有两个，则输出最后出现的那一个。

实验任务	测试编号	程序运行结果示例
1	1	Input a string: aaBbccCcdD↙ AABBCCCCDD 2A2B4C2D
	2	Input a string: aAABBbBCCCaaaaa↙ AAABBBBCCCAAAAA 3A4B3C5A
2	1	Input a string:23444555↙ 5:3 次
	2	Input a string:aaBBbAAAA↙ A:4 次
	3	Input a string: 12333454647484940↙ 3:3 次

3. 实验参考程序

任务 1 的参考程序 1 如下：

```
1    #include <stdio.h>
2    #include <string.h>
3    #define N 80
4    void ToUpperString(char s[]);
5    void RunlenEncoding(char s[]);
6    int main(void)
7    {
8        char s[N+1] = {""};
9        printf("Input a string:");
10       gets(s);
11       ToUpperString(s);
12       puts(s);
13       RunlenEncoding(s);
14       return 0;
15   }
16   //函数功能：将字符串 s 中的字符全部转换为大写字符
17   void ToUpperString(char s[])
18   {
19       int i;
20       for (i=0; s[i]!='\0'; ++i)
21       {
22           if (s[i] >= 'a') s[i] = s[i] - 32;
23       }
24   }
25   //函数功能：输出对字符串 s 进行行程压缩后的结果
26   void RunlenEncoding(char s[])
27   {
28       int i, k;
29       int count[N] = {0}; //保存连续重复字符的个数
30       for (k=0, i=0; s[i]!='\0'; ++i)
```

```
31      {
32          if (s[i] == s[i+1])
33          {
34              count[k]++;
35          }
36          else
37          {
38              printf("%d%c", count[k] + 1, s[i]);
39              ++k;
40          }
41      }
42  }
```

任务1的参考程序2如下：

```
1   #include <stdio.h>
2   #include <string.h>
3   #define N 80
4   void ToUpperString(char s[]);
5   void RunlenEncoding(char s[], char d[]);
6   int main(void)
7   {
8       char s[N+1] = {""}, d[N+1]={""};
9       printf("Input a string:");
10      gets(s);
11      ToUpperString(s);
12      puts(s);
13      RunlenEncoding(s, d);
14      puts(d);
15      return 0;
16  }
17  //函数功能：将字符串s中的字符全部转换为大写字符
18  void ToUpperString(char s[])
19  {
20      int i;
21      for (i=0; s[i]!='\0'; ++i)
22      {
23          if (s[i] >= 'a') s[i] = s[i] - 32;
24      }
25  }
26  //函数功能：将对字符串s进行行程压缩后的结果保存到数组d中
27  void RunlenEncoding(char s[], char d[])
28  {
29      int i, k;
30      int count[N] = {0}; //保存连续重复字符的个数
31      char tmp[N];
32      for (k=0, i=0; s[i]!='\0'; ++i)
33      {
34          if (s[i] == s[i+1])
35          {
36              count[k]++;
37          }
38          else
39          {
40              sprintf(tmp, "%d%c", count[k] + 1, s[i]);
41              strcat(d, tmp);
42              ++k;
43          }
44      }
```

```
45  }
```

任务 2 的参考程序如下：

```
1   #include <stdio.h>
2   #define N 80
3   int CountRepeatChar(char str[], int *tag);
4   int main(void)
5   {
6       char str[N] = {'\0'};
7       int max, pos;
8       printf("Input a string:");
9       gets(str);
10      max = CountRepeatChar(str, &pos);
11      printf("%c:%d次\n", str[pos], max);
12      return 0;
13  }
14  //函数功能：返回字符串s中连续重复次数最多的字符位置和重复次数
15  int CountRepeatChar(char s[], int *tag)
16  {
17      int i, count = 1, max = 1;
18      *tag = 0;
19      for (i=0; s[i]!='\0'; ++i)
20      {
21          if (s[i] == s[i+1])
22          {
23              count++;
24              if (count >= max)
25              {
26                  max = count;  //记录字符串s中连续重复次数最多的字符的重复次数
27                  *tag = i+1;   //记录字符串s中连续重复次数最多的字符位置
28              }
29          }
30          else
31          {
32              count = 1;
33          }
34      }
35      return max;//返回字符串s中连续重复次数最多的字符的重复次数
36  }
```

【思考题】

请读者自己编写一个行程解压缩的程序。

11.4　串的模式匹配

1. 实验内容

模式匹配是数据结构中字符串的一种基本运算。给定一个子串，在某个字符串中找出与该子串相同的所有子串，这就是模式匹配。这里的子串是指字符串中任意多个连续的字符组成的子序列。

任务 1：请编写一个程序，判断一个字符串是不是另一个字符串的子串。

【设计思路提示】采用朴素的模式匹配算法，其基本思想是：从目标串的第一个字符起与模式串的第一个字符比较，若相等，则对字符进行后续字符的比较，否则目标串从第二个字符起与模式串的第一个字符重新开始逐个字符进行比较，直至模式串中的每个字符依次和目标串中一个连续的字符序列相等为止，此时称为匹配成功，否则匹配失败。

任务 2：请编写一个程序，统计一个字符串在另一个字符串中出现的次数。

任务 3：请编写一个程序，统计一个字符串在另一个字符串中首次出现的位置。

任务 4：请编写一个程序，计算一个字符串在另一个字符串中首次出现的地址。

2. 实验要求

任务 1：先输入两个长度小于 80 的字符串 *A* 和 *B*，且 *A* 的长度大于 *B* 的长度，如果 *B* 是 *A* 的子串，则输出“Yes”，否则输出“No”。

任务 2：先输入两个长度小于 80 的字符串 *A* 和 *B*，且 *A* 的长度大于 *B* 的长度，然后输出 *B* 在 *A* 中出现的次数。

任务 3：先输入两个长度小于 80 的字符串 *A* 和 *B*，且 *A* 的长度大于 *B* 的长度，然后输出 *B* 在 *A* 中首次出现的位置。

任务 4：先输入两个长度小于 80 的字符串 *A* 和 *B*，且 *A* 的长度大于 *B* 的长度，若 *B* 是 *A* 的子串，则从 *B* 在 *A* 中首次出现的地址开始输出字符串，否则输出“Not found!”。

实验任务	测试编号	程序运行结果示例
1	1	Input the target string:abefsfl↙ Input the pattern string:befs↙ Yes
	2	Input the target string:aAbde↙ Input the pattern string:abc↙ No
2	1	Input the target string:asd sdasde fasd↙ Input the pattern string:asd↙ count = 3
	2	Input the target string:asd sdasde↙ Input the pattern string:sd↙ count = 3
3	1	Input the target string:asd sdasde fasd↙ Input the pattern string:sd↙ sd in 1
	2	Input the target string:asd sdasde fasd↙ Input the pattern string:abc↙ Not found!
4	1	Input the target string:asd sdasde↙ Input the pattern string:sdas↙ sdasde
	2	Input the target string:asd sdasde↙ Input the pattern string:sd↙ sd sdasde

3. 实验参考程序

任务 1 的参考程序 1 如下：

```
1    #include <stdio.h>
2    #include <string.h>
3    #define N 80
4    int IsSubString(char target[], char pattern[]);
```

```
5   int main(void)
6   {
7       char str[N], sub[N];
8       int flag;
9       printf("Input the target string:");
10      gets(str);
11      printf("Input the pattern string:");
12      gets(sub);
13      flag = IsSubString(str, sub);
14      if (flag)
15      {
16          printf("Yes\n");
17      }
18      else
19      {
20          printf("No\n");
21      }
22      return 0;
23  }
24  //判断pattern是否是target的子串，是则返回1，否则返回0
25  int IsSubString(char target[], char pattern[])
26  {
27      int i = 0, j = 0, k;
28      for (i=0; target[i]!='\0'; ++i) //暴力搜索
29      {
30          j = i;
31          k = 0;  //重新回到模式串起始位置
32          while (pattern[k] == target[j] && target[j] != '\0')
33          {
34              ++j;
35              ++k;
36          }
37          if (pattern[k] == '\0') //if (k == strlen(pattern))
38          {
39              return 1;
40          }
41      }
42      return 0;
43  }
```

任务1的参考程序2如下：

```
1   #include <stdio.h>
2   #include <string.h>
3   #define N 80
4   int IsSubString(char a[], char b[]);
5   int main(void)
6   {
7       char a[N+1], b[N+1];
8       int flag;
9       printf("Input the first string:");
10      gets(a);
11      printf("Input the second string:");
12      gets(b);
13      flag = IsSubString(a, b);
14      if (flag)
15      {
16          printf("Yes\n");
```

```
17      }
18      else
19      {
20          printf("No\n");
21      }
22      return 0;
23  }
24  //函数功能：判断b是否是a的子串，是则返回1，否则返回0
25  int IsSubString(char a[], char b[])
26  {
27      int i, j, flag = 0;
28      for (i=0; i<strlen(a)-strlen(b)+1; ++i)
29      {
30          for (j=0; j<strlen(b); ++j)
31          {
32              if (a[i+j] != b[j])
33              {
34                  break;
35              }
36          }
37          if (j == strlen(b))
38          {
39              flag = 1;
40          }
41      }
42      return flag;
43  }
```

任务2的参考程序如下：

```
1   #include <stdio.h>
2   #include <string.h>
3   #define N 80
4   int CountSubString(char target[], char pattern[]);
5   int main(void)
6   {
7       char str[N+1], sub[N+1];
8       int count;
9       printf("Input the target string:");
10      gets(str);
11      printf("Input the pattern string:");
12      gets(sub);
13      count = CountSubString(str, sub);
14      printf("count = %d\n", count);
15      return 0;
16  }
17  //函数功能：返回pattern在target中出现的次数
18  int CountSubString(char target[], char pattern[])
19  {
20      int i = 0, j = 0, k, n = 0;
21      for (i=0; target[i]!='\0'; ++i) //暴力搜索
22      {
23          j = i;
24          k = 0;  //重新回到模式串起始位置
25          while (pattern[k] == target[j] && target[j] != '\0')
26          {
27              ++j;
28              ++k;
```

```
29          }
30          if (pattern[k] == '\0') //if (k == strlen(pattern))
31          {
32              n++; //记录出现的次数
33          }
34      }
35      return n;
36  }
```

任务 3 的参考程序如下：

```
1   #include <stdio.h>
2   #include <string.h>
3   #define N 80
4   int SearchSubString(char target[], char pattern[]);
5   int main(void)
6   {
7       char str[N+1], sub[N+1];
8       int pos;
9       printf("Input the target string:");
10      gets(str);
11      printf("Input the pattern string:");
12      gets(sub);
13      pos = SearchSubString(str, sub);
14      if (pos != -1)
15      {
16          printf("%s in %d\n", sub, pos);
17      }
18      else
19      {
20          printf("Not found!\n");
21      }
22      return 0;
23  }
24  //函数功能：返回pattern在target中首次出现的位置，若未出现，则返回-1
25  int SearchSubString(char target[], char pattern[])
26  {
27      int i = 0, j = 0, k;
28      for (i=0; target[i]!='\0'; ++i) //暴力搜索
29      {
30          j = i;
31          k = 0;  //重新回到模式串起始位置
32          while (pattern[k] == target[j])
33          {
34              ++j;
35              ++k;
36          }
37          if (pattern[k] == '\0') //if (k == strlen(pattern))
38          {
39              return i; //返回出现的起始位置
40          }
41      }
42      return -1; //表示未出现
43  }
```

任务 4 的参考程序 2 如下：

```
1   #include <stdio.h>
```

```
2   #include <string.h>
3   #define N 80
4   char* Mystrstr(char target[], char pattern[]);
5   int main(void)
6   {
7       char str[N+1], sub[N+1], tmp[N+1];
8       char *pos = tmp;
9       printf("Input the target string:");
10      gets(str);
11      printf("Input the pattern string:");
12      gets(sub);
13      pos = Mystrstr(str, sub);
14      if (pos != NULL)
15      {
16          printf("%s\n", pos);
17      }
18      else
19      {
20          printf("Not found!\n");
21      }
22      return 0;
23  }
24  //函数功能：返回pattern在target中首次出现的地址，若未出现，则返回NULL
25  char* Mystrstr(char target[], char pattern[])
26  {
27      int i = 0, j = 0, k;
28      for (i=0; target[i]!='\0'; ++i) //暴力搜索
29      {
30          j = i;
31          k = 0;  //重新回到模式串起始位置
32          while (pattern[k] == target[j])
33          {
34              ++j;
35              ++k;
36          }
37          if (pattern[k] == '\0') //if (k == strlen(pattern))
38          {
39              return target+i; //返回出现的起始地址
40          }
41      }
42      return NULL; //表示未出现
43  }
```

任务 4 的参考程序 1 如下：

```
1   #include <stdio.h>
2   #include <string.h>
3   #define N 80
4   char* Mystrstr(char target[], char pattern[]);
5   int main(void)
6   {
7       char str[N+1], sub[N+1], tmp[N+1];
8       char *pos = tmp;
9       printf("Input the target string:");
10      gets(str);
11      printf("Input the pattern string:");
12      gets(sub);
13      pos = Mystrstr(str, sub);
```

```
14      if (pos != NULL)
15      {
16          printf("%s\n", pos);
17      }
18      else
19      {
20          printf("Not found!\n");
21      }
22      return 0;
23  }
24  //函数功能：返回pattern在target中首次出现的地址，若未出现，则返回NULL
25  char* Mystrstr(char target[], char pattern[])
26  {
27      int len2;
28      if (!(len2 = strlen(pattern)))
29      {
30          return (char*)target;
31      }
32      while(*target != '\0')
33      {
34          if (*target==*pattern && strncmp(target,pattern,len2)==0)
35          {
36              return (char*)target;
37          }
38          target++;
39      }
40      return NULL;
41  }
```

【思考题】

1）若模式子串的长度是 m，目标串的长度是 n，则朴素的模式匹配算法最坏的情况是每遍比较都在最后出现不等，即每遍最多比较 m 次，最多比较 $n-m+1$ 遍，总的比较次数最多为 $m\times(n-m+1)$ 次，因此其算法时间复杂度为 $O(mn)$。因朴素的模式匹配算法需要频繁回溯，因此其算法效率不高，不实用。提高算法效率的方法就是采用无回溯的匹配算法，KMP 算法和 BM 算法均为无回溯的匹配算法，请查阅相关资料，理解这两种算法的基本思想，并编程实现这两种算法。

2）末尾子串判断。请编写一个函数 Mystrend(char*s, char*t) 判断字符串 t 是否出现在字符串 s 的末尾。如果出现，则输出“Matched”，否则输出“Not Matched”。

第 12 章　结构专题

【本章目标】

- 掌握结构体类型和共用体类型的定义和使用方法，针对具体问题能够选择恰当的数据类型构造数据结构。
- 掌握用结构体封装函数参数向函数传递结构体数据的程序设计和实现方法，理解结构体和结构体指针做函数参数的不同之处。
- 掌握静态数据结构和动态数据结构的优缺点，针对给定的问题，能够选择恰当的数据结构构造程序。
- 理解栈、队列等常用数据结构的特点，掌握单向链表、循环链表的基本操作及其程序设计和实现方法。

12.1　数字时钟模拟

1. 实验内容

请编写一个程序，模拟显示一个数字时钟。

2. 实验要求

本程序无须输入数据。要求分别按如下函数原型编写程序：

```
// 函数功能：时、分、秒时间的更新
void Update(CLOCK *t);
// 函数功能：时、分、秒时间的更新
void Update(CLOCK *t);
```

程序运行结果实例略。

3. 实验参考程序

参考程序 1 如下：

```
1    #include  <stdio.h>
2    typedef struct clock
3    {
4        int hour;
5        int minute;
6        int second;
7    }CLOCK;
8    // 函数功能：时、分、秒时间的更新
9    void Update(CLOCK *t)
10   {
11       t->second++;
12       if (t->second == 60)// 若 second 值为 60，表示已过一分钟，则 minute 加 1
13       {
14           t->second = 0;
15           t->minute++;
16       }
17       if (t->minute == 60)// 若 minute 值为 60，表示已过一小时，则 hour 加 1
```

```
18      {
19          t->minute = 0;
20          t->hour++;
21      }
22      if (t->hour == 24)   //若 hour 值为 24，则 hour 从 0 开始计时
23      {
24          t->hour = 0;
25      }
26  }
27  //函数功能：时、分、秒时间的显示
28  void Display(CLOCK *t)
29  {
30      printf("%2d:%2d:%2d\r", t->hour, t->minute, t->second);
31  }
32  //函数功能：模拟延迟 1 秒的时间
33  void Delay(void)
34  {
35      long t;
36      for (t=0; t<50000000; ++t)
37      {
38          //循环体为空语句的循环，起延时作用
39      }
40  }
41  int main(void)
42  {
43      long i;
44      CLOCK myclock;
45      myclock.hour = myclock.minute = myclock.second = 0;
46      for (i=0; i<100000; ++i)  //利用循环，控制时钟运行的时间
47      {
48          Update(&myclock);            //时钟值更新
49          Display(&myclock);           //时间显示
50          Delay();                     //模拟延时 1 秒
51      }
52      return 0;
53  }
```

参考程序 2 如下：

```
1   #include  <stdio.h>
2   typedef struct clock
3   {
4       int hour;
5       int minute;
6       int second;
7   }CLOCK;
8   //函数功能：时、分、秒时间的更新
9   void Update(CLOCK *t)
10  {
11      static long m = 1;
12      t->hour = m / 3600;
13      t->minute = (m - 3600 * t->hour) / 60;
14      t->second = m % 60;
15      m++;
16      if (t->hour == 24)  m = 1;
17  }
18  //函数功能：时、分、秒时间的显示
19  void Display(CLOCK *t)
20  {
```

```
21      printf("%2d:%2d:%2d\r", t->hour, t->minute, t->second);
22  }
23  //函数功能：模拟延迟1秒的时间
24  void Delay(void)
25  {
26      long t;
27      for (t=0; t<50000000; ++t)
28      {
29          //循环体为空语句的循环，起延时作用
30      }
31  }
32  int main(void)
33  {
34      long i;
35      CLOCK myclock;
36      myclock.hour = myclock.minute = myclock.second = 0;
37      for (i=0; i<100000; ++i)          //利用循环，控制时钟运行的时间
38      {
39          Update(&myclock);             //时钟值更新
40          Display(&myclock);            //时间显示
41          Delay();                      //模拟延时1秒
42      }
43      return 0;
44  }
```

参考程序3如下：

```
1   #include  <stdio.h>
2   typedef struct clock
3   {
4       int hour;
5       int minute;
6       int second;
7   }CLOCK;
8   //函数功能：时、分、秒时间的更新
9   void Update(CLOCK *t)
10  {
11      static long m = 1;
12      t->second = m % 60;
13      t->minute = (m / 60) % 60;
14      t->hour = (m / 3600) % 24;
15      m++;
16      if (t->hour == 24)    m = 1;
17  }
18  //函数功能：时、分、秒时间的显示
19  void Display(CLOCK *t)
20  {
21      printf("%2d:%2d:%2d\r", t->hour, t->minute, t->second);
22  }
23  //函数功能：模拟延迟1秒的时间
24  void Delay(void)
25  {
26      long t;
27      for (t=0; t<50000000; ++t)
28      {
29          //循环体为空语句的循环，起延时作用
30      }
31  }
32  int main(void)
```

```
33 {
34     long i;
35     CLOCK myclock;
36     myclock.hour = myclock.minute = myclock.second = 0;
37     for (i=0; i<100000; ++i)       // 利用循环，控制时钟运行的时间
38     {
39         Update(&myclock);           // 时钟值更新
40         Display(&myclock);          // 时间显示
41         Delay();                    // 模拟延时 1 秒
42     }
43     return 0;
44 }
```

12.2　模拟洗牌和发牌

1. 实验内容

请编写一个程序，模拟洗牌和发牌过程。

【设计思路提示】已知一副扑克有 52 张牌，分为 4 种花色（suit）：黑桃（Spades）、红桃（Hearts）、草花（Clubs）、方块（Diamonds）。每种花色又有 13 张牌面（face）：A、2、3、4、5、6、7、8、9、10、Jack、Queen、King。可以用结构体定义扑克牌类型，用结构体数组 card 表示 52 张牌，每张牌包括花色和牌面两个字符型数组类型的数据成员。

2. 实验要求

本程序无须输入数据。要求按如下函数原型编写程序：

```
// 函数功能：花色按黑桃、红桃、草花、方块的顺序，面值按 A~K 的顺序，排列 52 张牌
void  FillCard(CARD wCard[], char *wFace[], char *wSuit[]);
// 函数功能：将 52 张牌的顺序打乱以模拟洗牌过程
void Shuffle(CARD *wCard);
// 函数功能：输出每张牌的花色和面值以模拟发牌过程
void Deal(CARD *wCard);
```

测试编号	程序运行结果示例

1	<pre> Spades A
	  Hearts Queen Hearts King
	  Spades 10 Spades 9
	   Clubs 2 Diamonds 2
	  Spades King Hearts 8
	   Clubs King Diamonds 3
	   Clubs A Spades 8
	  Hearts 6 Hearts 9
	  Spades 4 Spades Queen
	   Clubs 8 Hearts A
	Diamonds Jack Spades 5
	Diamonds 4 Spades 7
	   Clubs 9 Clubs Queen
	Diamonds Queen Clubs 5
	Diamonds 8 Diamonds 6
	Diamonds 7 Hearts 5
	  Spades 3 Hearts Jack
	  Spades Jack Hearts 2</pre>

(续)

测试编号	程序运行结果示例
1	Diamonds King Clubs 10 Hearts 10 Hearts 4 Clubs 6 Diamonds 5 Hearts 3 Clubs 7 Diamonds A Diamonds 10 Spades 6 Clubs Jack Clubs 4 Clubs 3 Diamonds 9

注意：由于本程序需要使用随机函数，所以每次程序的输出结果都是不一样的。

3. 实验参考程序

```
1   #include <stdio.h>
2   #include <string.h>
3   #include <time.h>
4   #include <stdlib.h>
5   typedef struct card
6   {
7       char  suit[10];
8       char  face[10];
9   }CARD;
10  void Deal(CARD *wCard);
11  void Shuffle(CARD *wCard);
12  void FillCard(CARD wCard[], char *wFace[], char *wSuit[]);
13  int main(void)
14  {
15      char *suit[] = {"Spades","Hearts","Clubs","Diamonds"};
16      char *face[] = {"A","2","3","4","5","6","7","8","9","10",
17                      "Jack","Queen","King"};
18      CARD card[52];
19      srand (time(NULL));
20      FillCard(card, face, suit);
21      Shuffle(card);
22      Deal(card);
23      return 0;
24  }
25  //函数功能：花色按黑桃、红桃、草花、方块的顺序，面值按A~K的顺序，排列52张牌
26  void  FillCard(CARD wCard[], char *wFace[], char *wSuit[])
27  {
28      int    i;
29      for (i=0; i<52; ++i)
30      {
31          strcpy(wCard[i].suit, wSuit[i/13]);
32          strcpy(wCard[i].face, wFace[i%13]);
33      }
34  }
35  //函数功能：将52张牌的顺序打乱以模拟洗牌过程
36  void Shuffle(CARD *wCard)
37  {
38      int i, j;
39      CARD temp;
40      for (i=0; i<52; ++i) //每次循环产生一个随机数，交换当前牌与随机数指示的牌
41      {
42          j = rand()%52;     //每次循环产生一个0~51的随机数
43          temp = wCard[i];
```

```
44            wCard[i] = wCard[j];
45            wCard[j] = temp;
46        }
47    }
48    //函数功能：输出每张牌的花色和面值以模拟发牌过程
49    void Deal(CARD *wCard)
50    {
51        int i;
52        for (i=0; i<52; ++i)
53        {
54            printf("%9s%9s%c",wCard[i].suit,wCard[i].face,i%2==0?'\t':'\n');
55        }
56        printf("\n");
57    }
```

12.3　逆波兰表达式求值

1. 实验内容

在通常的表达式中，二元运算符总是置于与之相关的两个运算对象之间（如 $a+b$），这种表示法也称为中缀表示。波兰逻辑学家 J.Lukasiewicz 于 1929 年提出了另一种表示表达式的方法，按此方法，每一运算符都置于其运算对象之后（如 $a\ b\ +$），故称为后缀表示。后缀表达式也称为逆波兰表达式。例如逆波兰表达式 $a\ b\ c + d * +$ 对应的中缀表达式为 $a+(b+c)*d$。

请编写一个程序，计算逆波兰表达式的值。

【设计思路提示】计算逆波兰表达式的值，需要使用“栈”这种数据结构。逆波兰表达式的优势在于只用“入栈”和“出栈”两种简单操作就可以解决任何普通表达式的运算。其计算方法为：如果当前字符为变量或者数字，则将其压栈；如果当前字符是运算符，则将栈顶两个元素弹出做相应运算，然后再将运算结果入栈，最后当表达式扫描完毕后，栈里的结果就是逆波兰表达式的计算结果。

使用 scanf() 和 %s 格式循环读入逆波兰表达式时，因为 scanf() 遇到空格就结束字符串的读入，所以无须对表达式中的运算对象和运算符进行切分。

使用 gets() 循环读入逆波兰表达式时，因为 gets() 可以读入带空格的字符串，所以在计算表达式的值之前还需要对表达式中的运算对象和运算符进行切分。

要求无论利用 scanf() 还是 gets() 循环读入表达式，都要按 Ctrl+Z 或输入非数字结束表达式的输入。

2. 实验要求

先输入逆波兰表达式，然后输出该逆波兰表达式的计算结果值。

要求按如下函数原型编写程序：

```
//函数功能：将data压入堆栈stack，sp为压栈后的栈顶指针
void Push(struct data stack[], int *sp, struct data *data);
//函数功能：对int型的d1和d2执行op运算，函数返回运算的结果
struct data OpInt(int d1, int d2, int op);
//函数功能：对double型的d1和d2执行op运算，函数返回运算的结果
struct data OpFloat(double d1, double d2, int op);
//函数功能：根据d1和d2的类型对其执行op运算，函数返回运算的结果
struct data OpData(struct data *d1, struct data *d2, int op);
```

测试编号	程序运行结果示例
1	Input a reverse Polish expression: 5 6 + 4 * ↙ ^Z ↙ result=44
2	Input a reverse Polish expression: 3.5 2.5 1 + 2 * + ↙ ^Z ↙ result=10.500

3. 实验参考程序

```
1   #include  <stdio.h>
2   #include <string.h>
3   #include <ctype.h>
4   #include <stdlib.h>
5   #define INT 1
6   #define FLT 2
7   #define N 20
8   struct data
9   {
10      int type;
11      union
12      {
13          int ival;
14          double dval;
15      } dat; //数据的值可能是int类型，也可能是double类型
16  };
17  void Push(struct data stack[], int *sp, struct data *data);
18  struct data Pop(struct data stack[], int *sp);
19  struct data OpInt(int d1, int d2, int op);
20  struct data OpFloat(double d1, double d2, int op);
21  struct data OpData(struct data *d1, struct data *d2, int op);
22  int main(void)
23  {
24      char word[N];
25      struct data stack[N];
26      struct data d1, d2, d3;
27      int sp = 0;
28      printf("Input a reverse Polish expression:\n");
29      while (scanf("%s", word) == 1)//按Ctrl+Z或输入非数字结束循环
30      {
31          if (isdigit(word[0])) //首字符是数字就入栈，否则就连续出栈两个操作数
32          {
33              if (strchr(word, '.') == NULL)
34              {
35                  d1.type = INT;
36                  d1.dat.ival = atoi(word);
37              }
38              else
39              {
40                  d1.type = FLT;
41                  d1.dat.dval = atof(word);
42              }
43              Push(stack, &sp, &d1); //入栈
44              continue; //继续读下一个
```

```
45              }
46              d2 = Pop(stack, &sp);
47              d1 = Pop(stack, &sp);
48              d3 = OpData(&d1, &d2, word[0]);
49              Push(stack, &sp, &d3);
50          }
51          d1 = Pop(stack, &sp);
52          if (d1.type == INT)
53          {
54              printf("result=%d\n", d1.dat.ival);
55          }
56          else
57          {
58              printf("result=%.3f\n", d1.dat.dval);
59          }
60          return 0;
61      }
62      //函数功能：将data压入堆栈stack，sp为压栈后的栈顶指针
63      void Push(struct data stack[], int *sp, struct data *data)
64      {
65          memcpy(&stack[(*sp)++], data, sizeof(struct data));
66      }
67      //函数功能：返回从堆栈stack栈顶弹出的数据，sp为弹栈后的栈顶指针
68      struct data Pop(struct data stack[], int *sp)
69      {
70          *sp = *sp - 1; // (*sp)--;
71          return stack[*sp];
72      }
73      //函数功能：对int型的d1和d2执行op运算，函数返回运算的结果
74      struct data OpInt(int d1, int d2, int op)
75      {
76          struct data res;
77          switch (op)
78          {
79          case '+':
80              res.dat.ival = d1 + d2;
81              break;
82          case '-':
83              res.dat.ival = d1 - d2;
84              break;
85          case '*':
86              res.dat.ival = d1 * d2;
87              break;
88          case '/':
89              res.dat.ival = d1 / d2;
90              break;
91          }
92          res.type = INT;
93          return res;
94      }
95      //函数功能：对double型的d1和d2执行op运算，函数返回运算的结果
96      struct data OpFloat(double d1, double d2, int op)
97      {
98          struct data res;
99          switch (op)
100         {
101         case '+':
102             res.dat.dval = d1 + d2;
```

```
103             break;
104         case '-':
105             res.dat.dval = d1 - d2;
106             break;
107         case '*':
108             res.dat.dval = d1 * d2;
109             break;
110         case '/':
111             res.dat.dval = d1 / d2;
112             break;
113         }
114         res.type = FLT;
115         return res;
116 }
117 //函数功能：根据d1和d2的类型对其执行op运算，函数返回运算的结果
118 struct data OpData(struct data *d1, struct data *d2, int op)
119 {
120         double dv1, dv2;
121         struct data res;
122         if (d1->type == d2->type)
123         {
124             if (d1->type == INT)
125             {
126                 res = OpInt(d1->dat.ival, d2->dat.ival, op);
127             }
128             else
129             {
130                 res = OpFloat(d1->dat.dval, d2->dat.dval, op);
131             }
132         }
133         else
134         {
135             dv1 = (d1->type == INT) ? d1->dat.ival : d1->dat.dval;
136             dv2 = (d2->type == INT) ? d2->dat.ival : d2->dat.dval;
137             res = OpFloat(dv1, dv2, op);
138         }
139         return res;
140 }
```

【思考题】

1）请读者思考这个程序在什么情况下可能出现错误，如何修改程序以避免发生这个错误？

2）请编写一个程序，将一个中缀表达式转化为逆波兰表达式。

12.4 约瑟夫问题

1. 实验内容

据说著名犹太历史学家约瑟夫（Josephus）有过以下的经历：在罗马人占领乔塔帕特后，39个犹太人与约瑟夫及他的朋友躲到一个洞中，39个犹太人决定宁愿死也不要被敌人抓到，于是决定了一个自杀方式，41个人排成一个圆圈，由第1个人开始报数，每报数到第3人该人就必须自杀，然后再由下一个重新报数，直到所有人都自杀身亡为止。然而约瑟夫和他的朋友并不想遵从。首先从一个人开始，越过 k-2 个人（因为第一个人已经被越过），并杀

掉第 k 个人。接着，再越过 $k-1$ 个人，并杀掉第 k 个人。这个过程沿着圆圈一直进行，直到最终只剩下一个人，这个人就可以继续活着。约瑟夫要他的朋友先假装遵从，他将朋友与自己安排在第 16 个与第 31 个位置，于是逃过了这场死亡游戏。

请编写一个程序，求出最后留下的那个人的位置。

【设计思路提示】可以将这个故事抽象为一个循环报数问题：有 n 个人围成一圈，按顺序编号。从第一个人开始从 1 到 m 报数，凡报到 m 的人退出圈子。问最后留下的那个人的初始编号是什么？

第一种求解循环报数问题的思路是采用递推法或递归法。

假设 n 个人站成一个圆圈从 1 到 m 循环报数，其编号分别为 1, 2, 3, …, n，每 m 个人中就有一个人退出圈子，那么第一个退出圈子的人的编号为 $k=(m-1)\%n+1$，下一轮第一个报数的人的编号为 $k+1$，那么剩余的 $n-1$ 个人的编号如下：

第 k 个人退出圈子前：	$k+1$	$k+2$	…	n	1	2	…	$k-1$
第 k 个人退出圈子后	1	2	…	$n-k$	$n-k+1$	$n-k+2$	…	$n-1$

第 k 个人退出圈子后，从第 $k+1$ 个人开始重新报数，此时剩余的 $n-1$ 个人的编号相当于从原来的编号映射为新的编号 1，2，…，$n-1$。由此可以推断，当只剩下一个人时，其编号 s 一定为 1，那么在第 $n-1$ 轮中（剩余 2 人从 1 到 m 循环报数），该幸存者在人群中的编号为 $s=(s+m-1)\%2+1$；在第 $n-2$ 轮中（剩余 3 人从 1 到 m 循环报数），该幸存者在人群中的编号为 $s=(s+m-1)\%3+1$，……，依次类推，直到第一轮（剩余 n 人从 1 到 m 循环报数），此时其编号为 $s=(s+m-1)\%n+1$，即该幸存者在开始报数前在人群中的编号是 s。综上，可得递推公式为：

$$s = (s + m - 1)\ \%\ n + 1$$

其中，m 表示每隔 m 个人就会有一个人退出圈子，n 表示当前轮中剩余的人数。这个递推公式是由当前轮中幸存者的编号 s 推出前一轮中该幸存者的编号，按此递推公式，递推 $n-1$ 轮即可找到最后的幸存者。

也可以将该递推公式表示为如下的递归形式：

$$f(n,m,i)=\begin{cases}(m-1)\%n+1 & i=1\\(f(n-1,m,i-1)+m-1)\%n+1 & i>1\end{cases}$$

其中，$f(n, m, i)$ 表示 n 个人中第 i 个退出圈子的人在当前轮中的编号。

第二种求解循环报数问题的思路是采用筛法。对参与报数的 n 个人用 1 ～ n 进行编号，编号存放到大小为 n 的一维数组中，假设每隔 m 人有一人退出圈子，即报到 m 的倍数的人需要退出圈子，并将其编号标记为 0，每次循环记录剩余的人数，当数组中只剩一个有效编号时，该编号的人就是最后的幸存者。这个过程需要进行 $n-1$ 次，因此也可以在每次报数时，记录退出圈子的人数，当退出圈子的人数达到 $n-1$ 人时，就只剩下一个具有有效编号的人了，这个人就是最后的幸存者。

2. 实验要求

先输入参与报数的总人数 n 以及循环报数的周期 m，然后输出最后的幸存者的编号。要求 $n>m$，如果用户的输入不满足这个条件，或者存在非法字符，则提示重新输入。

要求掌握递推、递归以及筛法求解约瑟夫问题的方法，能够用整型数组、结构体数组或者单向循环链表实现约瑟夫问题的求解程序。

测试编号	程序运行结果示例
1	Input n,m(n>m):41,3↙ 31 is left
2	Input n,m(n>m):100,5↙ 47 is left

3. 实验参考程序

用递推法实现的参考程序 1 如下：

```
1   #include <stdio.h>
2   int Joseph(int n, int m, int s);
3   int main(void)
4   {
5       int n, m, ret;
6       do{
7           printf("Input n,m(n>m):");
8           ret = scanf("%d,%d", &n, &m);
9           if (ret != 2) while (getchar()!='\n');
10      }while (n<=m || n<=0 || m<=0 || ret!=2);
11      printf("%d is left\n", Joseph(n, m, 1));
12      return 0;
13  }
14  //函数功能：递推法求解约瑟夫问题，由当前轮中幸存者的编号推出前一轮中该幸存者的编号
15  //函数参数：n表示当前轮中剩余人数，每隔m人有一人退出圈子，s为当前轮中幸存者编号
16  //返回值：幸存者在第1轮中的编号
17  int Joseph(int n, int m, int s)
18  {
19      int i;
20      for (i=2; i<=n; ++i)
21      {
22          s = (s + m - 1) % i + 1;
23      }
24      return s;
25  }
```

用递归法实现的参考程序 2 如下：

```
1   #include <stdio.h>
2   int Joseph(int n, int m, int i);
3   int main(void)
4   {
5       int n, m, ret;
6       do{
7           printf("Input n,m(n>m):");
8           ret = scanf("%d,%d", &n, &m);
9           if (ret != 2) while (getchar()!='\n');
10      }while (n<=m || n<=0 || m<=0 || ret!=2);
11      printf("%d is left\n", Joseph(n,m,n));//输出最后一个退出圈子的人的编号
12      return 0;
13  }
14  //函数功能：递归法求解约瑟夫问题，由当前轮中幸存者的编号推出前一轮中该幸存者的编号
15  //函数参数：n表示当前轮中剩余人数，每隔m人有一人退出圈子，i为当前轮中幸存者编号
16  //返回值：幸存者在第1轮中的编号
17  int Joseph(int n, int m, int i)
18  {
```

```
19      if (i == 1)
20      {
21          return  (m - 1) % n + 1;
22      }
23      else
24      {
25          return (Joseph(n-1, m, i-1) + m - 1) % n + 1;
26      }
27  }
```

用筛法实现的参考程序3如下:

```
1   #include <stdio.h>
2   #define N 100
3   int Joseph(int n, int m, int k);
4   int main(void)
5   {
6       int m, n, ret;
7       do{
8           printf("Input n,m(n>m):");
9           ret = scanf("%d,%d", &n, &m);
10          if (ret != 2) while (getchar()!='\n');
11      }while (n<=m || n<=0 || m<=0 || ret!=2);
12      printf("%d is left\n", Joseph(n, m, 0));// 输出最后一个退出圈子的人的编号
13      return 0;
14  }
15  // 函数功能：用整型数组求解约瑟夫问题
16  // 函数参数：n为当前轮中剩余人数，每隔m人有一人退出圈子，k为最后剩余的人数
17  // 返回值：最后一个退出圈子的人在第1轮中的编号
18  int Joseph(int n, int m, int k)
19  {
20      int a[N], b[N];
21      int i, j = 0;
22      for (i=0; i<n; ++i)
23      {
24          a[i] = i + 1;    // 按从1到n的顺序给每个人编号
25          b[i] = 0;        // 第i+1个退出圈子的人的编号初始化为0，表示他没有退出圈子
26      }
27      while (b[n-1] == 0)
28      {
29          for (i=0; i<n; ++i)
30          {
31              if (a[i] != 0) // 所有幸存者每报一个数，就将计数器j加一次1
32              {
33                  ++j;
34              }
35              if (j == m)            // 如果报数报到m
36              {
37                  b[k++] = i + 1;  // 将退出圈子的人的编号记录到b数组中
38                  a[i] = 0;        // 将退出圈子的人的编号标记为0
39                  j = 0;           // 重新开始计数
40              }
41          }
42      }
43      return b[n-1];               // 返回最后一个退出圈子的人的编号
44  }
```

用筛法和数组实现的参考程序 4 如下：

```
1   #include <stdio.h>
2   #define N 101
3   int Joseph(int n, int m);
4   int main(void)
5   {
6       int n, m, ret;
7       do{
8           printf("Input n,m(n>m):");
9           ret = scanf("%d,%d", &n, &m);
10          if (ret != 2) while (getchar()!='\n');
11      }while (n<=m || n<=0 || m<=0 || ret!=2);
12      printf("%d is left\n", Joseph(n, m));
13      return 0;
14  }
15  //函数功能：用整型数组求解约瑟夫问题
16  //函数参数：n为参与报数的总人数，每隔m人有一人退出圈子
17  //函数返回值：返回剩下的最后一个人的编号
18  int Joseph(int n, int m)
19  {
20      int i, c = 0, counter = 0, a[N];
21      for (i=1; i<=n; ++i)            //按从1到n的顺序给每个人编号
22      {
23          a[i] = i;
24      }
25      do{
26          for (i=1; i<=n; ++i)
27          {
28              if (a[i] != 0)
29              {
30                  c++;                //元素不为0，则c加1，记录报数的人数
31                  if (c % m == 0)     //c除以m的余数为0，说明此位置为第m个报数的人
32                  {
33                      a[i] = 0;       //将退出圈子的人的编号标记为0
34                      counter++;      //记录退出的人数
35                  }
36              }
37          }
38      }while (counter != n-1);//当退出圈子的人数达到n-1人时结束循环，否则继续循环
39      for (i=1; i<=n; ++i)
40      {
41          if (a[i] != 0) return i;
42      }
43      return 0;
44  }
```

用筛法和数组实现的参考程序 5 如下：

```
1   #include <stdio.h>
2   #define N 101
3   int Joseph(int n, int m);
4   int main(void)
5   {
6       int n, m, ret;
7       do{
8           printf("Input n,m(n>m):");
9           ret = scanf("%d,%d", &n, &m);
10          if (ret != 2) while (getchar()!='\n');
11      }while (n<=m || n<=0 || m<=0 || ret!=2);
12      printf("%d is left\n", Joseph(n, m));
```

```
13      return 0;
14  }
15  //函数功能：用整型数组求解约瑟夫问题
16  //函数参数：n为参与报数的总人数，每隔m人有一人退出圈子
17  //函数返回值：返回剩下的最后一个人的编号
18  int Joseph(int n, int m)
19  {
20      int i, c = 0, counter = 0, a[N];
21      for (i=1; i<=n; ++i)           //按从1到n的顺序给每个人编号
22      {
23          a[i] = i;
24      }
25      do{
26          for (counter=0,i=1; i<=n; ++i)
27          {
28              if (a[i] != 0)
29              {
30                  c++;             //元素不为0，则c加1，记录报数的人数
31                  counter++;       //记录剩余的人数
32              }
33              if (c % m == 0)     //c除以m的余数为0，说明此位置为第m个报数的人
34              {
35                  a[i] = 0;        //将退出圈子的人的编号标记为0
36              }
37          }
38      }while (counter != 1);//当只剩下一人时结束循环，否则继续循环
39      for (i=1; i<=n; ++i)
40      {
41          if (a[i] != 0) return i;
42      }
43      return 0;
44  }
```

用筛法和顺序存储的静态循环链表实现的参考程序6如下：

```
1   #include <stdio.h>
2   #define N 101
3   typedef struct person
4   {
5       int number; //自己的编号
6       int nextp;  //下一个人的编号
7   }LINK;//用数组实现的静态循环链表
8   void CreatQueue(LINK link[], int n);
9   int Joseph(LINK link[], int n, int m);
10  int main(void)
11  {
12      int n, m, last, ret;
13      LINK link[N+1];
14      do{
15          printf("Input n,m(n>m):");
16          ret = scanf("%d,%d", &n, &m);
17          if (ret != 2) while (getchar()!='\n');
18      }while (n<=m || n<=0 || m<=0 || ret!=2);
19      CreatQueue(link, n);
20      last = Joseph(link, n, m);
21      printf("%d is left\n", last);
22      return 0;
23  }
24  //函数功能：用结构体数组实现的静态循环链表求解约瑟夫问题
```

```
25  //函数参数：结构体数组Link保存剩余的报数人的编号，n为参与报数的总人数
26  //              每隔m人有一人退出圈子
27  //函数返回值：最后剩下的人的编号
28  int Joseph(LINK link[], int n, int m)
29  {
30      int h = n, i, j, last;
31      for (j=1; j<n; ++j)
32      {
33          i = 0;
34          while (i != m)
35          {
36              h = link[h].nextp;
37              if (link[h].number != 0)
38              {
39                  ++i;
40              }
41          }
42          link[h].number = 0;
43      }
44      for (i=1; i<=n; ++i)
45      {
46          if (link[i].number != 0)
47          {
48              last = link[i].number;
49          }
50      }
51      return last;
52  }
53  //函数功能：创建循环报数的队列
54  void CreatQueue(LINK link[], int n)
55  {
56      int i;
57      for (i=1; i<=n; ++i)
58      {
59          if (i == n)
60          {
61              link[i].nextp = 1;
62          }v
63          else
64          {
65              link[i].nextp = i + 1;
66          }
67          link[i].number = i;
68      }
69  }
```

用筛法和链式存储的动态循环链表实现的参考程序 7 如下：

```
1   #include <stdio.h>
2   #include <stdlib.h>
3   typedef struct person
4   {
5       int num;
6       struct person *next;
7   } LINK;
8   LINK *Create(int n);
9   int NumberOff(LINK *head, int n, int m);
10  void DeleteMemory(LINK *head);
11  int main(void)
```

```
12  {
13      LINK *head;
14      int m, n, last, ret;
15      do{
16          printf("Input n,m(n>m):");
17          ret = scanf("%d,%d", &n, &m);
18          if (ret != 2) while (getchar()!='\n');
19      }while (n<=m || n<=0 || m<=0 || ret!=2);
20      head = Create(n);
21      last = NumberOff(head, n, m);
22      printf("%d is left\n", last);
23      DeleteMemory(head, n);
24      return 0;
25  }
26  //函数功能:用单向循环链表求解鲁智深吃馒头问题
27  //函数参数:指针head指向的链表保存剩余的报数人的编号,n为参与报数的总人数
28  //         每隔m人有一人退出圈子
29  //函数返回值:最后剩下的人的编号
30  int NumberOff(LINK *head, int n, int m)
31  {
32      int i, j;
33      LINK *p1 = head, *p2 = p1;
34      if (n == 1 || m == 1)      return n;
35      for (i=1; i<n; ++i)   //将n-1个节点删掉
36      {
37          for (j=1; j<m-1; ++j)
38          {
39              p1 = p1->next;
40          }
41          p2 = p1;        // P2指向第m个节点的前驱节点
42          p1 = p1->next;// p1指向待删除的节点
43          p1 = p1->next;// p1指向待删除节点的后继节点
44          p2->next = p1;// 让p1成为p2的后继节点,即循环删掉第m个节点
45      }
46      return p1->num;
47  }
48  //函数功能:创建报数的单向循环链表
49  LINK *Create(int n)
50  {
51      int i;
52      LINK *p1, *p2, *head = NULL;
53      p2 = p1 = (LINK*)malloc(sizeof(LINK));
54      if (p1 == NULL)
55      {
56          printf("No enough memory to allocate!\n");
57          exit(0);
58      }
59      for (i=1; i<=n; ++i)
60      {
61          if (i == 1)
62          {
63              head = p1;
64          }
65          else
66          {
67              p2->next = p1;
68          }
69          p1->num = i;
70          p2 = p1;
71          p1 = (LINK*)malloc(sizeof(LINK));
```

```
72          if (p1 == NULL)
73          {
74              printf("No enough memory to allocate!\n");
75              DeleteMemory(head);
76              exit(0);
77          }
78      }
79      free(p1);
80      p2->next = head; //循环链表
81      return head;
82  }
83  //函数功能：释放head指向的链表中所有节点占用的内存
84  void DeleteMemory(LINK *head)
85  {
86      LINK *p = head, *pr = NULL;
87      while(p!=NULL)
88      {
89          pr = p;
90          p = p->next;
91          free(pr);
92      }
93  }
```

用顺序存储的循环队列实现的参考程序8如下：

```
1   #include <stdio.h>
2   #define  N  150
3   typedef struct queue
4   {
5       int number[N+1];  //编号
6       int size;         //队列长度
7       int head;         //队首
8       int tail;         //队尾
9   }
10  QUEUE;
11  void InitQueue(QUEUE *q, int n);
12
13  int EmptyQueue(const QUEUE *q);
14  int FullQueue(const QUEUE *q);
15  int DeQueue(QUEUE *q, int *e);
16  int EnQueue(QUEUE *q, int e);
17  int NumberOff(QUEUE *q, int n, int m);
18
19
20  int main(void)
21  {
22      int m, n, last;
23      QUEUE q;
24      printf("Input n,m(n>m):");
25      scanf("%d,%d", &n, &m);
26      InitQueue(&q, n);
27      last = NumberOff(&q, n, m);
28      printf("%d is left\n", last);
29      return 0;
30  }
31  //函数功能：初始化循环队列
32  void InitQueue(QUEUE *q, int n)
33  {
34      q->size = n + 1;
```

```
35      q->head = q->tail = 0;
36  }
37  //函数功能：判断循环队列是否为空
38  int EmptyQueue(const QUEUE *q)
39  {
40      if (q->head == q->tail) return 1;//队列为空
41      else return 0;
42  }
43  //函数功能：判断循环队列是否队满
44  int FullQueue(const QUEUE *q)
45  {
46      if ((q->tail + 1) % q->size == q->head) return 1; //队满
47      else   return 0;
48  }
49  //函数功能：循环队列进队
50  int EnQueue(QUEUE *q, int e)
51  {
52      if (FullQueue(q))  return 0;//队满
53      q->number[q->tail] = e;
54      q->tail = (q->tail + 1) % q->size; // 先移动指针，后放数据
55      return 1;
56  }
57  //函数功能：循环队列出队，即删除队首元素
58  int DeQueue(QUEUE *q, int *e)
59  {
60      if (EmptyQueue(q)) return 0;
61      *e = q->number[q->head];
62      q->head = (q->head + 1) % q->size;  // 先移动指针，后放数据
63      return 1;
64  }
65  //函数功能：循环报数
66  int NumberOff(QUEUE *q, int n, int m)
67  {
68      int i, j, e, num[N];
69      for (i=0; i<n; i++)
70      {     //将所有人编号并且排队
71          num[i] = i + 1;          //将所有人编号
72          EnQueue(q, num[i]);  //将每个人都入队
73      }
74      //排查报数为m的人
75      i = j = 0;
76      while (!EmptyQueue(q))
77      {
78          i++;
79          DeQueue(q, &e);
80          if (i == m)
81          {
82              num[j] = e;
83              i = 0;
84              j++;
85          }
86          else
87          {
88              EnQueue(q, e);
89          }
90      }
91      return num[n-1];
92  }
```

用链式存储的循环队列实现的参考程序 9 如下：

```
1   #include<stdio.h>
2   #include<stdlib.h>
3   #define N 200
4   typedef struct QueueNode
5   {
6       int num;
7       struct QueueNode *next;
8   }
9   QueueNode;
10  typedef struct Queue
11  {
12      QueueNode *head;
13      QueueNode *tail;
14  }
15  QUEUE;
16  QUEUE *InitQueue()
17  {
18      QUEUE *q = (QUEUE *)malloc(sizeof(QUEUE));
19      if (q == NULL)
20      {  //内存分配失败
21          printf("No enough memory to allocate!\n");
22          exit(0);
23      }
24      q->head = q->tail = NULL;
25      return q;
26  }
27  //函数功能：释放所有节点的内存
28  void DeleteMemory(QUEUE *q)
29  {
30      QueueNode *p;
31      while (q->head != q->tail)
32      {
33          p = q->head;
34          q->head = q->head->next;
35          free(p);
36      }
37      free(q->head);
38  }
39  //函数功能：循环队列入队
40  void EnQueue(QUEUE *q, int e)
41  {
42      QueueNode *p = (QueueNode *)malloc(sizeof(QueueNode));
43      if (p == NULL)
44      {  //内存分配失败
45          printf("No enough memory to allocate!\n");
46          DeleteMemory(q);
47          exit(0);
48      }
49      p->num = e;
50      if (q->head == NULL)
51      { //空队列
52          q->head = p;
53          q->tail = p;
54      }
55      else
56      {
57          q->tail->next = p;
58          q->tail = p;
```

```
59         }
60         p->next = q->head;  //循环队列
61     }
62     //函数功能：循环队列出队，即删除队首元素
63     void DeQueue(QUEUE *q, int *e)
64     {
65         QueueNode *p = q->head;
66         if (q->head == NULL) return;//空队列
67         *e = q->head->num;
68         if (q->head == q->tail)
69         {    //若队列中只剩一个节点
70             free(p);
71             return;
72         }
73         q->head = q->head->next;
74         q->tail->next = q->head;
75         free(p);
76     }
77     //函数功能：循环报数
78     int NumberOff(QUEUE *q, int n, int m)
79     {
80         int i, j, e;
81         for (i=0; i<n; i++)
82         {
83             EnQueue(q, i+1);             //将所有人都编号入队
84         }
85         i = j = 0;
86         while (q->head != q->tail)
87         { //排查报数为m的人
88             i++;                          //报数计数器
89             if (i == m)
90             {
91                 DeQueue(q, &e); //队首元素e出队
92                 i = 0;                   //报数计数器重新开始计数
93                 j++;                     //出队数组下标
94             }
95             else
96             {
97                 q->head = q->head->next;
98                 q->tail = q->tail->next;
99             }
100        }
101        return q->head->num;      //返回最后剩下的那个人的编号
102    }
103    int main(void)
104    {
105        int m, n, last;
106        printf("Input n,m(n>m):");
107        scanf("%d,%d", &n, &m);
108        QUEUE *q = InitQueue();
109        last = NumberOff(q, n, m);
110        printf("%d is left\n", last);
111    }
```

【思考题】

1）请编写一个程序，求出最后留下的两个人的位置。

2）如果要打印每个出圈成员的编号顺序，那么应该如何修改程序？

第 13 章　查找和排序专题

【本章目标】

- 掌握常用的排序和查找算法及其程序设计和实现方法，针对给定的问题，能够选择恰当的算法构造程序。
- 了解算法时间复杂度的概念。

13.1　寻找最值

1. 实验内容

任务 1：请编写一个程序，计算一维数组中元素的最大值、最小值及其在数组中的下标位置。

任务 2：请编写一个程序，将一维数组中的最大数与最小数位置互换，然后输出互换后的数组元素。

任务 3：请编写一个程序，计算 $m \times n$ 矩阵中元素的最大值及其所在的行、列下标值。

任务 4：请编写一个程序，找出 $m \times n$ 矩阵中的鞍点，即该位置上的元素是该行上的最大值，并且是该列上的最小值。

2. 实验要求

任务 1：先输入 n（已知 n 的值不超过 10）个整数，然后输出其最大值、最小值及其在数组中的下标位置。

任务 2：先输入 n（已知 n 的值不超过 10）个整数，然后输出将其最大值与最小值位置互换后的数组元素。

任务 3：先输入 m 和 n 的值（已知 m 和 n 的值都不超过 10），然后输入 $m \times n$ 矩阵的元素值，最后输出其最大值及其所在的行列下标值。

任务 4：先输入 m 和 n 的值（已知 m 和 n 的值都不超过 10），然后输入 $m \times n$ 矩阵的元素值，最后输出其鞍点。如果矩阵中没有鞍点，则输出“No saddle point !”。

实验任务	测试编号	程序运行结果示例
1	1	Input n(n<=10):10↙ Input 10 numbers:1 2 3 4 5 6 7 8 9 10↙ max=10,pos=9 min=1,pos=0
	2	Input n(n<=10):10↙ Input 10 numbers:2 4 6 8 10 1 3 5 7 9↙ max=10,pos=4 min=1,pos=5
2	1	Input n(n<=10):10↙ Input 10 numbers:1 4 3 0 -2 6 7 2 9 -1↙ Exchange results: 1 4 3 0 9 6 7 2 -2 -1

（续）

<table>
<tr><th>实验任务</th><th>测试编号</th><th>程序运行结果示例</th></tr>
<tr><td>2</td><td>2</td><td>Input n(n<=10):10↙
Input 10 numbers:1 2 3 4 5 6 7 8 9 10↙
Exchange results: 10   2   3   4   5   6   7   8   9   1</td></tr>
<tr><td>3</td><td>1</td><td>Input m,n(m,n<=10):3,4↙
Input 3*4 array:
1 2 3 4↙
5 6 7 8↙
9 0 -1 -2↙
max=9,row=2,col=0</td></tr>
<tr><td rowspan="4">4</td><td>1</td><td>Input m,n(m,n<=10):3,3↙
Input matrix:
1 2 3↙
4 5 6↙
7 8 9↙
saddle point: a[0][2] is 3</td></tr>
<tr><td>2</td><td>Input m,n(m,n<=10):3,3↙
Input matrix:
4 5 6↙
7 8 9↙
1 2 3↙
saddle point: a[2][2] is 3</td></tr>
<tr><td>3</td><td>Input m,n(m,n<=10):2,3↙
Input matrix:
4 5 6↙
1 2 3↙
saddle point: a[1][2] is 3</td></tr>
<tr><td>4</td><td>Input m,n(m,n<=10):2,2↙
Input matrix:
4 1↙
1 2↙
No saddle point!</td></tr>
</table>

3. 实验参考程序

任务 1 的参考程序 1 如下：

```
1    #include <stdio.h>
2    #define N 10
3    int FindMaxPos(int a[], int m);
4    int FindMinPos(int a[], int m);
5    int main(void)
6    {
7        int  a[N], n, i, maxPos, minPos;
8        do{
9            printf("Input n(n<=10):");
10           scanf("%d", &n);
11       }while (n>10 || n<=0);
12       printf("Input %d numbers:", n);
13       for (i=0; i<n; ++i)
14       {
15           scanf("%d", &a[i]);
```

```
16      }
17      maxPos = FindMaxPos(a, n);
18      minPos = FindMinPos(a, n);
19      printf("max=%d,pos=%d\n", a[maxPos], maxPos);
20      printf("min=%d,pos=%d\n", a[minPos], minPos);
21      return 0;
22  }
23  // 函数功能：用数组作为函数参数，寻找数组 a 中的最大数，并返回其所在的下标位置
24  int FindMaxPos(int a[], int m)
25  {
26      int  n, max, maxPos;
27      max = a[0];
28      maxPos = 0;
29      for (n=0; n<m; ++n)
30      {
31          if (a[n] > max)
32          {
33              max = a[n];
34              maxPos = n;
35          }
36      }
37      return maxPos;
38  }
39  // 函数功能：用数组作为函数参数，寻找数组 a 中的最小数，并返回其所在的下标位置
40  int FindMinPos(int a[], int m)
41  {
42      int  n, min, minPos;
43      min = a[0];
44      minPos = 0;
45      for (n=0; n<m; ++n)
46      {
47          if (a[n] < min)
48          {
49              min = a[n];
50              minPos = n;
51          }
52      }
53      return minPos;
54  }
```

任务 1 的参考程序 2 如下：

```
1   #include <stdio.h>
2   #define N 10
3   int FindMax(int a[], int n, int *pMaxPos);
4   int FindMin(int a[], int n, int *pMinPos);
5   int main(void)
6   {
7       int  a[N], n, i, maxPos, minPos, maxValue, minValue;
8       do{
9           printf("Input n(n<=10):");
10          scanf("%d", &n);
11      }while (n>10 || n<=0);
12      printf("Input %d numbers:", n);
13      for (i=0; i<n; ++i)
14      {
15          scanf("%d", &a[i]);
16      }
```

```
17      maxValue = FindMax(a, n, &maxPos);  //找最大值及其所在下标位置
18      minValue = FindMin(a, n, &minPos);  //找最小值及其所在下标位置
19      printf("max=%d,pos=%d\n", maxValue, maxPos);
20      printf("min=%d,pos=%d\n", minValue, minPos);
21      return 0;
22  }
23  //函数功能：用指针作为函数参数，求n个整型元素的最大值及其所在下标位置，函数返回最大值
24  int FindMax(int a[], int n, int *pMaxPos)
25  {
26      int i, max;
27      max = a[0];     //假设a[0]为最大值
28      *pMaxPos = 0;  //假设最大值在数组中的下标位置为0
29      for (i=1; i<n; ++i)
30      {
31          if (a[i] > max)
32          {
33              max = a[i];
34              *pMaxPos = i;  //pMaxPos指向最大值数组元素的下标位置
35          }
36      }
37      return max ;
38  }
39  //函数功能：用指针作为函数参数，求n个整型元素的最小值及其所在下标位置，函数返回最小值
40  int FindMin(int a[], int n, int *pMinPos)
41  {
42      int i, min;
43      min = a[0];                 //假设a[0]为最小
44      *pMinPos = 0;               //假设最小值在数组中的下标位置为0
45      for (i=1; i<10; ++i)
46      {
47          if (a[i] < min)
48          {
49              min = a[i];
50              *pMinPos = i;  //pMinPos指向最小值数组元素的下标位置
51          }
52      }
53      return min ;
54  }
```

任务1的参考程序3如下：

```
1   #include <stdio.h>
2   #define N 10
3   int Find(int a[], int n, int *pos, int flag);
4   int main(void)
5   {
6       int max, min, pos, i, n, a[N] = {0};
7       do{
8           printf("Input n(n<=10):");
9           scanf("%d", &n);
10      }while (n>10 || n<=0);
11      printf("Input %d numbers:", n);
12      for (i=0; i<n; ++i)
13      {
14          scanf("%d", &a[i]);
15      }
16      max = Find(a, n, &pos, 1);
17      printf("max=%d,pos=%d\n", max, pos);
```

```
18      min = Find MaxMin(a, n, &pos, 0);
19      printf("min=%d,pos=%d\n", min, pos);
20      return 0;
21  }
22  // 函数功能：当标志变量 flag 为 1 时，返回数组 a 中的最大值
23  //          当标志变量 flag 为 0 时，返回数组 a 中的最小值
24  int Find(int a[], int n, int *pos, int flag)
25  {
26      int m = a[0], i;
27      *pos = 0;
28      for (i=1; i<n ; ++i)
29      {
30          if (flag == 1)
31          {
32              if (a[i] > m)
33              {
34                  m = a[i];
35                  *pos = i;
36              }
37          }
38          else
39          {
40              if (a[i] < m)
41              {
42                  m = a[i];
43                  *pos = i;
44              }
45          }
46      }
47      return m;
48  }
```

任务 1 的参考程序 4 如下：

```
1   #include <stdio.h>
2   #define N 10
3   int Max(int a, int b);
4   int Min(int a, int b);
5   int FindMaxMin(int a[], int n, int *pos, int(*compare)(int a, int b));
6   int main ()
7   {
8       int max, min, pos, i, n, a[N] = {0};
9       do{
10          printf("Input n(n<=10):");
11          scanf("%d", &n);
12      }while (n>10 || n<=0);
13      printf("Input %d numbers:", n);
14      for (i=0; i<n; ++i)
15      {
16          scanf("%d", &a[i]);
17      }
18      max = Find(a, n, &pos, Max);
19      printf("max=%d,pos=%d\n", max, pos);
20      min = FindMaxMin(a, n, &pos, Min);
21      printf("min=%d,pos=%d\n", min, pos);
22      return 0;
23  }
24  // 函数功能：当函数指针 compare 指向函数 Max() 时，返回数组 a 中的最大值
```

```
25  //             当函数指针 compare 指向函数 Min() 时, 返回数组 a 中的最小值
26  int FindMaxMin(int a[], int n, int *pos, int(*compare)(int a, int b))
27  {
28      int m = a[0], i;
29      *pos = 0;
30      for (i=1; i<n; ++i)
31      {
32          if ((*compare)(a[i], m))
33          {
34              m = a[i];
35              *pos = i;
36          }
37      }
38      return m;
39  }
40  //函数功能: 判断是否 a>b
41  int Max(int a, int b)
42  {
43      return a > b ? 1 : 0;
44  }
45  //函数功能: 判断是否 a<b
46  int Min(int a, int b)
47  {
48      return a < b ? 1 : 0;
49  }
```

任务 2 的参考程序 1 如下:

```
1   #include <stdio.h>
2   #define N 10
3   void MaxMinExchange(int a[], int n);
4   int FindMaxPos(int s[], int n);
5   int FindMinPos(int s[], int n);
6   int main(void)
7   {
8       int i, n, a[N];
9       do{
10          printf("Input n(n<=10):");
11          scanf("%d", &n);
12      }while (n>10 || n<=0);
13      printf("Input %d numbers:", n);
14      for (i=0; i<n; ++i)
15      {
16          scanf("%d", &a[i]);
17      }
18      MaxMinExchange(a, n);
19      printf("Exchange results:");
20      for (i=0; i<n; ++i)
21      {
22          printf("%4d", a[i]);
23      }
24      printf("\n");
25      return 0;
26  }
27  //函数功能: 将数组中的最大数与最小数位置互换
28  void MaxMinExchange(int a[], int n)
29  {
30      int maxPos, minPos, temp;
```

```
31      maxPos = FindMaxPos(a, n);
32      minPos = FindMinPos(a, n);
33      temp = a[maxPos];
34      a[maxPos] = a[minPos];
35      a[minPos] = temp;
36  }
37  //函数功能：计算数组中的最大值在数组中的下标位置
38  int FindMaxPos(int s[], int n)
39  {
40      int maxPos = 0, max = s[0], i;
41      for (i=1; i<n; ++i)
42      {
43          if (s[i] > max)
44          {
45              max = s[i];
46              maxPos = i;
47          }
48      }
49      return maxPos;
50  }
51  //函数功能：计算数组中的最小值在数组中的下标位置
52  int FindMinPos(int s[], int n)
53  {
54      int minPos = 0, min = s[0], i;
55      for (i=1; i<n; ++i)
56      {
57          if (s[i] < min)
58          {
59              min = s[i];
60              minPos = i;
61          }
62      }
63      return minPos;
64  }
```

任务2的参考程序2如下：

```
1   #include <stdio.h>
2   #define N 10
3   void MaxMinExchange(int a[], int n);
4   int main(void)
5   {
6       int i, n, a[N];
7       do{
8           printf("Input n(n<=10):");
9           scanf("%d", &n);
10      }while (n>10 || n<=0);
11      printf("Input %d numbers:", n);
12      for (i=0; i<n; ++i)
13      {
14          scanf("%d", &a[i]);
15      }
16      MaxMinExchange(a, n);
17      printf("Exchange results:");
18      for (i=0; i<n; ++i)
19      {
20          printf("%4d", a[i]);
21      }
```

```
22      printf("\n");
23      return 0;
24  }
25  //函数功能：将数组中的最大数与最小数位置互换
26  void MaxMinExchange(int a[], int n)
27  {
28      int  max = a[0], min = a[0], maxPos = 0, minPos = 0;
29      int  i, temp;
30      for (i=1; i<n; ++i)
31      {
32          if (a[i] > max)
33          {
34              max = a[i];
35              maxPos = i;
36          }
37          if (a[i] < min)
38          {
39              min = a[i];
40              minPos = i;
41          }
42      }
43      temp = a[maxPos];
44      a[maxPos] = a[minPos];
45      a[minPos] = temp;
46  }
```

任务 2 的参考程序 3 如下：

```
1   #include  <stdio.h>
2   #define N 10
3   void ReadData(int a[], int n);
4   void PrintData(int a[], int n);
5   void  MaxMinExchang(int a[], int n);
6   void Swap(int *x, int *y);
7   int main(void)
8   {
9       int  a[N], n;
10      do{
11          printf("Input n(n<=10):");
12          scanf("%d", &n);
13      }while (n>10 || n<=0);
14      printf("Input %d numbers:", n);
15      ReadData(a, n);
16      MaxMinExchang(a, n);
17      printf("Exchange results:");
18      PrintData(a, n);
19      return 0;
20  }
21  //函数功能：输入数组 a 的 n 个元素值
22  void ReadData(int a[], int n)
23  {
24      int i;
25      for (i=0; i<n; ++i)
26      {
27          scanf("%d", &a[i]);
28      }
29  }
30  //函数功能：输出数组 a 的 n 个元素值
```

```
31  void PrintData(int a[], int n)
32  {
33      int i;
34      for (i=0; i<n; ++i)
35      {
36          printf("%5d", a[i]);
37      }
38      printf("\n");
39  }
40  //函数功能：将数组a中的最大数与最小数位置互换
41  void  MaxMinExchang(int a[], int n)
42  {
43      int  maxValue = a[0], minValue = a[0], maxPos = 0, minPos = 0;
44      int  i;
45      for (i=1; i<n; ++i)
46      {
47          if (a[i] > maxValue)
48          {
49              maxValue = a[i];
50              maxPos = i;
51          }
52          if (a[i] < minValue)
53          {
54              minValue = a[i];
55              minPos = i;
56          }
57      }
58      Swap(&a[maxPos], &a[minPos]);
59  }
60  //函数功能：两整数值互换
61  void  Swap(int *x, int *y)
62  {
63      int  temp;
64      temp = *x;
65      *x = *y;
66      *y = temp;
67  }
```

任务3的参考程序如下：

```
1   #include <stdio.h>
2   #define M 10
3   #define N 10
4   void InputMatrix(int *p, int m, int n);
5   int FindMax(int *p, int m, int n, int *pRow, int *pCol);
6   int main(void)
7   {
8       int a[M][N], m, n, row, col, max;
9       do{
10          printf("Input m,n(m,n<=10):");
11          scanf("%d,%d", &m, &n);
12      }while (m>10 || n>10 || m<=0 || n<=0);
13      InputMatrix(*a, m, n);
14      max = FindMax(*a, m, n, &row, &col);
15      printf("max=%d,row=%d,col=%d\n", max, row, col);
16      return 0;
17  }
18  //函数功能：输入m×n矩阵的值
```

```
19  void InputMatrix(int *p, int m, int n)
20  {
21      int i, j;
22      printf("Input %d*%d array:\n", m, n);
23      for (i=0; i<m; ++i)
24      {
25          for (j=0; j<n; ++j)
26          {
27              scanf("%d", &p[i*n+j]);
28          }
29      }
30  }
31  //函数功能：在m×n矩阵中查找最大值及其所在的行列号
32  //          函数返回最大值，pRow和pCol分别返回最大值所在的行列下标
33  int FindMax(int *p, int m, int n, int *pRow, int *pCol)
34  {
35      int i, j, max = p[0];
36      *pRow = 0;
37      *pCol = 0;
38      for (i=0; i<m; ++i)
39      {
40          for (j=0; j<n; ++j)
41          {
42              if (p[i*n+j] > max)
43              {
44                  max = p[i*n+j];
45                  *pRow = i;                  //记录行下标
46                  *pCol = j;                  //记录列下标
47              }
48          }
49      }
50      return max;
51  }
```

任务4的参考程序1如下：

```
1   #include<stdio.h>
2   #define M 10
3   #define N 10
4   void FindSaddlePoint(int a[][N], int m, int n);
5   int main(void)
6   {
7       int i, j, m, n, a[M][N];
8       do{
9          printf("Input m,n(m,n<=10):");
10         scanf("%d,%d", &m, &n);
11      }while (m>10 || n>10 || m<=0 || n<=0);
12      printf("Input matrix:\n");
13      for (i=0; i<m; ++i)
14      {
15          for (j=0; j<n; ++j)
16          {
17              scanf("%d", &a[i][j]);
18          }
19      }
20      FindSaddlePoint(a, m, n);
21      return 0;
22  }
```

```
23  //函数功能：计算并输出m×n矩阵的鞍点
24  void FindSaddlePoint(int a[][N], int m, int n)
25  {
26      int i, j, k, flag, max, maxj;
27      for (i=0; i<m; ++i)
28      {
29          max = a[i][0];
30          maxj = 0;
31          for (j=0; j<n; ++j)
32          {
33              if (a[i][j] > max)
34              {
35                  max = a[i][j];
36                  maxj = j;
37              }
38          }
39          for (flag=1,k=0; k<m&&flag; ++k)
40          {
41              if (max > a[k][maxj])
42              {
43                  flag = 0;
44              }
45          }
46          if (flag)
47          {
48              printf("saddle point: a[%d][%d] is %d\n", i, maxj, max);
49              return;
50          }
51      }
52      printf("No saddle point!\n");
53      return;
54  }
```

任务 4 的参考程序 2 如下：

```
1   #include<stdio.h>
2   #define M 10
3   #define N 10
4   int FindSaddlePoint(int a[][N], int m, int n, int *prow, int *pcol);
5   int main(void)
6   {
7       int i, j, m, n, row, col, max, a[M][N];
8       do{
9           printf("Input m,n(m,n<=10):");
10          scanf("%d,%d", &m, &n);
11      }while (m>10 || n>10 || m<=0 || n<=0);
12      printf("Input matrix:\n");
13      for (i=0; i<m; ++i)
14      {
15          for (j=0; j<n; ++j)
16          {
17              scanf("%d", &a[i][j]);
18          }
19      }
20      max = FindSaddlePoint(a, m, n, &row, &col);
21      if (max != -1)
22      {
23          printf("saddle point: a[%d][%d] is %d\n", row, col, max);
```

```
24      }
25      else
26      {
27          printf("No saddle point!\n");
28      }
29      return 0;
30  }
31  //函数功能：计算并返回m×n矩阵的鞍点及其行列位置，若没有鞍点，则返回-1
32  int FindSaddlePoint(int a[][N], int m, int n, int *prow, int *pcol)
33  {
34      int i, j, k, flag, max;
35      for (i=0; i<m; ++i)
36      {
37          max = a[i][0];
38          *pcol = 0;
39          for (j=0; j<n; ++j)
40          {
41              if (a[i][j] > max)
42              {
43                  max = a[i][j];
44                  *pcol = j;
45              }
46          }
47          for (flag=1,k=0; k<m&&flag; ++k)
48          {
49              if (max > a[k][*pcol])
50              {
51                  flag = 0;
52              }
53          }
54          if (flag)
55          {
56              *prow = i;
57              return max;
58          }
59      }
60      return -1;
61  }
```

13.2 关键字统计

1. 实验内容

任务 1：标识符合法性判断。在C语言中，以下划线、英文字符开头并且由下划线、英文字符和数字组成的标识符都是合法的标识符。请编写一个程序，判断一个标识符的合法性。假设输入的字符串不是关键字且最大长度为32。

【设计思路提示】 gets() 不能限制用户从键盘输入字符串的长度，容易引起缓冲区溢出，从而给黑客实施缓冲区溢出攻击以可乘之机。与 gets() 不同的是，fgets() 用第 2 个参数限制用户从指定的流（stdin 对应标准输入流）输入字符串的长度为 $n-1$（最后一个字符用于保存字符串结束符 '\0'），但是与 gets() 不同的是，它读到换行符时会将换行符也作为字符串的一部分读到字符串中来。为避免后续处理发生错误，通常需要人工把这个换行符 '\n' 改写为 '\0'。

任务 2：关键字判断。请编写一个程序，判断这个标识符是否是C语言的关键字。

任务 3：关键字统计。请编写一个程序，统计输入的以回车为分隔的多个标识符中 C 关键词。

任务 4：关键字统计。请编写一个程序，统计输入的以空格为分隔的多个标识符中 C 关键词。

【设计思路提示】当多个标识符以空格作为分隔符连续输入时，用 gets() 读入的是一个带有空格的字符串，不是多个不带空格的字符串，因此在统计关键字之前需要对该字符串进行单词切分，切分后再进行关键字统计。

2. 实验要求

任务 1：用 fgets() 输入一个标识符，若其为合法的标识符，则输出“Yes”，否则输出“No”。

任务 2：用 gets() 或 scanf() 的 %s 格式输入一个标识符，若其为 C 语言的关键字，则输出“Yes”，否则输出“No”。

任务 3：先输入多个标识符，每个标识符以回车符结束，所有标识符输入完毕后以 End 和回车符标志输入结束，然后输出其中出现的 C 关键字的统计结果，即每个关键字出现的次数。

任务 4：先输入多个标识符，每个标识符以空格为分隔符，所有标识符输入完毕后以回车符结束，然后输出其中出现的 C 关键字的统计结果，即每个关键字出现的次数。

要求掌握 gets()、scanf() 和 fgets() 三个函数在输入字符串时的区别，以及二维字符数组和字符指针数组在表示多个字符串时的区别。

实验任务	测试编号	程序运行结果示例
1	1	Input an identifier: newNum↙ Yes
	2	Input an identifier: _newNum↙ Yes
	3	Input an identifier: 5newNum↙ No
	4	Input an identifier: $newNum↙ No
2	1	Input a keyword: for↙ Yes
	2	Input a keyword: main↙ No
3	1	Input keywords with end: goto↙ go↙ while↙ for↙ do↙ while↙ end↙ Results: do:1 for:1 goto:1 while:2

（续）

实验任务	测试编号	程序运行结果示例
3	2	Input keywords with end: for↙ for↙ while↙ goto↙ switch↙ main↙ end↙ Results: for:2 goto:1 switch:1 while:1
4	1	Input keywords with space: goto go while for do while↙ Results: do:1 for:1 goto:1 while:2
	2	Input keywords with space: for for while goto switch main↙ Results: for:2 goto:1 switch:1 while:1

3. 实验参考程序

任务 1 的参考程序 1 如下：

```
1    #include <stdio.h>
2    #include <string.h>
3    #define N 33
4    int IsLegalIdentifier(char str[]);
5    int main(void)
6    {
7        char word[N];
8        printf("Input an identifier:");
9        fgets(word, sizeof(word), stdin);
10       word[strlen(word)-1] = '\0';
11       if (IsLegalIdentifier(word))
12       {
13           printf("Yes\n");
14       }
15       else
16       {
17           printf("No\n");
18       }
19       return 0;
20   }
```

```
21 // 函数功能：判断标识符的合法性，若合法则返回 1，否则返回 0
22 int IsLegalIdentifier(char str[])
23 {
24     int i, first = 1, flag = 0, n = 0;
25     for (i=0; str[i]!='\0'; ++i)
26     {
27         n++;
28         if ((str[i] >= 'a' && str[i] <= 'z') ||
29             (str[i] >= 'A' && str[i] <= 'Z') || (str[i] == '_'))
30         {
31             flag = 1;
32             if (first == 1) first = 0;
33         }
34         else if (str[i] >= '0' && str[i] <= '9')
35         {
36             if (first == 0) flag = 1;
37             else break;
38         }
39         else
40         {
41             flag = 0;
42             break;
43         }
44     }
45     return (flag == 1 && n < 32) ? 1 : 0;
46 }
```

任务 1 的参考程序 2 如下：

```
1  #include <stdio.h>
2  #include <string.h>
3  #define N 33
4  int IsLegalIdentifier(char str[]);
5  int main(void)
6  {
7      char word[N];
8      printf("Input an identifier:");
9      fgets(word, sizeof(word), stdin);
10     word[strlen(word)-1] = '\0';
11     if (IsLegalIdentifier(word))
12     {
13         printf("Yes\n");
14     }
15     else
16     {
17         printf("No\n");
18     }
19     return 0;
20 }
21 // 函数功能：判断标识符的合法性，若合法则返回 1，否则返回 0
22 int IsLegalIdentifier(char str[])
23 {
24     int i, first = 1, flag1 = 0, flag2 = 1, n = 0;
25     for (i=0; str[i] != '\0'; ++i)
26     {
27         n++;
28         if (first == 1)
29         {
```

```
30              if ((str[i] >= 'a' && str[i] <= 'z') ||
31                  (str[i] >= 'A' && str[i] <= 'Z') || (str[i] == '_'))
32              {
33                  flag1 = 1;
34              }
35              first = 0;
36          }
37          else if (!((str[i] >= 'a' && str[i] <= 'z') ||
38                     (str[i] >= 'A' && str[i] <= 'Z') ||
39                     (str[i] >= '0' && str[i] <= '9') || (str[i] == '_')))
40          {
41              flag2 = 0;
42          }
43      }
44      return (flag1 == 1 && flag2 == 1 && n < 32) ? 1 : 0;
45  }
```

任务 2 的参考程序 1 如下：

```
1   #include <stdio.h>
2   #include <string.h>
3   #define M 20
4   #define N 32
5   int IsKeyword(char s[]);
6   int main(void)
7   {
8       char word[M];
9       printf("Input a keyword:");
10      gets(word);
11      if (IsKeyword(word))
12      {
13          printf("Yes\n");
14      }
15      else
16      {
17          printf("No\n");
18      }
19      return 0;
20  }
21  // 函数功能：判断标识符是否为关键字，若是则返回 1，否则返回 0
22  int IsKeyword(char s[])
23  {
24      int j;
25      char *keywords[N] = {"auto", "break", "case",
26                           "char", "const", "continue",
27                           "default", "do", "double",
28                           "else", "enum", "extern",
29                           "float", "for", "goto",
30                           "if", "int", "long",
31                           "register", "return",
32                           "short", "singed", "sizeof",
33                           "static", "struct", "switch",
34                           "typedef", "union",
35                           "unsigned", "void",
36                           "volatile", "while"
37                          };
38      for (j=0; j<N; ++j)// 线性查找字符串 s 是否在关键字字典中
39      {
40          if (strcmp(s, keywords[j]) == 0)  return 1;
```

```
41        }
42        return 0;
43    }
```

任务 2 的参考程序 2 如下:

```
1     #include <stdio.h>
2     #include <string.h>
3     #define M 20
4     #define N 32
5     int IsKeyword(char s[]);
6     int BinSearch(char *keywords[], char s[], int n);
7     int main(void)
8     {
9         char word[M];
10        printf("Input a keyword:");
11        scanf("%s", word);
12        if (IsKeyword(s))
13        {
14            printf("Yes\n");
15        }
16        else
17        {
18            printf("No\n");
19        }
20        return 0;
21    }
22    //函数功能：判断标识符是否为关键字，若是则返回 1，否则返回 0
23    int IsKeyword(char s[])
24    {
25        char *keywords[N] = {"auto", "break", "case",
26                             "char", "const", "continue",
27                             "default", "do", "double",
28                             "else", "enum", "extern",
29                             "float", "for", "goto",
30                             "if", "int", "long",
31                             "register", "return",
32                             "short", "singed", "sizeof",
33                             "static", "struct", "switch",
34                             "typedef", "union",
35                             "unsigned", "void",
36                             "volatile", "while"
37                             };
38        if (BinSearch(keywords, s, N) != -1) //在关键字字典中二分查找字符串s
39        {
40            return 1;
41        }
42        else
43        {
44            return 0;
45        }
46    }
47    //函数功能：用二分法查找字符串 s 是否在 n 个关键字字典中
48    int BinSearch(char *keywords[], char s[], int n)
49    {
50        int  low = 0, high = n - 1, mid;
51        while (low <= high)
52        {
```

```
53          mid = low + (high - low) / 2;
54          if (strcmp(s, keywords[mid]) > 0)
55          {
56              low = mid + 1; //在后一子表查找
57          }
58          else  if (strcmp(s, keywords[mid]) < 0)
59          {
60              high = mid - 1; //在前一子表查找
61          }
62          else
63          {
64              return mid; //返回找到的位置下标
65          }
66      }
67      return -1; //没找到
68  }
```

任务3的参考程序1如下：

```
1   #include <stdio.h>
2   #include <string.h>
3   #define M 20
4   #define N 32
5   #define LEN 10
6   void CountKeywords(char s[][LEN],int total,int count[]);
7   const char *keywords[N] = {"auto", "break", "case", "char", "const",
8                               "continue", "default", "do","double",
9                               "else", "enum", "extern", "float", "for",
10                              "goto", "if", "int", "long", "register",
11                              "return", "short", "singed", "sizeof",
12                              "static", "struct", "switch", "typedef",
13                              "union", "unsigned", "void", "volatile",
14                              "while"
15                             };
16  int main(void)
17  {
18      char s[M][LEN];
19      int  count[N], i = 0, j;
20      printf("Input keywords with end:\n");
21      do{
22          gets(s[i]);  //第i行第0列的地址，第i个字符串的首地址
23          ++i;
24      }while (strcmp(s[i-1], "end") != 0);
25      CountKeywords(s, i-1, count);
26      printf("Results:\n");
27      for (j=0; j<N; ++j)
28      {
29          if (count[j] != 0)  printf("%s:%d\n", keywords[j], count[j]);
30      }
31      return 0;
32  }
33  //函数功能：统计二维字符数组s中关键字的数量，将其存于数组count中
34  void CountKeywords(char s[][LEN], int n, int count[])
35  {
36      int i, j;
37      memset(count, 0, N*sizeof(int));
38      for (i=0; i<n; ++i)
39      {
```

```
40          for (j=0; j<N; ++j) //线性查找字符串s[i]是否在关键字字典中
41          {
42              if (strcmp(s[i], keywords[j]) == 0)  count[j]++;
43          }
44      }
45  }
```

任务3的参考程序2如下：

```
1   #include <stdio.h>
2   #include <string.h>
3   #define N 32
4   #define M 20
5   #define LEN 10
6   struct key
7   {
8       char word[LEN];
9       int count;
10  }keywords[N] = {{"auto", 0}, {"break", 0}, {"case", 0},
11                  {"char", 0}, {"const", 0}, {"continue", 0},
12                  {"default", 0}, {"do", 0}, {"double", 0},
13                  {"else", 0}, {"enum", 0}, {"extern", 0},
14                  {"float", 0}, {"for", 0}, {"goto", 0},
15                  {"if", 0}, {"int", 0}, {"long", 0},
16                  {"register", 0}, {"return", 0}, {"short", 0},
17                  {"singed", 0}, {"sizeof", 0}, {"static", 0},
18                  {"struct", 0}, {"switch", 0}, {"typedef", 0},
19                  {"union", 0}, {"unsigned", 0}, {"void", 0},
20                  {"volatile", 0}, {"while", 0}
21                 };
22  void CountKeywords(char s[][LEN], int n, struct key *keywords);
23  int main(void)
24  {
25      char s[M][LEN];
26      int  i = 0, j;
27      printf("Input keywords with end:\n");
28      do{
29          scanf("%s", s[i]); //gets(s[i]);
30          ++i;
31      }while (strcmp(s[i-1], "end") != 0);
32      CountKeywords(s, i-1, keywords);
33      printf("Results:\n");
34      for (j=0; j<N; ++j)
35      {
36          if (keywords[j].count != 0)
37          {
38              printf("%s:%d\n", keywords[j].word, keywords[j].count);
39          }
40      }
41      return 0;
42  }
43  //函数功能：统计二维字符数组s中关键字的数量，将其存于结构体数组keywords的count成员中
44  void CountKeywords(char s[][LEN], int n, struct key *keywords)
45  {
46      int i, j;
47      for (j=0; j<N; ++j)
48      {
49          keywords[j].count = 0;
50      }
```

```
51      for (i=0; i<n; ++i)
52      {
53          for (j=0; j<N; ++j)//线性查找字符串s[i]是否在关键字字典中
54          {
55              if (strcmp(s[i], keywords[j].word) == 0)
56              {
57                  keywords[j].count++;
58                  break;
59              }
60          }
61      }
62  }
```

任务3的参考程序3如下：

```
1   #include <stdio.h>
2   #include <string.h>
3   #define N 32
4   #define M 20
5   #define LEN 10
6   struct key
7   {
8       char *word;
9       int count;
10  }keywords[N] = {{"auto", 0}, {"break", 0}, {"case", 0},
11                  {"char", 0}, {"const", 0}, {"continue", 0},
12                  {"default", 0}, {"do", 0}, {"double", 0},
13                  {"else", 0}, {"enum", 0}, {"extern", 0},
14                  {"float", 0}, {"for", 0}, {"goto", 0},
15                  {"if", 0}, {"int", 0}, {"long", 0},
16                  {"register", 0}, {"return", 0}, {"short", 0},
17                  {"singed", 0}, {"sizeof", 0}, {"static", 0},
18                  {"struct", 0}, {"switch", 0}, {"typedef", 0},
19                  {"union", 0}, {"unsigned", 0}, {"void", 0},
20                  {"volatile", 0}, {"while", 0}
21                 };
22  void CountKeywords(char s[][LEN], int n, struct key *keywords);
23  int BinSearch(struct key *keywords, char s[], int n);
24  int main(void)
25  {
26      char s[M][LEN];
27      int  i = 0, j;
28      printf("Input keywords with end:\n");
29      do{
30          scanf("%s", s[i]); //gets(s[i]);
31          ++i;
32      }while (strcmp(s[i-1], "end") != 0);
33      CountKeywords(s, i-1, keywords);
34      printf("Results:\n");
35      for (j=0; j<N; ++j)
36      {
37          if (keywords[j].count != 0)
38          {
39              printf("%s:%d\n", keywords[j].word, keywords[j].count);
40          }
41      }
42      return 0;
43  }
44  //函数功能：统计二维字符数组s中关键字的数量，将其存于结构体数组keywords的count成员中
```

```
45  void CountKeywords(char s[][LEN], int n, struct key *keywords)
46  {
47      int i, j;
48      for (j=0; j<N; ++j)
49      {
50          keywords[j].count = 0;
51      }
52      for (i=0; i<n; ++i)
53      {
54          //二分查找字符串s[i]是否在关键字字典中
55          j = BinSearch(keywords, s[i], N);
56          if (j != -1)  keywords[j].count++;
57      }
58  }
59  //函数功能：用二分法查找字符串s是否在n个关键字字典中
60  int BinSearch(struct key *keywords, char s[], int n)
61  {
62      int  low = 0, high = n - 1, mid;
63      while (low <= high)
64      {
65          mid = low + (high - low) / 2;
66          if (strcmp(s, keywords[mid].word) > 0)
67          {
68              low = mid + 1; //在后一个子表查找
69          }
70          else  if (strcmp(s, keywords[mid].word) < 0)
71          {
72              high = mid - 1; //在前一个子表查找
73          }
74          else
75          {
76              return mid; //返回找到的位置下标
77          }
78      }
79      return -1; //没找到
80  }
```

任务4的参考程序如下：

```
1   #include <stdio.h>
2   #include <string.h>
3   #include <ctype.h>
4   #define M 20
5   #define N 32
6   #define LEN 10
7   struct key
8   {
9       char *word;
10      int count;
11  }keywords[N] = {{"auto", 0}, {"break", 0}, {"case", 0},
12                  {"char", 0}, {"const", 0}, {"continue", 0},
13                  {"default", 0}, {"do", 0}, {"double", 0},
14                  {"else", 0}, {"enum", 0}, {"extern", 0},
15                  {"float", 0}, {"for", 0}, {"goto", 0},
16                  {"if", 0}, {"int", 0}, {"long", 0},
17                  {"register", 0}, {"return", 0}, {"short", 0},
18                  {"singed", 0}, {"sizeof", 0}, {"static", 0},
19                  {"struct", 0}, {"switch", 0}, {"typedef", 0},
20                  {"union", 0}, {"unsigned", 0}, {"void", 0},
```

```
21                {"volatile", 0}, {"while", 0}
22              };
23  void CountKeywords(char s[][LEN], int n, struct key *keywords);
24  int GetWords(char words[], char wArray[][LEN]);
25  int BinSearch(struct key *keywords, char s[], int n);
26  int main(void)
27  {
28      char s[M], w[M][LEN];
29      int  j, n;
30      printf("Input keywords with space:\n");
31      gets(s);
32      n = GetWords(s, w);
33      CountKeywords(w, n, keywords);
34      printf("Results:\n");
35      for (j=0; j<N; ++j)
36      {
37          if (keywords[j].count != 0)
38          {
39              printf("%s:%d\n", keywords[j].word, keywords[j].count);
40          }
41      }
42      return 0;
43  }
44  //函数功能：统计二维字符数组s中关键字的数量，将其存于结构体数组keywords的count成员中
45  void CountKeywords(char s[][LEN], int n, struct key *keywords)
46  {
47      int i, j;
48      for (j=0; j<N; ++j)
49      {
50          keywords[j].count = 0;
51      }
52      for (i=0; i<n; ++i)
53      {
54          //二分查找字符串s[i]是否在关键字字典中
55          j = BinSearch(keywords, s[i], N);
56          if (j != -1)  keywords[j].count++;
57      }
58  }
59  //函数功能：对字符串words中的单词进行切分，结果存于二维字符数组wArray中
60  int GetWords(char words[], char wArray[][LEN])
61  {
62      int i = 0, j = 0, k = 0, flag = 0;
63      //去掉字符串前面多余的空格
64      while (isspace(words[i]))
65      {
66          ++i;
67      }
68      for (; words[i]!='\0'; ++i)
69      {
70          if (isalpha(words[i]))
71          {
72              wArray[j][k] = words[i];
73              ++k;
74              flag = 0; //必须有，否则第3个单词无法分离
75          }
76          else if (!flag)//必须有，否则单词之间的多余空格无法处理
77          {
78              wArray[j][k] = '\0';//必须有，否则第一个单词统计结果显示不出来
```

```
79              ++j;
80              k = 0;
81              flag = 1;
82          }
83      }
84      wArray[j][k] = '\0';// 必须有，否则最后一个单词统计结果少1
85      return j+1;
86  }
87  // 函数功能：用二分法查找字符串s是否在n个关键字字典中
88  int BinSearch(struct key *keywords, char s[], int n)
89  {
90      int  low = 0, high = n - 1, mid;
91      while (low <= high)
92      {
93          mid = low + (high - low) / 2;
94          if (strcmp(s, keywords[mid].word) > 0)
95          {
96              low = mid + 1; // 在后一个子表查找
97          }
98          else  if (strcmp(s, keywords[mid].word) < 0)
99          {
100             high = mid - 1; // 在前一个子表查找
101         }
102         else
103         {
104             return mid; // 返回找到的位置下标
105         }
106     }
107     return -1; // 没找到
108 }
```

13.3 验证卡布列克运算

1. 实验内容

对任意一个四位数，只要各个位上的数字是不完全相同的，就有如下的规律：

- 将组成该四位数的四个数字由大到小排列，得到由这四个数字构成的最大的四位数；
- 将组成该四位数的四个数字由小到大排列，得到由这四个数字构成的最小的四位数（如果四个数字中含有0，则得到的最小四位数不足四位）；
- 求这两个数的差值，得到一个新的四位数（高位零保留）。

重复以上过程，最后得到的结果总是6174，这个数被称为卡布列克常数。

请编写一个函数，验证以上的卡布列克运算。

2. 实验要求

先输入一个四位数，然后输出每一步的运算结果，直到最后输出6174。

要求掌握选择排序、冒泡排序、快速排序、插入排序、归并排序等多种排序算法的基本原理和程序实现方法。

测试编号	程序运行结果示例
1	Input n:1234↙ [1]:4321-1234=3087 [2]:8730-378=8352 [3]:8532-2358=6174

（续）

测试编号	程序运行结果示例
2	Input n:4098↙ [1]:9840-489=9351 [2]:9531-1359=8172 [3]:8721-1278=7443 [4]:7443-3447=3996 [5]:9963-3699=6264 [6]:6642-2466=4176 [7]:7641-1467=6174

3. 实验参考程序

参考程序 1 如下：

```
1   #include <stdio.h>
2   #define N 20
3   void Getnumber(int number[], int n, int *p);
4   void SelectSort(int a[], int n);
5   void SwapInt(int *x, int *y);
6   int main(void)
7   {
8       int num[N], n, x, count = 1, h = 0;
9       do{
10              printf("Input n:");
11              scanf("%d", &n);
12      }while (n<1000 || n>9999);
13      do{
14          h = 0;
15          Getnumber(num, n, &h); //分离n的各个位放到数组num中，初始位从0开始
16          SelectSort(num, 4);      //对num中的四个数位进行降序排序
17          x = num[0] * 1000 + num[1] * 100 + num[2] * 10 + num[3];
18          n = num[3] * 1000 + num[2] * 100 + num[1] * 10 + num[0];
19          printf("[%d]:%d-%d=%d\n", count, x, n, x - n);
20          if (x-n != 6174)
21          {
22              n = x - n; //下一次运算对象变为x-n
23              count++;      //记录运算的次数
24          }
25      }while (x-n != 6174);
26      return 0;
27  }
28  //函数功能：递归地将n的各个位分离出来放到数组number中
29  void Getnumber(int number[], int n, int *p)
30  {
31      int j;
32      if (n < 10)            //递归结束条件
33      {
34          number[*p] = n;  //只剩一位数字时，直接放到数组number下标为*p的元素中
35      }
36      else
37      {
38          j = n % 10;       //分离出个位
39          n = n / 10;       //压缩10倍，即去掉个位数字
40          number[*p] = j; //将分离出的个位放到数组number下标为*p的元素中
41          (*p)++;           //下标位置增1
42          Getnumber(number, n, p);//递归调用，继续放下一位
```

```
43          }
44      }
45      //函数功能：按选择法将数组a的n个元素进行降序排序
46      void SelectSort(int a[], int n)
47      {
48          int  i, j, k;
49          for (i=0; i<n-1; ++i)
50          {
51              k = i;
52              for (j=i+1; j<n; ++j)
53              {
54                  if (a[j] > a[k])
55                  {
56                      k = j;
57                  }
58              }
59              if (k != i)
60              {
61                  SwapInt(&a[i], &a[k]);
62              }
63          }
64      }
65      //函数功能：交换指针x和y指向的两个int型数据
66      void SwapInt(int *x, int *y)
67      {
68          int t;
69          t = *x;
70          *x = *y;
71          *y = t;
72      }
```

参考程序2如下：

```
1       #include <stdio.h>
2       #define N 20
3       void Getnumber(int number[], int n, int *p);
4       void BubbleSort(int a[], int n);
5       void SwapInt(int *x, int *y);
6       int main(void)
7       {
8           int num[N], n, x, count = 1, h = 0;
9           do{
10                  printf("Input n:");
11                  scanf("%d", &n);
12          }while (n<1000 || n>9999);
13          do{
14              h = 0;
15              Getnumber(num, n, &h); //分离n的各个位放到数组num中，初始位从0开始
16              BubbleSort(num, 4);    //对num中的四个数位进行降序排序
17              x = num[0] * 1000 + num[1] * 100 + num[2] * 10 + num[3];
18              n = num[3] * 1000 + num[2] * 100 + num[1] * 10 + num[0];
19              printf("[%d]:%d-%d=%d\n", count, x, n, x - n);
20              if (x-n != 6174)
21              {
22                  n = x - n; //下一次运算对象变为x-n
23                  count++;    //记录运算的次数
24              }
25          }while (x-n != 6174);
26          return 0;
```

```
27  }
28  //函数功能：递归地将n的各个位分离出来，放到数组number中
29  void Getnumber(int number[], int n, int *p)
30  {
31      int j;
32      if (n < 10)          //递归结束条件
33      {
34          number[*p] = n;//只剩一位数字时，直接放到数组number下标为*p的元素中
35      }
36      else
37      {
38          j = n % 10;        //分离出个位
39          n = n / 10;        //压缩10倍，即去掉个位数字
40          number[*p] = j;  //将分离出的个位放到数组number下标为*p的元素中
41          (*p)++;            //下标位置增1
42          Getnumber(number, n, p);//递归调用，继续放下一位
43      }
44  }
45  //函数功能：冒泡法实现数组a的n个元素的降序排序
46  void BubbleSort(int a[], int n)
47  {
48      int  i, j;
49      for (i=0; i<n-1; ++i)
50      {
51          for (j=n-1; j>=i+1; --j)
52          {
52              if (a[j] > a[j-1])  //降序排序
53              {
54                  SwapInt(&a[j], &a[j-1]);
55              }
56          }
57      }
58  }
59  //函数功能：交换指针x和y指向的两个int型数据
60  void SwapInt(int *x, int *y)
61  {
62      int t;
63      t = *x;
64      *x = *y;
65      *y = t;
66  }
```

参考程序3如下：

```
1   #include <stdio.h>
2   #define N 20
3   void Getnumber(int number[], int n, int *p);
4   void QuickSort(int a[], int left, int right);
5   int QuickPartition(int a[], int left, int right);
6   void SwapInt(int *x, int *y);
7   int main(void)
8   {
9       int num[N], n, x, count = 1, h = 0;
10      do{
11              printf("Input n:");
12              scanf("%d", &n);
13      }while (n<1000 || n>9999);
14      do{
15          h = 0;
```

```
16          Getnumber(num, n, &h);// 分离 n 的各个位放到数组 num 中，初始位从 0 开始
17          QuickSort(num, 0, 3); // 对 num 中的四个数位进行降序排序
18          x = num[0] * 1000 + num[1] * 100 + num[2] * 10 + num[3];
19          n = num[3] * 1000 + num[2] * 100 + num[1] * 10 + num[0];
20          printf("[%d]:%d-%d=%d\n", count, x, n, x - n);
21          if (x-n != 6174)
22          {
23              n = x - n; // 下一次运算对象变为 x-n
24              count++;    // 记录运算的次数
25          }
26      }while (x-n != 6174);
27      return 0;
28  }
29  // 函数功能：递归地将 n 的各个位分离出来，放到数组 number 中
30  void Getnumber(int number[], int n, int *p)
31  {
32      int j;
33      if (n < 10)         // 递归结束条件
34      {
35          number[*p] = n;// 只剩一位数字时，直接放到数组 number 下标为 *p 的元素中
36      }
37      else
38      {
39          j = n % 10;     // 分离出个位
40          n = n / 10;     // 压缩 10 倍，即去掉个位数字
41          number[*p] = j;// 将分离出的个位放到数组 number 下标为 *p 的元素中
42          (*p)++;          // 下标位置增 1
43          Getnumber(number, n, p);// 递归调用，继续放下一位
44      }
45  }
46  // 函数功能：用快速排序实现数组 a 的 n 个元素的降序排序
47  void QuickSort(int a[], int left, int right)
48  {
49     int t;
50     if (left < right) // 用来结束递归的条件
51     {
52        t = QuickPartition(a, left, right);
52        QuickSort(a, left, t-1);
53        QuickSort(a, t+1, right);
54     }
55  }
56  // 函数功能：返回快速排序需要使用的分点
57  int QuickPartition(int a[], int left, int right)
58  {
59      int i= left, j = right;
60      int base = a[left];
61      while (i < j)
62      {
63          while (i < j && a[j] <= base)  // 先从右边开始找
64          {
65              j--;
66          }
67          while (i < j && a[i] >= base)  // 再找左边的
68          {
69              ++i;
70          }
71          if (i < j)// 交换两个数在数组中的位置
72          {
```

```
73                  SwapInt(&a[i], &a[j]);
74              }
75      }
76      //最终将基准数归位
77      a[left] = a[i];
78      a[i] = base;
79      return i;     //返回分点位置
80  }
81  //函数功能：交换指针x和y指向的两个int型数据
82  void SwapInt(int *x, int *y)
83  {
84      int t;
85      t = *x;
86      *x = *y;
87      *y = t;
88  }
```

参考程序4如下：

```
1   #include <stdio.h>
2   #define N 20
3   void Getnumber(int number[], int n, int *p);
4   void InsertSort(int a[], int n);
5   int main(void)
6   {
7       int num[N], n, x, count = 1, h = 0;
8       do{
9               printf("Input n:");
10              scanf("%d", &n);
11      }while (n<1000 || n>9999);
12      do{
13          h = 0;
14          Getnumber(num, n, &h); //分离n的各个位放到数组num中，初始位从0开始
15          InsertSort(num, 4);     //对num中的四个数位进行降序排序
16          x = num[0] * 1000 + num[1] * 100 + num[2] * 10 + num[3];
17          n = num[3] * 1000 + num[2] * 100 + num[1] * 10 + num[0];
18          printf("[%d]:%d-%d=%d\n", count, x, n, x - n);
19          if (x-n != 6174)
20          {
21              n = x - n; //下一次运算对象变为x-n
22              count++;     //记录运算的次数
23          }
24      }while (x-n != 6174);
25      return 0;
26  }
27  //函数功能：递归地将n的各个位分离出来，放到数组number中
28  void Getnumber(int number[], int n, int *p)
29  {
30      int j;
31      if (n < 10)          //递归结束条件
32      {
33          number[*p] = n;//只剩一位数字时，直接放到数组number下标为*p的元素中
34      }
35      else
36      {
37          j = n % 10;     //分离出个位
38          n = n / 10;     //压缩10倍，即去掉个位数字
39          number[*p] = j;//将分离出的个位放到数组number下标为*p的元素中
40          (*p)++;             //下标位置增1
```

```
41            Getnumber(number, n, p);// 递归调用，继续放下一位
42        }
43    }
44    // 函数功能：用插入排序实现数组 a 的 n 个元素的降序排序
45    void  InsertSort(int a[], int n)
46    {
47        int i, j, x;
48        for (j=1; j<n; ++j)
49        {
50            x = a[j];
51            for (i=j-1; i>=0 && x>a[i]; --i)// 降序排序
52            {
52                a[i+1] = a[i]; // 元素 a[i] 后移
53            }
54            a[i+1] = x; // 插入元素
55        }
56    }
```

参考程序 5 如下：

```
1     #include <stdio.h>
2     #include <stdlib.h>
3     #define N 20
4     void Getnumber(int number[], int n, int *p);
5     void MergeSort(int a[], int low, int high);
6     void Merge(int a[], int low, int mid, int high);
7
8     int main(void)
9     {
10        int num[N], n, x, count = 1, h = 0;
11        do{
12                printf("Input n:");
13                scanf("%d", &n);
14        }while (n<1000 || n>9999);
15        do{
16            h = 0;
17            Getnumber(num, n, &h);// 分离 n 的各个位放到数组 num 中，初始位从 0 开始
18            MergeSort(num, 0, 3); // 对 num 中的四个数位进行降序排序
19            x = num[0] * 1000 + num[1] * 100 + num[2] * 10 + num[3];
20            n = num[3] * 1000 + num[2] * 100 + num[1] * 10 + num[0];
21            printf("[%d]:%d-%d=%d\n", count, x, n, x - n);
22            if (x-n != 6174)
23            {
24                n = x - n; // 下一次运算对象变为 x-n
25                count++;    // 记录运算的次数
26            }
27        }while (x-n != 6174);
28        return 0;
29    }
30    // 函数功能：递归地将 n 的各个位分离出来放到数组 number 中
31    void Getnumber(int number[], int n, int *p)
32    {
33        int j;
34        if (n < 10)          // 递归结束条件
35        {
36            number[*p] = n;// 只剩一位数字时，直接放到数组 number 下标为 *p 的元素中
37        }
38        else
```

```
39      {
40          j = n % 10;     //分离出个位
41          n = n / 10;     //压缩10倍，即去掉个位数字
42          number[*p] = j;//将分离出的个位放到数组number下标为*p的元素中
43          (*p)++;          //下标位置增1
44          Getnumber(number, n, p);//递归调用，继续放下一位
45      }
46  }
47  //函数功能：子序列合并
48  void Merge(int a[], int low, int mid, int high)
49  {
50      int i, k;
51      int leftlow = low;
52      int lefthigh = mid;
52      int rightlow = mid + 1;
53      int righthigh = high;
54      //申请空间，使其为两个子序列合并后的大小
55      int *tmp = (int *)malloc((high-low+1)*sizeof(int));
56      if (tmp == NULL)
57      {
58          printf("No enough memory!\n");
59          exit(1);
60      }
61      //依次比较leftlow和rightlow两个下标位置的元素，大者优先放到动态数组tmp中
62      for (k=0; leftlow<=lefthigh && rightlow<=righthigh; ++k)
63      {
64          if (a[leftlow] >= a[rightlow])// 降序排序
65          {
66              tmp[k] = a[leftlow];
67              leftlow++;
68          }
69          else
70          {
71              tmp[k] = a[rightlow];
72              rightlow++;
73          }
74      }
75      if (leftlow <= lefthigh)   //若第一个序列有剩余，直接复制到合并序列尾
76      {
77          for (i=leftlow; i<=lefthigh; ++i)
78          {
79              tmp[k] = a[i];
80              ++k;
81          }
82      }
83      if (rightlow <= righthigh)//若第二个序列有剩余，直接复制到合并序列尾
84      {
85
86          for (i=rightlow; i<=righthigh; ++i)
87          {
88              tmp[k] = a[i];
89              ++k;
90          }
91      }
92      for (i=0; i<high-low+1; ++i)
93      {
94          a[low+i] = tmp[i];
95      }
```

```
96       free(tmp);
97   }
98   // 函数功能：用两路归并排序实现数组 a 的 n 个元素的降序排序
99   void MergeSort(int a[], int low, int high)
100  {
101      int mid;
102      if (low < high)
103      {
104          mid = low + (high - low)/2;
105          MergeSort(a, low, mid);
106          MergeSort(a, mid+1, high);
107          Merge(a, low, mid, high);
108      }
109  }
```

13.4　链表逆序

1. 实验内容

任务 1：将一个链表按节点值升序排列。

任务 2：将一个链表的节点逆序排列，即把链头变成链尾，把链尾变成链头。

2. 实验要求

任务 1：先输入原始链表的节点编号顺序，按 Ctrl+Z 键或输入非数字表示输入结束，然后输出链表按节点值升序排列后的结果。

任务 2：先输入原始链表的节点编号顺序，按 Ctrl+Z 键或输入非数字表示输入结束，然后输出链表反转后的结果。

实验任务	测试编号	程序运行结果示例
1	1	请输入链表（非数表示结束）： 节点值：7↙ 节点值：6↙ 节点值：5↙ 节点值：4↙ 节点值：3↙ 节点值：end↙ 原始表： 7　6　5　4　3 排序表： 3　4　5　6　7
	2	请输入链表（非数表示结束）： 节点值：5↙ 节点值：4↙ 节点值：3↙ 节点值：2↙ 节点值：1↙ 节点值：^z↙ 原始表： 5　4　3　2　1 排序表： 1　2　3　4　5

（续）

实验任务	测试编号	程序运行结果示例
2	1	请输入链表（非数表示结束）： 节点值：3↙ 节点值：4↙ 节点值：5↙ 节点值：6↙ 节点值：7↙ 节点值：end↙ 原始表： 3 4 5 6 7 反转表： 7 6 5 4 3
	2	请输入链表（非数表示结束）： 节点值：1↙ 节点值：2↙ 节点值：3↙ 节点值：4↙ 节点值：5↙ 节点值：^z↙ 原始表： 1 2 3 4 5 反转表： 5 4 3 2 1

3. 实验参考程序

任务 1 的参考程序 1 如下：

```
1   #include <stdio.h>
2   #include <stdlib.h>
3   struct node
4   {
5       int num;
6       struct node *next;
7   };
8   struct node *CreatLink(void);
9   void OutputLink(struct node *head);
10  struct node *SelectSort(struct node *head);
11  int main(void)
12  {
13      struct node *head;
14      head = CreatLink();
15      printf(" 原始表：\n");
16      OutputLink(head);
17      head = SelectSort(head);
18      printf(" 排序表：\n");
19      OutputLink(head);
20      return 0;
21  }
22  //函数功能：创建链表
23  struct node *CreatLink(void)
24  {
25      int temp;
26      struct node *head = NULL;
```

```
27      struct node *p1, *p2;
28      printf(" 请输入链表 (非数表示结束): \n 节点值: ");
29      while (scanf("%d", &temp) == 1)
30      {
31          p1 = (struct node *)malloc(sizeof(struct node));
32          (head == NULL) ? (head = p1) : (p2->next = p1);
33          p1->num = temp;
34          printf(" 节点值: ");
35          p2 = p1;
36      }
37      p2->next = NULL;
38      return head;
39  }
40  //函数功能: 输出链表
41  void OutputLink(struct node *head)
42  {
43      struct node *p1;
44      for (p1=head; p1!=NULL; p1=p1->next)
45      {
46          printf("%4d", p1->num);
47      }
48      printf("\n");
49  }
50  //函数功能: 返回选择法排序后链表的头节点
51  struct node *SelectSort(struct node *head)
52  {
53      struct node *first; //排列后有序链的表头指针
54      struct node *tail;  //排列后有序链的表尾指针
55      struct node *p_min; //保留键值更小的节点的前驱节点的指针
56      struct node *min;     //存储最小节点
57      struct node *p;       //当前比较的节点
58      first = NULL;
59      while (head != NULL) //在链表中找键值最小的节点
60      {
61          //采用选择法排序, 循环遍历链表中的节点, 找出此时最小的节点
62          for (p=head,min=head; p->next!=NULL; p=p->next)
63          {
64              if (p->next->num < min->num) //找到一个比当前 min 小的节点
65              {
66                  p_min = p; //保存找到节点的前驱节点: 显然 p->next 的前驱节点是 p
67                  min = p->next; //保存键值更小的节点
68              }
69          }
70          //把刚找到的最小节点放入有序链表中
71          if (first == NULL) //如果有序链表目前还是一个空链表
72          {
73              first = min;      //第一次找到键值最小的节点
74              tail = min;       //注意: 尾指针让它指向最后的一个节点
75          }
76          else            //有序链表中已经有节点
77          {
78              tail->next = min; //把刚找到的最小节点放到最后, 让尾指针的 next 指向它
79              tail = min;         //尾指针也要指向它
80          }
81          //根据相应的条件判断, 让 min 离开原来的链表
82          if (min == head) //如果找到的最小节点就是第一个节点
83          {
84              head = head->next; //让 head 指向原 head->next 即第二个节点
```

```
85          }
86          else      //如果找到的最小节点不是第一个节点
87          {
88              p_min->next = min->next; //前次最小节点的next指向当前min的next
89          }
90      }
91      if (first != NULL)      //循环结束得到有序链表first
92      {
93          tail->next = NULL; //单向链表的最后一个节点的next应该指向NULL
94      }
95      head = first;
96      return head;
97  }
```

任务 1 的参考程序 2 如下：

```
1   #include <stdio.h>
2   #include <stdlib.h>
3   struct node
4   {
5       int num;
6       struct node *next;
7   };
8   struct node *CreatLink(void);
9   void OutputLink(struct node *head);
10  struct node *BubbleSort(struct node *head);
11  int main(void)
12  {
13      struct node *head;
14      head = CreatLink();
15      printf("原始表：\n");
16      OutputLink(head);
17      head = BubbleSort(head);
18      printf("排序表：\n");
19      OutputLink(head);
20      return 0;
21  }
22  //函数功能：创建链表
23  struct node *CreatLink(void)
24  {
25      int temp;
26      struct node *head = NULL;
27      struct node *p1, *p2;
28      printf("请输入链表(非数表示结束)：\n节点值：");
29      while (scanf("%d", &temp) == 1)
30      {
31          p1 = (struct node *)malloc(sizeof(struct node));
32          (head == NULL) ? (head = p1) : (p2->next = p1);
33          p1->num = temp;
34          printf("节点值：");
35          p2 = p1;
36      }
37      p2->next = NULL;
38      return head;
39  }
40  //函数功能：输出链表
41  void OutputLink(struct node *head)
42  {
43      struct node *p1;
```

```
44      for (p1=head; p1!=NULL; p1=p1->next)
45      {
46          printf("%4d", p1->num);
47      }
48      printf("\n");
49  }
50  //函数功能：返回排序后链表的头节点
51  struct node *BubbleSort(struct node *head)
52  {
53      struct node *endpt; //用于控制循环比较的指针变量
54      struct node *p;     //临时指针变量
55      struct node *p1;
56      struct node *p2;
57      //因首节点无前驱不能交换地址，所以为便于比较，增加一个节点放在首节点前面
58      p1 = (struct node *)malloc(sizeof(struct node));
59      p1->next = head;
60      head = p1; //让 head 指向 p1 节点，排序完成后，再把 p1 节点的内存释放掉
61      //记录每次最后一次节点下沉的位置，这样不必每次都从头到尾扫描，只需扫描到记录点为止
62      for (endpt=NULL; endpt!=head; endpt=p)
63      {
64          for (p=p1=head; p1->next->next!=endpt; p1=p1->next)
65          {
66              //如果前面节点键值比后面节点键值大，则交换
67              if (p1->next->num > p1->next->next->num)
68              {
69                  //交换相邻两节点的顺序
70                  p2 = p1->next->next;
71                  p1->next->next = p2->next;
72                  p2->next = p1->next;
73                  p1->next = p2;
74                  p = p1->next->next;
75              }
76          }
77      }
78      p1 = head;             //把 p1 的信息去掉
79      head = head->next;     //让 head 指向排序后的第一个节点
80      free(p1);              //释放 p1
81      p1 = NULL;             //p1 置为 NULL，保证不产生“野指针”，即地址不确定的指针变量
82      return head;
83  }
```

任务 2 的参考程序如下：

```
1   #include <stdio.h>
2   #include <stdlib.h>
3   struct node
4   {
5       int num;
6       struct node *next;
7   };
8   struct node *CreatLink(void);
9   void OutputLink(struct node *head);
10  struct node *TurnbackLink(struct node *head);
11  int main(void)
12  {
13      struct node *head;
14      head = CreatLink();
15      printf("原始表：\n");
16      OutputLink(head);
```

```
17      head = TurnbackLink(head);
18      printf("反转表:\n");
19      OutputLink(head);
20      return 0;
21  }
22  //函数功能:创建链表
23  struct node *CreatLink(void)
24  {
25      int temp;
26      struct node *head = NULL;
27      struct node *p1, *p2;
28      printf("请输入链表(非数表示结束):\n节点值:");
29      while (scanf("%d", &temp) == 1)
30      {
31          p1 = (struct node *)malloc(sizeof(struct node));
32          (head == NULL) ? (head = p1) : (p2->next = p1);
33          p1->num = temp;
34          printf("节点值:");
35          p2 = p1;
36      }
37      p2->next = NULL;
38      return head;
39  }
40  //函数功能:输出链表
41  void OutputLink(struct node *head)
42  {
43      struct node *p1;
44      for (p1=head; p1!=NULL; p1=p1->next)
45      {
46          printf("%4d", p1->num);
47      }
48      printf("\n");
49  }
50  //函数功能:返回反转链表的头节点
51  struct node *TurnbackLink(struct node *head)
52  {
53      struct node *new, *p1, *p2, *newhead = NULL;
54      do{
55          p2 = NULL;
56          //从头节点开始找表尾
57          for (p1 = head; p1->next!=NULL; p1=p1->next)
58          {
59              p2 = p1;                        //p2指向p1的前一节点
60          }
61          if (newhead == NULL)                //表尾结点变成头节点
62          {
63              newhead = p1;                   //newhead指向p1
64              new = newhead->next = p2;       //new指向p1的前一节点p2
65          }
66          new = new->next = p2;               //new指向其前一节点p2
67          p2->next = NULL;                    //标记p2为新的表尾节点
68      }while (head->next != NULL);            //head指向的表为空时结束
69      return newhead;
70  }
```

【思考题】

请编写一个链表局部反转的程序，即给出一个链表和一个数 k，k 为链表中要反转的子链表所含节点数。

第 14 章　大数运算和近似计算专题

【本章目标】

- 掌握大数存储和大数运算的基本方法。
- 掌握蒙特卡罗方法的基本思想和近似求解方法。

14.1　大整数加法

1. 实验内容

请编写一个程序，计算两个位数相同但都不超过 100 位的非负整数的和。

【设计思路提示】首先要解决 100 位大整数的存储问题。C 语言中的数据类型能表示的数的范围终究是有限的，即使是 double 类型的变量也不足以表示 100 位的大整数。表示这样的大整数必须使用数组，即一个数组元素存放大整数中的一位。为便于编程，可以先按字符串读入大整数 *u*，然后再分离其每一个字符（即每一位数字），保存于整型数组中。接下来要解决大整数的运算问题。由于每一位是独立存放的，这就需要模拟小学生列竖式做加法的方式完成运算，即从个位开始逐位相加，结果的个位直接存放在数组的当前位对应的元素中，发生的进位向前加到前一位的运算结果中。因两个不超过 100 位的非负整数加法运算可能产生进位使得结果为 101 位，因此数组的大小需要设置得略大一些。

2. 实验要求

先输入大整数的位数 *n*（*n* 的值不超过 100），然后输入两个 *n* 位的非负整数（没有多余的前导 0），最后输出这两个大整数的和。

测试编号	程序运行结果示例
1	Input n:40↙ 请输入两个大整数： 1234512345123451234512345123451234512345↙ 1234512345123451234512345123451234512345↙ 2469024690246902469024690246902469024690
2	Input n:20↙ 请输入两个大整数： 12345123451234512345↙ 54321543215432154321↙ 66666666666666666666

3. 实验参考程序

```
1   #include <stdio.h>
2   #include <string.h>
3   #define MAX_LEN 110
4   void Sum(int num1[], int num2[], int sum[], int n);
5   int main(void)
6   {
7       int i, j, n, len;
```

```
8        int num1[MAX_LEN] = {0};
9        int num2[MAX_LEN] = {0};
10       int sum[MAX_LEN + 1] = {0};
11       char s1[MAX_LEN+1], s2[MAX_LEN+1];
12       printf("Input n:");
13       scanf("%d", &n);
14       printf(" 请输入两个大整数 :\n");
15       scanf("%s", s1);
16       scanf("%s", s2);
17       len = strlen(s1);
18       for (i=len-1, j=0; i>=0; i--, ++j)
19       {
20           num1[j] = s1[i] - '0';
21       }
22       len = strlen(s2);
23       for (i=len-1, j=0; i>=0; i--, ++j)
24       {
25           num2[j] = s2[i] - '0';
26       }
27       Sum(num1, num2, sum, n);
28       return 0;
29   }
30   // 函数功能: 计算两个 n 位大整数的加法运算结果，将其保存于数组 sum 中
31   void Sum(int num1[], int num2[], int sum[], int n)
32   {
33       int i, flag = 0;
34       for (i=0; i<n; ++i)    // 从低位开始计算，低位在数组的前端
35       {
36           sum[i] += num1[i] + num2[i] ;
37           if (sum[i] >= 10) // 如果有进位
38           {
39               sum[i] -= 10;
40               sum[i+1]++;    // 进位
41           }
42       }
43       for (i=n; i>=0; --i)// 从高位开始输出，高位在数组后端，多输出 1 位
44       {
45           if (flag)       // 表示多余的 0 已经跳过
46           {
47               printf("%d", sum[i]);
48           }
49           else if (sum[i] > 0)
50           {
51               printf("%d", sum[i]);
52               flag = 1; // 遇到第一个非 0 值置 1，说明多余的 0 已经跳过
53           }
54       }
55   }
```

【思考题】

如果输入的两个大整数的位数不一样，那么应该如何修改程序？

14.2 大数阶乘

1. 实验内容

请编写一个程序，计算 1 ～ 100 之间所有数的阶乘。

【设计思路提示】40 的阶乘就已经有 48 位了，显然 1~100 以内的阶乘值是无法用 C 语言固有的数据类型的变量来存储的，必须使用数组来存储。在计算阶乘的过程中，利用每个数组元素存储阶乘值的中间结果中的每一位数字，采用逐位相乘、后位向前进位的方法计算大数的阶乘值。只要数组长度定义得足够大，就可以计算足够大的数的阶乘值。

2. 实验要求

先输入 n（假设 n 不超过 100），然后输出从 1 ～ n 之间所有数的阶乘。

测试编号	程序运行结果示例
1	Input n: 20↙ 1! = 1 2! = 2 3! = 6 4! = 24 5! = 120 6! = 720 7! = 5040 8! = 40320 9! = 362880 10! = 3628800 11! = 39916800 12! = 479001600 13! = 6227020800 14! = 87178291200 15! = 1307674368000 16! = 20922789888000 17! = 355687428096000 18! = 6402373705728000 19! = 121645100408832000 20! = 2432902008176640000
2	Input n: 40↙ 1! = 1 2! = 2 3! = 6 4! = 24 5! = 120 6! = 720 7! = 5040 8! = 40320 9! = 362880 10! = 3628800 11! = 39916800 12! = 479001600 13! = 6227020800 14! = 87178291200 15! = 1307674368000 16! = 20922789888000 17! = 355687428096000 18! = 6402373705728000 19! = 121645100408832000

（续）

测试编号	程序运行结果示例
2	20! = 2432902008176640000 21! = 51090942171709440000 22! = 1124000727777607680000 23! = 25852016738884976640000 24! = 620448401733239439360000 25! = 15511210043330985984000000 26! = 403291461126605635584000000 27! = 10888869450418352160768000000 28! = 304888344611713860501504000000 29! = 8841761993739701954543616000000 30! = 265252859812191058636308480000000 31! = 8222838654177922817725562880000000 32! = 263130836933693530167218012160000000 33! = 8683317618811886495518194401280000000 34! = 295232799039604140847618609643520000000 35! = 10333147966386144929666651337523200000000 36! = 371993326789901217467999448150835200000000 37! = 13763753091226345046315979581580902400000000 38! = 523022617466601111760007224100074291200000000 39! = 20397882081197443358640281739902897356800000000 40! = 815915283247897734345611269596115894272000000000

3. 实验参考程序

参考程序 1 如下：

```
1   #include <stdio.h>
2   #define MAXSIZE 10000                  // 定义数组大小
3   void OutputArray(int a[], int bits);
4   int main(void)
5   {
6       int a[MAXSIZE] = {1};// 存储 MAXSIZE 位数，a[0] 初始化为 1，其他元素初始化为 0
7       int i, j, n;
8       int total = 0;         //total 用于存储每一位计算结果
9       int up = 0;            //up 用于存储进位
10      int bits = 1;          //bits 用于存储位数
11      printf("Input n:");
12      scanf("%d", &n);                   // 获取要求的最大阶乘数
13     for (i=1; i<=n; ++i)                // 计算从 1 到 n 之间所有数的阶乘值
14      {
15          j = 0;
16          do{
17              total = a[j] * i + up;     // 每一位数字都乘以 i 并加上前一位计算产生的进位
18              a[j] = total % 10;         // 将计算结果的个位留在此位
19              up = total / 10;           // 保存计算结果的进位
20              ++j;
21          }while (j<bits || up>0);       // 循环控制条件：达到原数据最大位或有进位
22          bits = j;                      // 重新确定数据位数
23          printf("%d! = ", i);           // 输出 i 的阶乘
24          OutputArray(a, bits);
25      }
26      return 0;
27  }
```

```
28  //函数功能：按倒序依次输出保存在数组a中的bits位阶乘结果
29  void OutputArray(int a[], int bits)
30  {
31      int i;
32      for (i=bits-1; i>=0; --i)
33      {
34          printf("%d", a[i]);
35      }
36          printf("\n");
37  }
```

参考程序 2 如下：

```
1   #include <stdio.h>
2   #define MAXSIZE 10000                    //定义数组大小
3   void OutputArray(int a[], int bits);
4   int BigFact(int a[], int i);
5   int main(void)
6   {
7       int a[MAXSIZE] = {1};//存储MAXSIZE位数，a[0]初始化为1，其他元素初始化为0
8       int i, n;
9       int bits = 1;          //bits用于存储位数
10      printf("Input n:");
11      scanf("%d", &n);                   //获取要求的最大阶乘数
12      for (i=1; i<=n; ++i)               //计算从1到n之间所有数的阶乘值
13      {
14          bits = BigFact(a, i);          //计算i的阶乘并返回其数据位数
15          printf("%d! = ", i);
16          OutputArray(a, bits);          //输出i的阶乘
17      }
18      return 0;
19  }
20  //函数功能：按倒序依次输出保存在数组a中的bits位阶乘结果
21  void OutputArray(int a[], int bits)
22  {
23      int i;
24      for (i=bits-1; i>=0; --i)
25      {
26          printf("%d", a[i]);
27      }
28      printf("\n");
29  }
30  //函数功能：计算i的阶乘，计算结果的每一位依次保存到数组a中，返回数据位数
31  int BigFact(int a[], int i)
32  {
33      static int total = 0; //total用于存储每一位计算结果
34      int up = 0;           //up用于存储进位
35      static int bits = 1;  //size用于存储位数
36      int j = 0;            //从最低位开始计算
37      do{
38          total = a[j] * i + up; //每一位数字都乘以i并加上前一位计算产生的进位
39          a[j] = total % 10;     //将计算结果的个位留在此位
40          up = total / 10;       //保存计算结果的进位
41          ++j;
42      }while (j<bits || up>0);   //循环控制条件：达到原数据最大位或有进位
43      bits = j;                  //重新确定数据位数
44      return bits;               //返回新的数据位数
45  }
```

参考程序 3 如下：

```
1   #include <stdio.h>
2   #include <stdlib.h>
3   #define SIZE   10000  //定义数组大小
4   int BigFact(int m, int data[]);
5   int main(void)
6   {
7       int data[SIZE] = {0};//存储 50 位数，元素全部初始化为 0，不使用 data[0]
8       int index;              //数组元素个数，表示阶乘值的位数
9       int n;                  //准备计算的阶乘中的最大数
10      int i, j;
11      printf("Input n:");
12      scanf("%d", &n);
13      for (i=1; i<=n; ++i)    //计算从 1 到 n 之间所有数的阶乘值
14      {
15          index = BigFact(i, data);//计算 i！，返回阶乘值的位数
16          if (index != 0)     //检验数组是否溢出，若未溢出，则打印阶乘值
17          {
18              printf("%d! = ", i);
19              for (j=index; j>0; --j) //从最高位开始打印每一位阶乘值
20              {
21                  printf("%d", data[j]);
22              }
23              printf("\n");
24          }
25          else                //若大于 50，数组溢出，则提示错误信息
26          {
27              printf("Over flow!\n");
28              exit(1);
29          }
30      }
31      return 0;
32  }
33  //函数功能：计算 m！，存于数组 data 中，若数组未溢出，则返回阶乘值的位数，否则返回 0
34  int BigFact(int m, int data[])
35  {
36      int i, j, k;
37      int index = 1;          //数组元素个数，表示阶乘值的位数
38      for (i=0; i<SIZE; ++i)
39      {
40          data[i] = 0;        //每个数组元素存储阶乘值的每一位数字，全部初始化为 0
41      }
42      data[1] = 1;            //初始化，令 1!=1
43      for (i=1; i<=m; ++i)  //计算阶乘 m!
44      {
45          for (j=1; j<=index; ++j)
46          {
47              data[j] = data[j] * i;//每一位数字都乘以 i
48          }
49          for (k=1; k<index; ++k)
50          {
51              if (data[k] >= 10)//阶乘值的每位数字应在 0~9 之内，若大于等于 10，则进位
52              {
53                  data[k+1] = data[k+1] + data[k]/10;  //当前位向前进位
54                  data[k] = data[k] % 10;              //进位之后的值
55              }
56          }
```

```
57          //单独处理最高位，若计算之后的最高位大于等于10，则位数index加1
58          while (data[index] >= 10 && index <= SIZE-1)
59          {
60              data[index+1] = data[index] / 10;    //向最高位进位
61              data[index] = data[index] % 10;      //进位之后的值
62              index++;                             //位数index加1
63          }
64      }
65      if (index <= SIZE-1)//检验数组是否溢出，若未溢出，则返回阶乘值的位数
66          return index;
67      else                    //若大于50，数组溢出，则返回0值
68          return 0;
69  }
```

【思考题】

自守数是指一个数的平方的尾数等于该数自身的自然数。例如 25^2=625、76^2=5776、9376^2=87909376。请编写一个程序，计算 200000 以内的所有自守数。

14.3　蒙特卡罗法计算圆周率

1. 实验内容

蒙特卡罗方法（Monte Carlo method）是一种以概率统计理论为指导的重要的数值计算方法，它通过大量随机采样了解一个系统，进而得到所要计算的值，因此也称为随机模拟方法或统计模拟方法。

请编写一个程序，用蒙特卡罗方法近似计算圆周率。

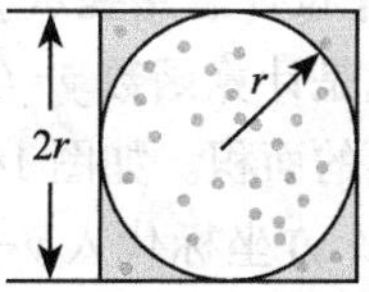

【设计思路提示】如图 14-1 所示，在一个边长为 $2r$ 的正方形内部，随机产生 n 个点，通过计算这些点与中心点的距离来判断其是否落在圆内。若这些随机产生的点均匀分布，则圆内的点应占到所有点的 $\pi r^2/4r^2$，将这个比值乘以 4，结果即为 π。

图 14-1　蒙特卡罗方法计算圆周率示意图

2. 实验要求

先输入随机产生的点数 n，然后输出用蒙特卡罗方法计算的圆周率值。

测试编号	程序运行结果示例
1	Input n:10000000↙ PI=3.141754

注意：因蒙特卡罗是一种随机算法，所以每次运行的结果可能并不完全一致。

3. 实验参考程序

```
1   #include  <stdio.h>
2   #include  <stdlib.h>
3   #include  <time.h>
4   double MonteCarloPi(unsigned long n);
5   int main(void)
6   {
7       unsigned long n;
8       printf("Input n:");
9       scanf("%lu", &n);
10      printf("PI=%f\n", MonteCarloPi(n));
11      return 0;
12  }
```

```
13  //函数功能：返回用蒙特卡罗方法计算的圆周率
14  double MonteCarloPi(unsigned long n)
15  {
16      unsigned long i, m;
17      double x, y;
18      srand(time(NULL));
19      for (i=0,m=0; i<n; ++i)
20      {
21          //随机产生0~1之间的浮点数坐标
22          x = (double)rand() / RAND_MAX;
23          y = (double)rand() / RAND_MAX;
24          if (x * x + y * y <= 1)
25          {
26              m++;//统计落入单位圆中的点数
27          }
28      }
29      return 4*(double)m/(double)n;
30  }
```

14.4　蒙特卡罗法计算定积分

1. 实验内容

请编写一个程序，用蒙特卡罗方法近似计算函数的定积分$y_2=\int_0^3 \frac{x}{1+x^2}\mathrm{d}x$。

【设计思路提示】近似计算连续函数的定积分的基本原理就是计算函数$y=f(x)$、直线$x=a$、$x=b$与x轴所围成的图形的面积。如图14-2所示，随机产生n个点，将这些点的(x, y)坐标代入$y-f(x)$，通过检查$y-f(x)$是否小于等于0来判断这些点是否位于曲线$y=f(x)$、直线$x=a$、$x=b$与x轴围成的面积内，落在这个图形面积内的点数占落在边长为$b-a$的正方形面积内的比例就是定积分的面积。

注意，要确保$f(x)$的曲线落在边长为$b-a$的正方形之内，否则需要延长正方形纵向的边长使其落在该矩形内。

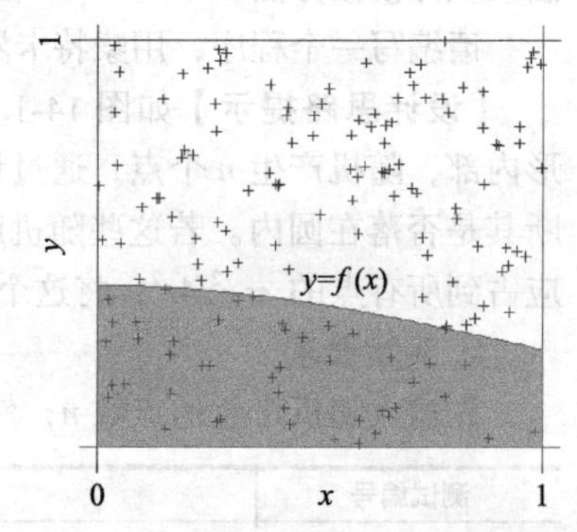

图14-2　用蒙特卡罗方法计算函数的定积分

2. 实验要求

先输入积分下限a、积分上限b，然后输出用蒙特卡罗法计算的函数定积分。

测试编号	程序运行结果示例
1	Input n:10000000↙ Input a,b:0,3↙ y=1.152479

注意：因为蒙特卡罗是一种随机算法，所以每次运行的结果可能并不完全一致。

3. 实验参考程序

```
1   #include  <stdio.h>
2   #include  <stdlib.h>
3   #include  <time.h>
4   double MonteCarloIntegral(unsigned long n, int a, int b,
```

```
5                      double (*f)(double));
6
7   double Fun2(double x);
8   int main(void)
9   {
10      unsigned long n;
11      int a, b;
12      printf("Input n:");
13      scanf("%lu", &n);
14      printf("Input a,b:");
15      scanf("%d,%d", &a, &b);
16      printf("y=%f\n", MonteCarloIntegral(n, a, b, Fun2));
17      return 0;
18  }
19  //函数功能：返回用蒙特卡罗方法计算的函数指针 f 指向的函数在 a 和 b 区间的定积分
20  double MonteCarloIntegral(unsigned long n, int a, int b,
21                            double (*f)(double))
22  {
23      unsigned long i, m;
24      double x, y;
25      srand(time(NULL));
26      for (i=0,m=0; i<n; ++i)
27      {
28          //随机产生 0~(b-a)之间的浮点数坐标
29          x = (double)rand() / RAND_MAX * (b - a);
30          y = (double)rand() / RAND_MAX * (b - a);
31          if (y <= (*f)(x))
32          {
33              m++;//统计落入曲线下方的点数
34          }
35      }
36      return (b - a) * (b - a) * (double)m/(double)n;
37  }
38  //函数功能：计算函数 x/(1+x*x) 的函数值
39  double Fun2(double x)
40  {
41      return x / (1 + x * x);
42  }
```

第 15 章　贪心与动态规划专题

【本章目标】

- 掌握贪心法和动态规划算法的基本思想，以及二者在求解优化问题时的本质区别和适用条件。
- 针对具体的问题，能够选择恰当的方法对问题进行求解。

15.1　活动安排

1. 实验内容

学校的小礼堂每天都会举办许多活动，这些活动的计划时间有时会发生冲突，需要进行选择，使得每个时段最多举办一个活动。小明负责活动安排，现在有 *n* 项活动计划的时间表，他想安排尽可能多的活动，编程计算并输出最多能够安排的活动数量。注意：如果上一个活动在 *t* 时间结束，下一个活动最早应该在 *t*+1 时间开始，*t* 为整数。假设所有输入均在合法范围。

【设计思路提示】采用贪心策略，在时间不冲突的情况下尽可能多地安排活动，也就是优先安排结束时间早的活动，即按活动结束时间从小到大排序，然后依次选择结束时间早而开始时间又晚于前一活动结束时间的活动来安排，直到没有可安排的活动为止。

2. 实验要求

先输入活动的总数，然后输入活动的开始时间和结束时间，最后输出可以安排的最多活动总数。

测试编号	程序运行结果示例
1	Input the total number of activities:10↙ Input the start and end time of each activity: 10,11↙ 9,10↙ 8,9↙ 7,8↙ 6,7↙ 5,6↙ 4,5↙ 3,4↙ 2,3↙ 1,2↙ The number of activities that can be arranged is 5
2	Input the total number of activities:4↙ Input the start and end time of each activity: 10,20↙ 10,20↙ 1,12↙ 1,10↙ The number of activities that can be arranged is 1

3. 实验参考程序

```
1   #include <stdio.h>
2   #define NUM 100
3   struct Activ
4   {
5       int begin;// 活动开始时间
6       int end;  // 活动结束时间
7   };
8   void SelectSort(struct Activ a[], int n);
9   void Swap(struct Activ *x, struct Activ *y);
10  int Arrange(struct Activ activArry[], int n);
11  int main(void)
12  {
13      int n, i, count;
14      struct Activ activArry[NUM];
15      printf("Input the total number of activities:");
16      scanf("%d", &n);
17      printf("Input the start and end time of each activity:\n");
18      for(i=0; i<n; i++)
19      {
20          scanf("%d,%d", &activArry[i].begin, &activArry[i].end);
21      }
22      SelectSort(activArry, n);
23      count = Arrange(activArry, n);
24      printf("The number of activities that can be arranged is %d\n", count);
25      return 0;
26  }
27  // 函数功能：按选择法将结构体数组 a 的 n 个元素按结束时间进行升序排序
28  void SelectSort(struct Activ a[], int n)
29  {
30      int  i, j, k;
31      for (i=0; i<n-1; ++i)
32      {
33          k = i;
34          for (j=i+1; j<n; ++j)
35          {
36              if (a[j].end < a[k].end)
37              {
38                  k = j;
39              }
40          }
41          if (k != i)
42          {
43              Swap(&a[i], &a[k]);
44          }
45      }
46  }
47  // 函数功能：交换指针 x 和 y 指向的两个结构体数据
48  void Swap(struct Activ *x, struct Activ *y)
49  {
50      struct Activ t;
51      t = *x;
52      *x = *y;
53      *y = t;
54  }
55  // 函数功能：返回能安排的时间不冲突的活动数量
56  int Arrange(struct Activ a[], int n)
57  {
```

```
58        int k = 0;
59        int i;
60        int count = n;
61        for (i=1; i<n; i++)
62        {
63            if (a[i].begin <= a[k].end) //冲突
64            {
65                count--;
66            }
67            else
68            {
69                k = i; //记录最后一个活动的编号
70            }
71        }
72        return count;
73    }
```

15.2 分发糖果

1. 实验内容

六一儿童节要到了，幼儿园准备给小朋友们分发糖果。现在有多箱不同价值和重量的糖果，每箱糖果都可以拆分成任意散装组合带走。老师给每位小朋友准备了一个最多能装下重量 w 糖果的书包，请问小朋友最多能带走多大价值的糖果。

【设计思路提示】采用贪心策略，在重量允许范围内尽可能多装价值大的糖果，也就是优先选择价值 / 重量比大的糖果放入书包，即按糖果的价值 / 重量比从大到小依次选取糖果，对选取的糖果尽可能地多装，直到达总重量 w 为止。

2. 实验要求

先输入糖果箱数 n（$1 \leqslant n \leqslant 100$），以及小朋友的书包能承受的最大重量 w（$0 < w < 10000$），然后输入每箱糖果的价值和重量。最后输出小朋友能带走的糖果的最大总价值，保留 1 位小数。

测试编号	程序运行结果示例
1	Input n,w:4,20↙ Input value, weight of each box: 90,5↙ 420,7↙ 250,6↙ 580,3↙ The final value = 1322.0
2	Input n,w:-1,30↙ Input n,w:500,30↙ Input n,w:5,30000↙ Input n,w:5,0↙ Input n,w:5,30↙ Input value, weight of each box: 100,7↙ 300,8↙ 230,5↙ 800,2↙ 100,6↙ The final value = 1530.0

3. 实验参考程序

```
1   #include <stdio.h>
2   #define EPS 1e-6
3   #define NUM 100
4   struct Candy
5   {
6       int v;// 价值
7       int w;// 重量
8   };
9   int Compare(struct Candy c1, struct Candy c2);
10  void SelectSort(struct Candy a[], int n);
11  void SwapInt(struct Candy *x, struct Candy *y);
12  double Load(struct Candy a[], int n, int w);
13  int main(void)
14  {
15      int n, w, i;
16  
17      double totalV ;
18      struct Candy candies[NUM];
19      do{
20          printf("Input n,w:");
21          scanf("%d,%d", &n, &w);
22      }while (n<1 || n>100 || w<=0 || w>=10000);
23      printf("Input value,weight of each box:\n");
24      for (i=0; i<n; ++i)
25      {
26          scanf("%d,%d", &candies[i].v, &candies[i].w);
27      }
28      SelectSort(candies, n);
29      totalV = Load(candies, n, w);
30      printf("The final value = %.1f\n", totalV);
31      return 0;
32  }
33  // 函数功能：比较价值 / 重量比值的大小，前者大则返回 1，否则返回 0
34  int Compare(struct Candy c1, struct Candy c2)
35  {
36      return  (double)(c1.v) / c1.w - (double)(c2.v) / c2.w > EPS ? 1 : 0;
37  }
38  // 函数功能：按选择法将数组 a 的 n 个元素进行降序排序
39  void SelectSort(struct Candy a[], int n)
40  {
41      int  i, j, k;
42      for (i=0; i<n-1; ++i)
43      {
44          k = i;
45          for (j=i+1; j<n; ++j)
46          {
47              if (Compare(a[j], a[k]) > 0)
48              {
49                  k = j;
50              }
51          }
52          if (k != i)
53          {
54              SwapInt(&a[i], &a[k]);
55          }
56      }
57  }
```

```
58 //函数功能：交换指针x和y指向的两个struct Candy型结构体数据
59 void SwapInt(struct Candy *x, struct Candy *y)
60 {
61     struct Candy t;
62     t = *x;
63     *x = *y;
64     *y = t;
65 }
66 //函数功能：返回能装包的糖果的最大价值
67 double Load(struct Candy candies[], int n, int w)
68 {
69     int i;
70     int totalW = 0;
71     double totalV = 0;
72     for (i=0; i<n; ++i)
73     {
74         if (totalW + candies[i].w <= w)
75         {
76             totalW += candies[i].w;
77             totalV += candies[i].v;
78         }
79         else
80         {
81             totalV += candies[i].v * (double)(w - totalW) / candies[i].w;
82             break;
83         }
84     }
85     return totalV;
86 }
```

【思考题】

1）贪心算法需要证明其正确性，请证明本题贪心算法的正确性。

2）假设规定糖果只能整箱拿，那么贪心算法还能正确吗？还能获得最优解吗？

15.3 0-1背包问题

1. 实验内容

已知有 n 种物品和一个容积为 m 的背包。假设第 i 种物品的体积为 v_i、价值为 d_i，每种物品只有一件，可以选择放或者不放。请编写一个程序，求解将哪些物品装入背包可使得装入背包的物品总价值达到最大。

【设计思路提示】因每种物品有取和不取两种选择，那么总的取法有 2^n 种，所以采用枚举法求解此问题显然是不可接受的。

设第 i 种物品的体积为 $v[i]$、价值为 $d[i]$，假设前 $i-1$ 种物品已经处理完毕，现在考虑处理第 i 种物品，将问题抽象为 $f(i, j)$，表示在总体积不超过 j 的条件下，在前 i 种物品中取物品能获得的最大价值。将取法分成两种，一种是取第 i 种物品，另一种是不取第 i 种物品。如果取第 i 种物品，那么剩下的问题就变为 $f(i-1, j-v[i])$，表示在总体积不超过 $j-v[i]$ 的条件下在前 $i-1$ 种物品中取物品能获得的最大价值，$f(i-1, j-v[i])$ 加上第 i 种物品的价值 $d[i]$ 就是第一种取法能获得的最大价值 $f(i, j)$。第二种取法因没有取第 i 种物品，所以其能获得的最大价值为 $f(i-1, j)$，即在总体积不超过 j 的条件下，在前 $i-1$ 种物品中取物品能获得的最大价值。

于是，可以得到递推关系式如下：

$f(i,j) = \max(f(i-1,j), f(i-1,j-v[i]) + d[i])$ 当 $i > 1$ 时

$f(i,j) = d[1]$ 当 i=1 且 $v[1] \leqslant j$ 时

$f(i,j) = 0$ 当 i=1 且 $v[1] > j$ 时

如果用递归函数来实现，那么存在很多重复计算，效率不高。因此，可以考虑用 $f[i][j]$ 保存 $f(i,j)$ 的计算结果，这样就可以避免重复计算。于是递推关系式变为：

$f[i][j] = \max(f[i-1][j], f[i-1][j-v[i]]+d[i]$ 当 $i > 1$ 时

$f[i][j] = d[1]$ 当 i=1 且 $v[1] \leqslant j$ 时

$f[i][j] = 0$ 当 i=1 且 $v[1] > j$ 时

将一个问题分解为子问题递归求解，并且保存中间结果以避免重复计算的方法就是动态规划，动态规划算法是求解最优解的一种常用方法。

贪心算法对问题求解时总是做出在当前状态下看来是最好或最优（即最有利）的选择，它只根据当前已有的信息做出选择，并不考虑这个选择对以后可能造成的影响，而且一旦做出了选择就不会改变，因此有可能在某些情况下不能获得整体最优解。与贪心算法不同的是，动态规划算法求解的每个局部解也是最优的。

在编程时递归的思想未必一定要使用递归函数实现，也可以采用递推算法实现。递归函数是自顶向下完成递推，而循环程序是自底向上完成递推。

如果物品的种类 n 和容积 m 都较大的话，那么开辟一个维数较大的二维数组 $f[n][m]$ 将有可能无法实现。为了节约内存，可以考虑用滚动数组来实现，即重复使用第 1 行的数组，当前行利用前一行的递推结果计算完毕后，可以直接保存在前一行的数组元素中，因为当前行的下一行递推时不会再用到前一行的递推结果。

2. 实验要求

任务 1：假设物品的种类 n 不超过 10 种，背包的容积 m 不超过 100。

任务 2：假设物品的种类 n 不超过 1000 种，背包的容积 m 不超过 10000。

先输入物品的种类 n 和背包的容积 m，然后输入每件物品的体积 v 和价值 d，最后输出可以获得的总价值。

测试编号	程序运行结果示例
1	Input n,m:4,6↙ Input volume, value of each item: 2,30↙ 1,20↙ 3,40↙ 4,10↙ The final value = 90
2	Input n,m:5,10↙ Input volume, value of each item: 1,20↙ 5,30↙ 4,60↙ 2,10↙ 3,5↙ The final value = 110

3. 实验参考程序

任务 1 的参考程序如下：

```
1    #include <stdio.h>
2    #define N 10
3    #define M 100
4    struct Item
5    {
6        int v;// 体积
7        int d;// 价值
8    };
9    int Pack(struct Item items[], int n, int m);
10   int Max(int a, int b);
11   int main(void)
12   {
13       int n, m, i;
14       struct Item items[N];
15       printf("Input n,m:");
16       scanf("%d,%d", &n, &m);
17       printf("Input volume, value of each item:\n");
18       for (i=1; i<=n; ++i)
19       {
20           scanf("%d,%d", &items[i].v, &items[i].d);
21       }
22       printf("The final value = %d\n", Pack(items, n, m));
23       return 0;
24   }
25   int Pack(struct Item items[], int n, int m)
26   {
27       int i, j;
28       int f[N][M] = {{0}};
29       for (i=1; i<=n; ++i)
30       {
31           for (j=1; j<=m; ++j)
32           {
33               if (items[1].v <= j)
34               {
35                   f[i][j] = items[1].d;
36               }
37               else
38               {
39                   f[i][j] = 0;
40               }
41           }
42       }
43       for (i=2; i<=n; ++i)
44       {
45           for (j=1; j<=m; ++j)
46           {
47               if (items[i].v <= j)
48               {
49                   f[i][j] = Max(f[i-1][j], f[i-1][j-items[i].v]+items[i].d);
50               }
51           }
52       }
53       return f[n][m];
54   }
55   int Max(int a, int b)
56   {
```

```
57      return a > b ? a : b;
58  }
```

任务 2 的参考程序如下：

```
1   #include <stdio.h>
2   #define N 1000
3   #define M 10000
4   struct Item
5   {
6       int v;// 体积
7       int d;// 价值
8   };
9   int Pack(struct Item items[], int n, int m);
10  int Max(int a, int b);
11  int main(void)
12  {
13      int n, m, i;
14      struct Item items[N];
15      printf("Input n,m:");
16      scanf("%d,%d", &n, &m);
17      printf("Input volume, value of each item:\n");
18      for (i=1; i<=n; ++i)
19      {
20          scanf("%d,%d", &items[i].v, &items[i].d);
21      }
22      printf("The final value = %d\n", Pack(items, n, m));
23      return 0;
24  }
25  int Pack(struct Item items[], int n, int m)
26  {
27      int i, j;
28      int f[M] = {0};
29      for (j=0; j<=m; ++j)
30      {
31          if (items[1].v <= j)
32          {
33              f[j] = items[1].d;
34          }
35          else
36          {
37              f[j] = 0;
38          }
39      }
40      for (i=2; i<=n; ++i)
41      {
42          for (j=m; j>=0; --j)
43          {
44              if (items[i].v <= j)
45              {
46                  f[j] = Max(f[j], f[j-items[i].v]+items[i].d);
47              }
48          }
49      }
50      return f[m];
51  }
52  int Max(int a, int b)
53  {
54      return a > b ? a : b;
55  }
```

15.4 最长上升子序列

1. 实验内容

一个序列的子序列是指从给定序列中随意地（不一定连续）去掉若干个字符（可能一个也不去掉）后所形成的序列。对于一个数字序列 a_i，若有 $a_1 < a_2 < \cdots < a_n$，则称这个序列是上升的。对于一个给定的序列（$a_1, a_2, \cdots, a_n$），可以得到其若干个上升子序列（$a_{i_1}, a_{i_2}, \cdots a_{i_k}$），这里 $1 \leqslant i_1 \leqslant i_2 \leqslant \cdots \leqslant i_k \leqslant n$。例如，对于序列（1,6,3,5,9,4,8），（1,3,5,8）、（3,4,8）、（1,6）等都是它的上升子序列，但最长的上升子序列是（1,3,5,8），其长度是 4。

请编写一个程序，计算最长上升子序列的长度。

【设计思路提示】动态规划求解问题的第一步就是分解子问题。为便于用动态规划求解，将“求以 a_i（i=1,2,⋯, N）为结尾的最长上升子序列的长度”作为子问题，这个子问题仅和序列中数字的位置相关。动态规划求解问题的第二步是找状态，序列中数字的位置 i 就是状态，状态 i 对应的值就是以 a_i 为结尾的最长上升子序列的长度。这个问题的状态总计有 N 个。动态规划求解问题的第三步是建立状态转移方程。假设 $d(i)$ 表示以 a_i 为结尾的最长上升子序列的长度，那么在 a_i 左边值小于 a_i 且长度最大的那个上升子序列加上 a_i 就可以形成一个更长的上升子序列，这个更长的上升子序列的长度等于 a_i 左边值小于 a_i 且长度最大的那个上升子序列加上 1，即：

$d(1) = 1$

$d(i) = d(j) + 1$（$1 < j < i$ 且 $a_j < a_i$ 且 $i \neq 1$）

根据这一递推关系，就可以由 $d(1)$ 推出 $d(2), d(3),\cdots, d(N)$，取其最大值即为所求。

以求 2 7 1 5 6 4 3 8 9 的最长上升子序列为例。定义 $d(i)$ ($i \in [1, n]$) 表示前 i 个以 a_i 结尾的最长上升子序列的长度。

对前 1 个数，$d(1)$=1，子序列为 2；

对前 2 个数，7 前面有 2 小于 7，$d(2)$=$d(1)$+1=2，子序列为 2 7；

对前 3 个数，1 前面没有比 1 更小的，由 1 自身组成长度为 1 的子序列 $d(3)$=1，子序列为 1；

对前 4 个数，5 前面有 2 小于 5，$d(4)$=$d(1)$+1=2，子序列为 2 5；

对前 5 个数，6 前面有 2 5 小于 6，$d(5)$=$d(4)$+1=3，子序列为 2 5 6；

对前 6 个数，4 前面有 2 小于 4，$d(6)$=$d(1)$+1=2，子序列为 2 4；

对前 7 个数，3 前面有 2 小于 3，$d(3)$=$d(1)$+1=2，子序列为 2 3；

对前 8 个数，8 前面有 2 5 6 小于 8，$d(8)$=$d(5)$+1=4，子序列为 2 5 6 8；

对前 9 个数，9 前面有 2 5 6 8 小于 9，$d(9)$=$d(8)$+1=5，子序列为 2 5 6 8 9；

max{$d(1), d(2), \cdots, d(9)$} 即 $d(9)$=5 即为这 9 个数的最长升序子序列的长度。

2. 实验要求

先输入序列的长度，然后输入这个数字序列，最后输出其最长上升子序列的长度。

测试编号	程序运行结果示例
1	Input n:6↙ Input the sequence: 1 6 3 5 9 4↙ max=4

（续）

测试编号	程序运行结果示例
2	Input n:8↙ Input the sequence: 1 6 3 5 9 4 2 10↙ max=5

3. 实验参考程序

参考程序 1 如下：

```
1   #include <stdio.h>
2   #include <stdlib.h>
3   #include <string.h>
4   #define N 80
5   int MaxLen(int a[], int n);
6   int Max(int a, int b);
7   int main(void)
8   {
9       int a[N];
10      int n, i;
11      printf("Input n:");
12      scanf("%d", &n);
13      printf("Input the sequence:");
14      for (i=0; i<n; ++i)
15      {
16          scanf("%d", &a[i]);
17      }
18      printf("max=%d\n", MaxLen(a, n));
19      return 0;
20  }
21  //函数功能：返回最长上升子序列的长度
22  int MaxLen(int a[], int n)
23  {
24      int d[N];
25      int i, j, m;
26      for(i=0; i<n; ++i)
27      {
28          d[i] = 1;
29      }
30      m = 0;
31      for (i=1; i<n; ++i)
32      {
33          for (j=0; j<i; ++j)
34          {
35              if (a[i] > a[j])
36              {
37                  d[i] = Max(d[j]+1, d[i]);
38              }
39          }
40          m = Max(m, d[i]);
41      }
42      return m;
43  }
44  //函数功能：返回两个整型数的最大值
45  int Max(int a, int b)
46  {
47      return a > b ? a : b;
48  }
```

参考程序 2 如下：

```
1   #include <stdio.h>
2   #include <stdlib.h>
3   #include <string.h>
4   #define N 80
5   int MaxLen(int a[], int n);
6   int main(void)
7   {
8       int a[N];
9       int n, i;
10      printf("Input n:");
11      scanf("%d", &n);
12      printf("Input the sequence:");
13      for (i=1; i<=n; ++i)
14      {
15          scanf("%d", &a[i]);
16      }
17      printf("max=%d\n", MaxLen(a, n));
18      return 0;
19  }
20  //函数功能：返回最长上升子序列的长度
21  int MaxLen(int a[], int n)
22  {
23      int d[N];
24      int i, j, tmp, max;
25      d[1] = 1;
26      for (i=2; i<=n; ++i)
27      {
28          tmp = 0;
29          for (j=1; j<i; ++j)
30          {
31              if (a[i] > a[j])
32              {
33                  if (d[j] > tmp)
34                  {
35                      tmp = d[j];
36                  }
37              }
38          }
39          d[i] = tmp + 1;
40      }
41      max = d[1];
42      for (i=2; i<=n; ++i)
43      {
44          if (d[i] > max)
45          {
46              max = d[i];
47          }
48      }
49      return max;
50  }
```

【思考题】

1）请修改此程序，使其能够输出最长上升子序列。

2）这个算法的时间复杂度为 $O(n^2)$，并不是最优的算法。能否将算法的时间复杂度降低为 $O(n \log n)$ 呢？

第三部分

综合案例

第 16 章　综合应用

【本章目标】

- 掌握程序设计的基本算法和简单数据结构，能够综合运用基本控制语句、算法和数据结构，以及模块化设计方法，设计具有一定规模的 C 语言程序。
- 掌握 C 语言的文件读写方法，针对计算相关的复杂工程问题，能够使用恰当的算法和数据结构，完成计算、统计、排序、检索、匹配相关的软件系统的构造、测试与实现。

16.1　餐饮服务质量调查

1. 实验内容

学校邀请 *n* 个学生给校园餐厅的饮食和服务质量进行评分，分数划分为 10 个等级（1 表示最低分，10 表示最高分），请编写一个程序，统计并按如下格式输出餐饮服务质量调查结果，同时计算评分的平均数（Mean）、中位数（Median）和众数（Mode）。

```
Grade        Count        Histogram
  1            5          *****
  2           10          **********
  3            7          *******
 ...
```

2. 实验要求

先输入学生人数 *n*（假设 *n* 不超过 40），然后输出评分的统计结果。要求计算众数时不考虑两个或两个以上的评分出现次数相同的情况。

<table>
<tr><th>测试编号</th><th>程序运行结果示例</th></tr>
<tr><td>1</td><td><pre>Input n:40↙
10 9 10 8 7 6 5 10 9 8↙
8 9 7 6 10 9 8 8 7 7↙
6 6 8 8 9 9 10 8 7 7↙
9 8 7 9 7 6 5 9 8 7↙
Feedback   Count   Histogram
       1   0
       2   0
       3   0
       4   0
       5   2   **
       6   5   *****
       7   9   *********
       8   10   **********
       9   9   *********
      10   5   *****
Mean value = 7
Median value = 8
Mode value = 8</pre></td></tr>
</table>

【设计思路提示】中位数指的是排列在数组中间的数。如果原始数据的个数是偶数，那么中位数等于中间那两个元素的算术平均值。计算中位数时，首先要调用排序函数对数组按升序进行排序，然后取出排序后数组中间位置的元素，就得到了中位数。如果数组元素的个数是偶数，那么中位数就等于数组中间那两个元素的算术平均值。

众数就是 *n* 个评分中出现次数最多的那个数。计算众数时，首先要统计不同评分出现的次数，然后找出出现次数最多的那个评分，这个评分就是众数。

3. 实验参考程序

```
1   #include <stdio.h>
2   #define  M   40
3   #define  N   11
4   void Count(int answer[], int n, int count[]);
5   int Mean(int answer[], int n);
6   int Median(int answer[], int n);
7   int Mode(int answer[], int n);
8   void DataSort(int a[], int n);
9   int main(void)
10  {
11      int  i, j, n, grade, feedback[M], count[N] = {0};
12      do{
13          printf("Input n:");
14          scanf("%d", &n);
15      }while (n<=0 || n>40);
16      for (i=0; i<n; ++i)
17      {
18          scanf("%d", &feedback[i]);
19          if (feedback[i]<1 || feedback[i]>10)
20          {
21              printf("Input error!\n");
22              i--;
23          }
24      }
25      Count(feedback, n, count);
26      printf("Feedback\tCount\tHistogram\n");
27      for (grade=1; grade<=N-1; grade++)
28      {
29          printf("%8d\t%5d\t", grade, count[grade]);
30          for (j=0; j<count[grade]; ++j)
31          {
32              printf("%c",'*');
33          }
34          printf("\n");
35      }
36      printf("Mean value = %d\n", Mean(feedback, n));
37      printf("Median value = %d\n", Median(feedback, n));
38      printf("Mode value = %d\n", Mode(feedback, n));
39      return 0;
40  }
41  //函数功能：统计每个评分等级的人数
42  void Count(int answer[], int n, int count[])
43  {
44      int  i;
45      for (i=0; i<N; ++i)
46      {
47          count[i] = 0;
```

```
48      }
49      for (i=0; i<n; ++i)
50      {
51          switch (answer[i])
52          {
53              case 1: count[1]++; break;
54              case 2: count[2]++; break;
55              case 3: count[3]++; break;
56              case 4: count[4]++; break;
57              case 5: count[5]++; break;
58              case 6: count[6]++; break;
59              case 7: count[7]++; break;
60              case 8: count[8]++; break;
61              case 9: count[9]++; break;
62              case 10:count[10]++; break;
63          }
64      }
65  }
66  //函数功能：若n>0，则返回n个数的平均数，否则返回-1
67  int Mean(int answer[], int n)
68  {
69      int i, sum = 0;
70      for (i=0; i<n; ++i)
71      {
72          sum += answer[i];
73      }
74      return  n>0 ? sum/n : -1;
75  }
76  //函数功能：返回n个数的中位数
77  int Median(int answer[], int n)
78  {
79      DataSort(answer, n);
80      if (n%2 == 0)
81      {
82          return  (answer[n/2] + answer[n/2-1]) / 2;
83      }
84      else
85      {
86          return  answer[n/2];
87      }
88  }
89  //函数功能：返回n个数的众数
90  int Mode(int answer[], int n)
91  {
92      int  i, grade, max = 0, modeValue = 0, count[N+1] = {0};
93      for (i=0; i<n; ++i)
94      {
95          count[answer[i]]++;   //统计每个等级的出现次数
96      }
97      //统计出现次数的最大值
98      for (grade=1; grade<=N; grade++)
99      {
100         if (count[grade] > max)
101         {
102             max = count[grade]; //记录出现次数的最大值
103             modeValue = grade;  //记录出现次数最多的等级
104         }
105     }
```

```
106     return modeValue;
107 }
108 //函数功能：按选择法对数组a中的n个元素进行排序
109 void DataSort(int a[], int n)
110 {
111     int i, j, k, temp;
112     for (i=0; i<n-1; ++i)
113     {
114         k = i;
115         for (j=i+1; j<n; ++j)
116         {
117             if (a[j] > a[k]) k = j;
118         }
119         if (k != i)
120         {
121             temp = a[k];
122             a[k] = a[i];
123             a[i] = temp;
124         }
125     }
126 }
```

16.2 小学生算术运算训练系统

1. 实验内容

请编写一个小学生算术运算训练系统，帮助小学生练习算术运算。

2. 实验要求

先设计并显示一个菜单，系统随机生成一个两位正整数的算术运算题，由用户输入菜单选项决定做哪种算术运算，并输入答案。

测试编号	程序运行结果示例	测试编号	程序运行结果示例
1	小学生算术运算训练系统 1. 两位数加法 2. 两位数减法 3. 两位数乘法 4. 两位数除法 5. 两位数求余 6. 设置题量大小 7. 设置答题机会 0. 退出程序 请选择 :6↙ 请设置答题量大小 :5↙ 小学生算术运算训练系统 1. 两位数加法 2. 两位数减法 3. 两位数乘法 4. 两位数除法 5. 两位数求余 6. 设置题量大小 7. 设置答题机会 0. 退出程序	1	请选择 :7↙ 请设置答题机会（次数）:2↙ 小学生算术运算训练系统 1. 两位数加法 2. 两位数减法 3. 两位数乘法 4. 两位数除法 5. 两位数求余 6. 设置题量大小 7. 设置答题机会 0. 退出程序 请选择 :1↙ 9 + 49 = 58↙ 恭喜你答对了！ 总分 = 10, 错题数 = 0 小学生算术运算训练系统 1. 两位数加法 2. 两位数减法 3. 两位数乘法 4. 两位数除法

（续）

测试编号	程序运行结果示例	测试编号	程序运行结果示例
1	5. 两位数求余 6. 设置题量大小 7. 设置答题机会 0. 退出程序 请选择 :2 29 - 4 = 25↙ 恭喜你答对了！ 总分 = 20, 错题数 = 0 小学生算术运算训练系统 1. 两位数加法 2. 两位数减法 3. 两位数乘法 4. 两位数除法 5. 两位数求余 6. 设置题量大小 7. 设置答题机会 0. 退出程序 请选择 :3 61 * 16 = 100↙ 抱歉你答错了，加油！ 61 * 16 = 66↙ 抱歉你答错了，加油！ 答案是 976 总分 = 20, 错题数 = 1 小学生算术运算训练系统 1. 两位数加法	1	2. 两位数减法 3. 两位数乘法 4. 两位数除法 5. 两位数求余 6. 设置题量大小 7. 设置答题机会 0. 退出程序 请选择 :4 7 / 22 = 0↙ 恭喜你答对了！ 总分 = 30, 错题数 = 1 小学生算术运算训练系统 1. 两位数加法 2. 两位数减法 3. 两位数乘法 4. 两位数除法 5. 两位数求余 6. 设置题量大小 7. 设置答题机会 0. 退出程序 请选择 :5 49 % 11 = 8↙ 抱歉你答错了，加油！ 49 % 11 = 5↙ 恭喜你答对了！ 总分 = 40, 错题数 = 1

3. 实验参考程序

```
1    #include  <stdio.h>
2    #include  <stdlib.h>
3    #include  <time.h>
4    int Menu(void);
5    int Add(int chance);
6    int Subtract(int chance);
7    int Multiply(int chance);
8    int Divide(int chance);
9    int Mode(int chance);
10   int SetAmount(void);
11   int SetChance(void);
12   void Print(int answer);
13   int main(void)
14   {
15       int  answer, chance = 3, amount = 10;
16       int  i = 0;
17       do{
18           switch (Menu())
19           {
20           case  1:
21               answer = Add(chance);
22               ++i;
23               Print(answer);
```

```
24                  break;
25              case  2:
26                  answer = Subtract(chance);
27                  Print(answer);
28                  ++i;
29                  break;
30              case  3:
31                  answer = Multiply(chance);
32                  Print(answer);
33                  ++i;
34                  break;
35              case  4:
36                  answer = Divide(chance);
37                  Print(answer);
38                  ++i;
39                  break;
40              case  5:
41                  answer = Mode(chance);
42                  Print(answer);
43                  ++i;
44                  break;
45              case  6:
46                  amount = SetAmount();
47                  break;
48              case  7:
49                  chance = SetChance();
50                  break;
51              case  0 :
52                  printf("训练结束!\n");
53                  exit(0);
54                  break;
55              default :
56                  break;
57              }
58          }while (i < amount);
59          return 0;
60      }
61      //函数功能:执行加法运算
62      int Add(int chance)
63      {
64          int a, b, answer, result, count = 0, flag;
65          srand((unsigned)time(NULL));
66          a  = rand() % 100 + 1;
67          b  = rand() % 100 + 1;
68          result = a + b;
69          do{
70              printf("%d + %d = ", a, b);
71              scanf("%d", &answer);
72              if (answer == result)
73              {
74                  printf("恭喜你答对了!\n");
75                  flag = 1;
76              }
77              else
78              {
79                  printf("抱歉你答错了, 加油!\n");
80                  count++;
81                  flag = 0;
```

```
82          }
83      }while (count < chance && result != answer);
84      if (count == chance)
85      {
86          printf("答案是%d\n", a + b);
87      }
88      return flag;
89  }
90  //函数功能：执行减法运算
91  int Subtract(int chance)
92  {
93      int a, b, answer, result, count = 0, flag;
94      srand((unsigned)time(NULL));
95      a  = rand() % 100 + 1;
96      b  = rand() % 100 + 1;
97      result = a - b;
98      do{
99          printf("%d - %d = ", a, b);
100         scanf("%d", &answer);
101         if (answer == result)
102         {
103             printf("恭喜你答对了!\n");
104             flag = 1;
105         }
106         else
107         {
108             printf("抱歉你答错了，加油!\n") ;
109             count++;
110             flag = 0;
111         }
112     }while (count < chance && result != answer);
113     if (count == chance)
114     {
115         printf("答案是%d\n", a - b);
116     }
117     return flag;
118 }
119 //函数功能：执行乘法运算
120 int Multiply(int chance)
121 {
122     int a, b, answer, result, count = 0, flag;
123     srand((unsigned)time(NULL));
124     a  = rand() % 100 + 1;
125     b  = rand() % 100 + 1;
126     result = a * b;
127     do{
128         printf("%d * %d = ", a, b);
129         scanf("%d", &answer);
130         if (answer == result)
131         {
132             printf("恭喜你答对了!\n");
133             flag = 1;
134         }
135         else
136         {
137             printf("抱歉你答错了，加油!\n") ;
138             count++;
139             flag = 0;
```

```
140         }
141     }while (count < chance && result != answer);
142     if (count == chance)
143     {
144         printf("答案是 %d\n", a * b);
145     }
146     return flag;
147 }
148 //函数功能：执行除法运算
149 int Divide(int chance)
150 {
151     int a, b, answer, result, count = 0, flag;
152     srand((unsigned)time(NULL));
153     a  = rand() % 100 + 1;
154     b  = rand() % 100 + 1;
155     result = a / b;
156     do{
157         printf("%d / %d = ", a, b);
158         scanf("%d", &answer);
159         if (answer == result)
160         {
161             printf("恭喜你答对了!\n");
162             flag = 1;
163         }
164         else
165         {
166             printf("抱歉你答错了，加油!\n") ;
167             count++;
168             flag = 0;
169         }
170     }while (count < chance && result != answer);
171     if (count == chance)
172     {
173         printf("答案是 %d\n", a / b);
174     }
175     return flag;
176 }
177 //函数功能：执行求余运算
178 int Mode(int chance)
179 {
180     int a, b, answer, result, count = 0, flag;
181     srand((unsigned)time(NULL));
182     a  = rand() % 100 + 1;
183     b  = rand() % 100 + 1;
184     result = a % b;
185     do{
186         printf("%d %% %d = ", a, b);
187         scanf("%d", &answer);
188         if (answer == result)
189         {
190             printf("恭喜你答对了!\n");
191             flag = 1;
192         }
193         else
194         {
195             printf("抱歉你答错了，加油!\n") ;
196             count++;
197             flag = 0;
```

```
198         }
199     }while (count < chance && result != answer);
200     if (count == chance)
201     {
202         printf("答案是 %d\n", a % b);
203     }
204     return flag;
205 }
206 // 函数功能：显示菜单并获得用户键盘输入的选项
207 int Menu(void)
208 {
209     int itemSelected, ret;
210     printf("小学生算术运算训练系统 \n");
211     printf("1.两位数加法 \n");
212     printf("2.两位数减法 \n");
213     printf("3.两位数乘法 \n");
214     printf("4.两位数除法 \n");
215     printf("5.两位数求余 \n");
216     printf("6.设置题量大小 \n");
217     printf("7.设置答题机会 \n");
218     printf("0.退出程序 \n");
219     do {
220         printf("请选择 :");
221         ret = scanf("%d", &itemSelected);      //读入用户输入
222         if (ret != 1) while (getchar() != '\n');
223     }while (ret != 1);
224     return itemSelected;
225 }
226 //函数功能：设置答题量大小
227 int SetAmount(void)
228 {   int x;
229     printf("请设置答题量大小 :");
230     scanf("%d", &x);
231     return x;
232 }
233 //函数功能：设置答题机会（次数）
234 int SetChance(void)
235 {
236     int x;
237     printf("请设置答题机会（次数）:");
238     scanf("%d", &x);
239     return x;
240 }
241 //函数功能：输出总分和错题数
242 void Print(int answer)
243 {
244     static int score = 0, error = 0;
245     if (answer == 1)
246     {
247         score = score + 10;
248     }
249     else
250     {
251         error++;
252     }
253     printf("总分 = %d, 错题数 = %d\n", score, error);
254 }
```

【思考题】

设计一个供多人练习的小学生运算系统，并计算每个学生的计算准确率，对每个学生的计算准确率进行排序，最后将全部统计信息保存到一个文件中。

16.3 青年歌手大奖赛现场分数统计

1. 实验内容

已知青年歌手大奖赛有 n 个选手参赛，m（$m>2$）个评委为参赛选手评分（最高 10 分，最低 0 分）。打分规则为：在每个选手的 m 个得分中，去掉一个最高分和一个最低分后，取平均分作为该选手的最后得分。请用数组编写一个程序实现下面的任务：

- 根据 n 个选手的最后得分，从高到低输出选手的得分名次表，以确定获奖名单；
- 根据各选手的最后得分与各评委给该选手所评分数的差距，对每个评委评分的准确性和评分水准给出一个定量的评价，从高到低输出各评委得分的名次表。

【设计思路提示】解决本问题的关键在于计算选手的最后得分和评委的得分。首先计算选手的最后得分。外层循环控制参赛选手的编号 i 从 1 变化到 n，当第 i 个选手上场时，输入该选手的编号。内层循环控制给选手评分的评委的编号 j 从 1 变化到 m，依次输入第 j 个评委给第 i 个选手的评分，并将其累加到第 i 个选手的总分中，同时求出评委给第 i 个选手评分的最高分 max 和最低分 min。当第 i 个选手的 m 个得分全部输入并累加完毕后，去掉一个最高分 max，去掉一个最低分 min，然后取其平均分作为第 i 个选手的最后得分。当 n 个参赛选手的最后得分全部计算完毕后，再将其从高到低排序，打印参赛选手的名次表。

然后，计算评委的得分。各个评委给选手的评分与选手的最终得分之间存在误差是正常的。但如果某个评委给每个选手的评分与各选手的最后得分相差太大，则说明该评委的评分有失水准。假设第 j 个评委给第 i 个选手的评分为 $f[i][j]$，第 i 个选手的最终得分为 $sf[i]$，可用下面的公式来对第 j 个评委的评分水平 $pf[j]$ 进行定量评价：

$$pf[j]=10-\sqrt{\frac{\sum_{i=1}^{n}(f[i][j]-sf[i]^2)}{n}}$$

显然，$pf[j]$ 值越高，说明评委的评分水平越高，因此可依据 m 个评委的 $pf[j]$ 值打印出评委评分水平高低的名次表。

2. 实验要求

先输入选手人数和评委人数，然后依次输入选手的编号和各评委给每个选手的评分，并输出选手的最终评分，最后输出各选手最终得分的排名和各评委评分水平的排名。

测试编号	程序运行结果示例
1	How many Athletes?5↙ How many judges?5↙ Scores of Athletes: Athlete 1 is playing. Please enter his ID:11↙ Judge 1 gives score:9.5↙ Judge 2 gives score:9.6↙ Judge 3 gives score:9.7↙

（续）

测试编号	程序运行结果示例
1	Judge 4 gives score:9.4↙ Judge 5 gives score:9.0↙ Delete a maximum score:9.7 Delete a minimum score:9.0 The final score of Athlete 11 is 9.500 Athlete 2 is playing. Please enter his ID:12↙ Judge 1 gives score:9.0↙ Judge 2 gives score:9.2↙ Judge 3 gives score:9.1↙ Judge 4 gives score:9.3↙ Judge 5 gives score:8.9↙ Delete a maximum score:9.3 Delete a minimum score:8.9 The final score of Athlete 12 is 9.100 Athlete 3 is playing. Please enter his ID:13↙ Judge 1 gives score:9.6↙ Judge 2 gives score:9.7↙ Judge 3 gives score:9.5↙ Judge 4 gives score:9.8↙ Judge 5 gives score:9.4↙ Delete a maximum score:9.8 Delete a minimum score:9.4 The final score of Athlete 13 is 9.600 Athlete 4 is playing. Please enter his ID:14↙ Judge 1 gives score:8.9↙ Judge 2 gives score:8.8↙ Judge 3 gives score:8.7↙ Judge 4 gives score:9.0↙ Judge 5 gives score:8.6↙ Delete a maximum score:9.0 Delete a minimum score:8.6 The final score of Athlete 14 is 8.800 Athlete 5 is playing. Please enter his ID:15↙ Judge 1 gives score:9.0↙ Judge 2 gives score:9.1↙ Judge 3 gives score:8.8↙ Judge 4 gives score:8.9↙ Judge 5 gives score:9.2↙ Delete a maximum score:9.2 Delete a minimum score:8.8 The final score of Athlete 11 is 9.000 Order of Athletes: order　final score　ID 1　9.600　13 2　9.500　11 3　9.100　12 4　9.000　15

（续）

测试编号	程序运行结果示例
1	5　8.800　14 Order of judges: order　final score　ID 1　9.937　1 2　9.911　2 3　9.859　3 4　9.833　4 5　9.714　5 Over!Thank you!

3. 实验参考程序

```
1   #include <stdio.h>
2   #include <string.h>
3   #include <math.h>
4   #include <stdlib.h>
5   #define N 40
6   #define M 20
7   typedef struct
8   {
9       int     sh;    //存放选手的编号
10      float   sf;    //存放选手的最后得分，即去掉一个最高分和一个最低分以后的平均分
11      float   f[M];  //存放M个评委给选手的评分
12  } ATL;
13  typedef struct
14  {
15      int     ph;    //存放评委的编号
16      float   pf;    //存放评委评分水准的得分
17  } JD;
18  void Inputscore(ATL *p, JD *q, int n, int m);
19  void CountAthleteScore(ATL *p, JD *q, int n, int m);
20  void CountJudgeScore(ATL *p, JD *q, int n, int m);
21  void AthleteSort(ATL *p, int n);
22  void JudgeSort(JD *q, int m);
23  int main(void)
24  {
25      int n, m;
26      ATL athete[N];
27      JD judge[M];
28      printf("How many Athletes?");
29      scanf("%d", &n);
30      printf("How many judges?");
31      scanf("%d", &m);
32      printf("Scores of Athletes:\n");
33      CountAthleteScore(athete, judge, n, m);
34      CountJudgeScore(athete, judge, n, m);
35      printf("Order of Athletes:\n");
36      printf("order\tfinal score\tID\n");
37      AthleteSort(athete, n);
38      printf("Order of judges:\n");
39      printf("order\tfinal score\tID\n");
40      JudgeSort(judge, m);
41      printf("Over!Thank you!\n");
42      return 0;
43  }
```

```
44  void Inputscore(ATL *p, JD *q, int n, int m)
45  {
46      int j;
47      printf("Athlete %d is playing.\n", n+1);
48      printf("Please enter his ID:");
49      scanf("%d", &p[n].sh);
50      for (j=0; j<m; ++j)
51      {
52          q[j].ph = j + 1;
53          printf("Judge %d gives score:", q[j].ph);
54          scanf("%f", &p[n].f[j]);
55      }
56  }
57  //函数功能：统计参赛选手的得分
58  void CountAthleteScore(ATL *p, JD *q, int n, int m)
59  {
60      int i, j;
61      float max, min;
62      for (i=0; i<n; ++i)
63      {
64          Inputscore(p, q, i, m);
65          p[i].sf = p[i].f[0];
66          max = p[i].f[0];
67          min = p[i].f[0];
68          for (j=1; j<m; ++j)
69          {
70              if (p[i].f[j] > max)
71              {
72                  max = p[i].f[j];
73              }
74              else if(p[i].f[j] < min)
75              {
76                  min = p[i].f[j];
77              }
78              p[i].sf += p[i].f[j];
79          }
80          printf("Delete a maximum score:%.1f\n",max);
81          printf("Delete a minimum score:%.1f\n",min);
82          p[i].sf = (p[i].sf - max - min) / (m - 2);
83          printf("The final score of Athlete %d is %.3f\n", p[i].sh, p[i].sf);
84      }
85  }
86  //函数功能：统计评委的得分
87  void CountJudgeScore(ATL *p, JD *q, int n, int m)
88  {
89      int i, j;
90      float sum;
91      for (j=0; j<m; ++j)
92      {
93          sum = 0;
94          for (i=0; i<n; ++i)
95          {
96              sum += (p[i].f[j] - p[i].sf) * (p[i].f[j] - p[i].sf);
97          }
98          if (n > 0)
99          {
100             q[j].pf = 10 - sqrt(sum/n);
101         }
```

```
102         else
103         {
104             printf("n=0\n");
105             exit(0);
106         }
107     }
108 }
109 // 函数功能：对选手的分数从高到低排序
110 void AthleteSort(ATL *p, int n)
111 {
112     int i, j;
113     ATL temp;
114     for (j=0; j<n-1; ++j)
115     {
116         for (i=0; i<n-1; ++i)
117         {
118             if (p[i].sf < p[i+1].sf)
119             {
120                 temp = p[i];
121                 p[i] = p[i+1];
122                 p[i+1] = temp;
123             }
124         }
125     }
126     for(i=0; i<n; ++i)
127     {
128         printf("%-5d\t%-11.3f\t%-6d\n",i+1,p[i].sf,p[i].sh);
129     }
130 }
131 // 函数功能：对评委的分数从高到低排序
132 void JudgeSort(JD *q, int m)
133 {
134     int i, j;
135     JD temp;
136     for (j=0; j<m-1; ++j)
137     {
138         for (i=0; i<m-1; ++i)
139         {
140             if (q[i].pf < q[i+1].pf)
141             {
142                 temp = q[i];
143                 q[i] = q[i+1];
144                 q[i+1] = temp;
145             }
146         }
147     }
148     for(j=0; j<m; ++j)
149     {
150         printf("%-5d\t%-11.3f\t%-6d\n", j+1, q[j].pf, q[j].ph);
151     }
152 }
```

16.4 随机点名系统

1. 实验内容

请设计一个随机点名系统，能够对两个系一起上课的大班学生进行随机点名。

2. 实验要求

先显示如下的菜单：

```
1. 进入 18 系随机点名系统
2. 进入 11 系随机点名系统
3. 查询所有已扣分同学
4. 出勤查询系统
0. 退出系统
```

若选择 1，则进入 18 系的随机点名系统；若选择 2，则进入 11 系的随机点名系统；若选择 3，则查询所有扣分的学生名单；若选择 4，则根据学号查询学生的出勤分（出勤分只有扣分，没有加分，因此满分为 0 分）；若选择 0，则退出系统的运行。

在进入某系的随机点名系统后，系统从该系的学生名单文件中随机抽取一个学生，询问其是否出勤。如果出勤，则显示"恭喜 xxx 同学本次出勤考察合格"，如果没有出勤，则显示"很遗憾您没来上课，将被扣除 1 分"，如果该同学是男生，还将被多扣 1 分（工科专业男女比例悬殊，算是照顾一下女生吧）。如果该同学的出勤扣分超过了 6 分，则显示"您 C 语言课未出勤次数已超最高限，无权参加期末考试"。系统可以连续进行多位同学的随机点名，不再继续点名时，可以进行出勤分析，输出本次点名的总人数、在总的点名人数中出勤的百分比，同时输出本次所有未出勤的学生名单。

测试编号	程序运行结果示例
1	略

3. 实验参考程序

```
1   #include <stdio.h>
2   #include <stdlib.h>
3   #include <time.h>
4   #define SIZE 200
5   #define N 128
6   #define M 192
7   #define MINMARK -6
8   typedef struct student
9   {
10      char name[N]; //姓名
11      long id;        //学号
12      char gender;  //性别
13      char major[M];//专业
14      long classnum;//班号
15      char home[N]; //家庭所在地
16      int num;        //出勤情况
17  } STU;//定义结构体
18  int ReadfromFile(STU stu[], int department);
19  void WritetoFile(STU stu[], int studentNumber, int department);
20  char CheckChar(void);
21  void Output(STU stu[], int a);
22  void Analyse(int checking, int attendance, int no[], STU stu[]);
23  int CheckMagic(int a, int allNum[], int checking, int studentNumber);
24  void MainSystem(int a);
25  void Menu(void);
26  void SeekingSystem(void);
27  void SeekingId(void);
28  int main(void)
29  {
```

```
30     system("color F0");
31     printf(" 本随机点名系统的优势 \n");
32     printf("1. 在 Y(y)/N(n) 输入界面上，有无限的字符容错率 \n");
33     printf("2. 可以同一系统点 18 系与 11 系两个班级 \n");
34     printf("3. 男生没来扣 2 分，女生没来扣 1 分 \n");
35     printf("4. 扣分可以记录到文件的分数里 \n");
36     printf("5. 点名结束时，可以统计本堂课的出勤率，若全部出勤直接跳过此项 \n");
37     printf("6. 未出勤扣满 6 分将不再继续扣分 \n");
38     printf("7. 教师可以在统计分数时，直接从系统里调出扣分人名单，且按班级排序 \n");
39     printf("8. 学生可以直接查询自己的出勤得分 \n\n");
40     Menu();
41     return 0;
42 }
43 void Menu(void)
44 {
45     int a;
46     while (1)
47     {
48         printf("1. 进入 18 系随机点名系统 \n");
49         printf("2. 进入 11 系随机点名系统 \n");
50         printf("3. 查询所有已扣分同学 \n");
51         printf("4. 出勤查询系统 \n");
52         printf("0. 退出系统 \n");
53         scanf("%d", &a);
54         switch (a)
55         {
56         case 1:
57             MainSystem(a);
58             break;
59         case 2:
60             MainSystem(a);
61             break;
62         case 3:
63             SeekingSystem();
64             break;
65         case 4:
66             SeekingId();
67             break;
68         case 0:
69             printf(" 本次随机点名结束，再见 !\n");
70             return;
71         default:
72             printf(" 请输入有效字符 !\n");
73         }
74     }
75 }
76 // 函数功能：根据学号查询学生的出勤分
77 void SeekingId(void)
78 {
79     STU stu[SIZE];
80     int i, j;
81     int studentNumber;
82     long pid;
83     printf(" 请输入学号：\n");
84     scanf("%ld", &pid);
85     for (i=1; i<=2; ++i)
86     {
87         studentNumber = ReadfromFile(stu, i);
```

```
88          for (j=0; j<studentNumber; ++j)
89          {
90             if (stu[j].id == pid)
91             {
92                 printf("您的姓名为: %s\n", stu[j].name);
93                 printf("您的出勤成绩为%d分(满分为0分)\n", stu[j].num);
94                 return;
95             }
96          }
97      }
98      printf("未找到您的学号\n");
99      return;
100 }
101 //函数功能: 显示所有已扣分学生名单
102 void SeekingSystem(void)
103 {
104     STU stu[SIZE];
105     int i, j, k = 0, no[SIZE] = {0};
106     int studentNumber;
107     for (i=1; i<=2; ++i)
108     {
109         studentNumber = ReadfromFile(stu, i);
110         for (j=0,k=0; j<studentNumber; ++j)
111         {
112             if (stu[j].num != 0)  //如果有扣分
113             {
114                 no[k] = j;          //记录有扣分的学生的编号
115                 ++k;
116             }
117         }
118         for (k=0; stu[no[k]].num!=0; ++k)
119         {
120             Output(stu, no[k]);
121         }
122     }
123     printf("\n");
124 }
125 //函数功能: 按照学生名单文件进行随机点名, 将点名得到出勤结果记录到文件中
126 void MainSystem(int department)
127 {
128     int flag;
129     int studentNumber; //学生总人数
130     int magic;
131     int checking = 0;  //被点到的人数
132     int attendance = 0;//出席的人数
133     int no[SIZE];        //缺勤人数学号数组
134     int allNum[SIZE];  //所有被点到的人学号数组
135     char ch1, ch2, ch3;
136     STU stu[SIZE];
137     studentNumber = ReadfromFile(stu, department);
138     printf("Total number:%d\n", studentNumber);
139     while (1)
140     {
141         checking++;             //被点到名的人数计数一次
142         srand(time(NULL));
143         do{
144             magic = rand() % 1000;
145             flag = CheckMagic(magic, allNum, checking, studentNumber);
```

```
146         }while (flag);          // 确保被点到的人编号合法且未被重复点名
147         Output(stu, magic); // 输出被点到名的学生的信息
148         printf(" 此人出勤了吗? (Y(y)/N(n))");
149         ch1 = CheckChar(); // 检查用户的输入是否合法
150         allNum[checking] = magic;// 记录被点到名的学生的编号到数组中
151         if (ch1=='y' || ch1=='Y')
152         {
153             printf(" 恭喜 %s 同学本次出勤考察合格 \n", stu[magic].name);
154             attendance++;      // 出勤人数计数 1 次
155         }
156         else
157         {
158             if (stu[magic].num < MINMARK)
159             {
160                 printf(" 您 C 语言课未出勤次数已超最高限 , 无权参加期末考试 \n");
161             }
162             else
163             {
164                 printf(" 很遗憾您没来上课 , 将被扣除 1 分 \n");
165                 if (stu[magic].gender == 'M')
166                 {
167                     printf(" 由于您是男生 , 还将被多扣 1 分 \n");
168                     stu[magic].num--; // 多扣 1 分
169                 }
170                 no[checking-attendance-1] = magic;// 记录缺勤的学生的编号
171                 stu[magic].num--;        // 正常扣除 1 分
172             }
173         }
174         printf("\n 是否还要继续点名 ?(Y(y)/N(n))");
175         ch2 = CheckChar();               // 检查用户的输入是否合法
176         if (ch2=='n' || ch2=='N')
177         {
178             WritetoFile(stu, studentNumber, department);// 出勤情况写回文件
179             if (checking != attendance)// 若未全部出勤, 则询问是否进行出勤分析
180             {
181                 printf(" 是否需要出勤分析 ?(Y(y)/N(n))");
182                 ch3 = CheckChar(); // 检查用户的输入是否合法
183                 if (ch3=='n' || ch3=='N')
184                 {
185                     printf(" 不需要出勤分析 , 程序结束 \n");
186                 }
187                 else
188                 {
189                     Analyse(checking, attendance, no, stu);
190                 }
191                 return;
192             }
193             printf(" 全部出勤! \n");
194             return;
195         }
196     }
197 }
198 // 函数功能: 确保被点到的人编号合法且未被重复点名
199 int CheckMagic(int a, int allNum[], int checking, int studentNumber)
200 {
201     int i;
202     if (!(a>=0 && a<=studentNumber-1)) // 若 a 不在合法区间内, 则返回 1
203     {
```

```
204         return 1;
205     }
206     for (i=0; i<checking; ++i)
207     {
208         if (a == allNum[i])  //若已被点过名，则返回1
209         {
210             return 1;
211         }
212     }
213     return 0;
214 }
215 //函数功能：出勤数据分析
216 void Analyse(int checking, int attendance, int no[], STU stu[])
217 {
218     int i;
219     printf("总点名人数%d\n", checking);
220     printf("出勤人数%d\n", attendance);
221     printf("出勤人数百分比%.2f%%\n", (float)attendance/checking*100);
222     printf("以下同学未出勤，请班长与同学联系\n");
223     for (i=0; i<checking-attendance; ++i)
224     {
225         Output(stu, no[i]);
226     }
227     printf("\n");
228 }
229 //函数功能：打印个人成绩
230 void Output(STU stu[], int a)
231 {
232     printf("姓名:%s\t学号:%ld\t性别:%c\t专业:%s\t\n
233         班级:%ld\t省份:%s\t分数%d(满分0分)\n",
234            stu[a].name, stu[a].id, stu[a].gender, stu[a].major,
235            stu[a].classnum, stu[a].home, stu[a].num);
236 }
237 //函数功能：检查输入字母是否符合条件
238 char CheckChar(void)
239 {
240     char ch;
241     int c;
242     scanf(" %c", &ch);    //%c前面有一个空格
243     while (!(ch=='Y'||ch=='y'||ch=='N'||ch=='n'))
244     {
245         printf("输入有误，请输入有效字符\n");
246         while ((c = getchar()) != '\n');
247         scanf(" %c", &ch);//%c前面有一个空格
248     }
249     return ch;
250 }
251 //函数功能：从文件读取学生成绩
252 int ReadfromFile(STU stu[], int department)
253 {
254     FILE *fp;
255     int i;
256     if (department == 1)
257     {
258         if ((fp=fopen("Department18.txt","r")) == NULL)
259         {
260             printf("Fail to open Department18.txt!\n");
261             exit(0);
```

```
262             }
263         }
264         else
265         {
266             if ((fp=fopen("Department11.txt","r")) == NULL)
267             {
268                 printf("Fail to open Department11.txt!\n");
269                 exit(0);
270             }
271         }
272         for (i=0; !feof(fp); ++i)
273         {
274             fscanf(fp,"%s", stu[i].name);
275             fscanf(fp,"%ld", &stu[i].id);
276             fscanf(fp," %c", &stu[i].gender);
277             fscanf(fp,"%s", stu[i].major);
278             fscanf(fp,"%ld", &stu[i].classnum);
279             fscanf(fp,"%s", stu[i].home);
280             fscanf(fp,"%d", &stu[i].num);// 出勤情况
281         }
282         fclose(fp);
283         return i-1;
284     }
285     // 函数功能：向文件写入学生成绩
286     void WritetoFile(STU stu[], int studentNumber, int department)
287     {
288         FILE *fp;
289         int i;
290         if (department == 1)
291         {
292             if ((fp=fopen("Department18.txt","w")) == NULL)
293             {
294                 printf("Fail to open Department18.txt!\n");
295                 exit(0);
296             }
297         }
298         else
299         {
300             if ((fp=fopen("Department11.txt","w")) == NULL)
301             {
302                 printf("Fail to open Department11.txt!\n");
303                 exit(0);
304             }
305         }
306         for (i=0; i<studentNumber; ++i)
307         {
308             fprintf(fp,"%s\t", stu[i].name);
309             fprintf(fp,"%ld\t", stu[i].id);
310             fprintf(fp,"%c\t", stu[i].gender);
311             fprintf(fp,"%s\t", stu[i].major);
312             fprintf(fp,"%ld\t", stu[i].classnum);
313             fprintf(fp,"%s\t", stu[i].home);
314             fprintf(fp,"%d\n", stu[i].num);// 出勤情况
315         }
316         fclose(fp);
317     }
```

第17章　游戏设计

【本章目标】

- 掌握用C语言进行游戏设计的基本方法和游戏设计常用的函数。
- 能够综合运用基本控制语句、算法和数据结构，以及模块化设计方法，设计游戏类程序。

17.1　火柴游戏

1. 实验内容

23根火柴游戏。请编写一个简单的23根火柴游戏程序，实现人和计算机玩这个游戏的程序。为了方便程序自动评测，假设计算机移动的火柴数不是随机的，而是将剩余的火柴根数对3求余后再加1来作为计算机每次取走的火柴数。计算机不可以不取，如果剩余的火柴数小于3，则将剩余的火柴数减1作为计算机移走的火柴数，如果剩余的火柴数为1，则计算机必须取走1根火柴。假设游戏规则如下：

- 两个游戏者开始拥有23根火柴棒；
- 每个游戏者轮流移走1根、2根或3根火柴；
- 取走最后一根火柴的为失败者。

2. 实验要求

程序的输入就是玩家取走的火柴数，根据最后输出的火柴数决定赢家是谁。如果计算机赢了，则输出“对不起！您输了！”；如果玩家赢了，则输出“恭喜您！您赢了！”。要求玩家取走的火柴数不能超过4根，如果超过4根，则提示“对不起！您输入了不合适的数目，请点击任意键重新输入！”，要求玩家重新输入。

测试编号	程序运行结果示例
1	这里是23根火柴游戏！！ 注意：最大移动火柴数目为三根 请输入您移动的火柴数目： 4↙ 对不起！您输入了不合适的数目，请点击任意键重新输入！ 请输入您移动的火柴数目： 2↙ 您移动的火柴数目为：2 您移动后剩下的火柴数目为：21 计算机移动的火柴数目为：1 计算机移动后剩下的火柴数目为：20 请输入您移动的火柴数目： 2↙ 您移动的火柴数目为：2

（续）

测试编号	程序运行结果示例
1	您移动后剩下的火柴数目为：18 计算机移动的火柴数目为：1 计算机移动后剩下的火柴数目为：17 请输入您移动的火柴数目： 2↙ 您移动的火柴数目为：2 您移动后剩下的火柴数目为：15 计算机移动的火柴数目为：1 计算机移动后剩下的火柴数目为：14 请输入您移动的火柴数目： 2↙ 您移动的火柴数目为：2 您移动后剩下的火柴数目为：12 计算机移动的火柴数目为：1 计算机移动后剩下的火柴数目为：11 请输入您移动的火柴数目： 2↙ 您移动的火柴数目为：2 您移动后剩下的火柴数目为：9 计算机移动的火柴数目为：1 计算机移动后剩下的火柴数目为：8 请输入您移动的火柴数目： 2↙ 您移动的火柴数目为：2 您移动后剩下的火柴数目为：6 计算机移动的火柴数目为：1 计算机移动后剩下的火柴数目为：5 请输入您移动的火柴数目： 1↙ 您移动的火柴数目为：1 您移动后剩下的火柴数目为：4 计算机移动的火柴数目为：2 计算机移动后剩下的火柴数目为：2 请输入您移动的火柴数目： 1↙ 您移动的火柴数目为：1 您移动后剩下的火柴数目为：1 计算机移动的火柴数目为：1 计算机移动后剩下的火柴数目为：0 恭喜您！您赢了！
2	这里是23根火柴游戏！！ 注意：最大移动火柴数目为三根 请输入您移动的火柴数目： 3↙ 您移动的火柴数目为：3 您移动后剩下的火柴数目为：20 计算机移动的火柴数目为：3

(续)

测试编号	程序运行结果示例
2	计算机移动后剩下的火柴数目为：17 请输入您移动的火柴数目： 3↙ 您移动的火柴数目为：3 您移动后剩下的火柴数目为：14 计算机移动的火柴数目为：3 计算机移动后剩下的火柴数目为：11 请输入您移动的火柴数目： 3↙ 您移动的火柴数目为：3 您移动后剩下的火柴数目为：8 计算机移动的火柴数目为：3 计算机移动后剩下的火柴数目为：5 请输入您移动的火柴数目： 2↙ 您移动的火柴数目为：2 您移动后剩下的火柴数目为：3 计算机移动的火柴数目为：1 计算机移动后剩下的火柴数目为：2 请输入您移动的火柴数目： 2↙ 您移动的火柴数目为：2 您移动后剩下的火柴数目为：0 对不起！您输了！

3. 实验参考程序

```
1    #include<stdio.h>
2    typedef struct matches
3    {
4        int you;      // 玩家取走的火柴数
5        int left;     // 剩余的火柴数
6        int machine; // 计算机取走的火柴数
7    }MATCH;
8    int MatchGame(MATCH game);
9    int main(void)
10   {
11       MATCH game;
12       game.left = 23;
13       int flag;
14       printf("这里是23根火柴游戏！！\n");
15       printf("注意：最大移动火柴数目为三根\n");
16       flag = MatchGame(game);
17       if (flag == 1)
18       {
19           printf("对不起！您输了！\n");
20       }
21       if (flag == 2)
22       {
23           printf("恭喜您！您赢了！\n");
24       }
25       return 0;
26   }
```

```
27 //函数功能：23根火柴游戏，函数返回1表示计算机赢了，返回2表示玩家赢了
28 int MatchGame(MATCH game)
29 {
30     int flag;
31     int flagg = 0;
32     do{
33         do{
34             flag = 1;
35             printf("请输入您移动的火柴数目：\n");
36             scanf("%d", &game.you);
37             if (game.you <1 || game.you>3 || game.you>game.left)
38             {
39                 flag = 0;
40                 printf("对不起！您输入了不合适的数目，请点击任意键重新输入！\n");
41             }
42         }while (!flag);
43         printf("您移动的火柴数目为：%d\n", game.you);
44         game.left -= game.you;
45         printf("您移动后剩下的火柴数目为：%d\n", game.left);
46         if (game.left != 0)
47         {
48             game.machine = (game.left % 3) + 1;
49             if (game.left <= game.machine)
50             {
51                 game.machine--;
52             }
53             if (game.left == game.machine && game.left != 1)
54             {
55                 game.machine--;
56             }
57             printf("计算机移动的火柴数目为：%d\n", game.machine);
58             game.left -= game.machine;
59             printf("计算机移动后剩下的火柴数目为：%d\n", game.left);
60             if (game.left == 0)
61             {
62                 flagg = 2;
63             }
64         }
65         else
66         {
67             flagg = 1;
68         }
69     }while (!flagg);
70     return flagg;
71 }
```

17.2 文曲星猜数游戏

1. 实验内容

模拟文曲星上的猜数游戏。

【**设计思路提示**】首先要随机生成一个各位相异的4位数，方法是：将0～9这10个数字顺序放入数组a（应足够大）中，然后将其排列顺序随机打乱10次，取前4个数组元素的值，即可得到一个各位相异的4位数。然后，用数组a存储计算机随机生成的4位数，用数组b存储用户猜的4位数，对a和b中相同位置的元素进行比较，可得A前面待显示的数字，对a和b的不同位置的元素进行比较，可得B前面待显示的数字。

2. 实验要求

先由计算机随机生成一个各位相异的4位数字，由用户来猜，根据用户猜测的结果给出提示：*xAyB*。其中，*A*前面的数字表示有几位数字不仅数字猜对了，而且位置也正确，*B*前面的数字表示有几位数字猜对了，但是位置不正确。最多允许用户猜的次数由用户从键盘输入。如果在第5次猜对，则提示"Congratulations, you got it at No.5"；如果在规定次数以内仍然猜不对，则给出提示"Sorry, you haven't guess the right number!"。程序结束之前，在屏幕上显示这个正确的数字。

测试编号	程序运行结果示例
1	How many times do you want to guess? 7↙ No.1 of 7 times: Please input a number:1234↙ 2A0B No.2 of 7 times: Please input a number:2304↙ 0A3B No.3 of 7 times: Please input a number:0235↙ 3A0B No.4 of 7 times: Please input a number:0239↙ 3A0B No.5 of 7 times: Please input a number:0237↙ 4A0B Congratulations, you got it at No.5 Correct answer is:0237

3. 实验参考程序

```
1    #include <stdio.h>
2    #include <time.h>
3    #include <stdlib.h>
4    void MakeDigit(int a[]);
5    int InputGuess(int b[]);
6    int IsRightPosition(int magic[], int guess[]);
7    int IsRightDigit(int magic[], int guess[]);
8    int main(void)
9    {
10       int a[10];                    // 记录计算机所想的数
11       int b[4];                     // 记录人猜的数
12       int count;                    // 记录已经猜的次数
13       int rightDigit;               // 猜对的数字个数
14       int rightPosition;            // 数字和位置都猜对的个数
15       int level;                    // 最多允许猜的次数
16       srand(time(NULL));
17       MakeDigit(a);                 // 随机生成一个各位相异的 4 位数
18       printf("How many times do you want to guess?");
19       scanf("%d", &level);
20       count = 0;
21       do{
22           printf("No.%d of %d times:\n", count+1, level);
23           printf("Please input a number:");
```

```
24          if (InputGuess(b) != 0) //读入用户的猜测
25          {
26              count++;
27              rightPosition = IsRightPosition(a, b);//数字和位置都猜对的个数
28              rightDigit = IsRightDigit(a, b);     //用户猜对的数字个数
29              rightDigit = rightDigit - rightPosition;
30              printf("%dA%dB\n", rightPosition, rightDigit);
31          }
32      }while (count < level && rightPosition != 4);
33      if (rightPosition == 4)
34      {
35          printf("Congratulations, you got it at No.%d\n", count);
36      }
37      else
38      {
39          printf("Sorry, you haven't got it, see you next time!\n");
40      }
41      printf("Correct answer is:%d%d%d%d\n", a[0], a[1], a[2], a[3]);
42      return 0;
43  }
44  //函数功能：随机生成一个各位相异的4位数
45  void MakeDigit(int a[])
46  {
47      int j, k, temp;
48      for (j=0; j<10; ++j)
49      {
50          a[j] = j;
51      }
52      for (j=0; j<10; ++j)
53      {
54          k = rand() % 10;
55          temp = a[j];
56          a[j]  = a[k];
57          a[k] = temp;
58      }
59  }
60  //函数功能：读用户猜的数，读入失败返回0，否则非0
61  int InputGuess(int b[])
62  {
63      int i, ret = 1;
64      for (i=0; i<4; ++i)
65      {
66          ret = scanf("%1d", &b[i]);
67          if (ret != 1)              //如果输入非法
68          {
69              printf("Input Data Type Error!\n");
70              while (getchar() != '\n'); //清除输入缓冲区中的内容
71              return 0;
72          }
73      }
74      if (b[0] == b[1] || b[0] == b[2] || b[0] == b[3] ||
75          b[1] == b[2] || b[1] == b[3] || b[2] == b[3])
76      {
77          printf("The digits must be different from each other!\n");
78          return 0;
79      }
80      else
81      {
```

```
82              return 1;
83          }
84  }
85  //函数功能：统计guess和magic数字和位置都一致的个数
86  int IsRightPosition(int magic[],int guess[])
87  {
88      int rightPosition = 0;
89      int j;
90      for (j=0; j<4; ++j)
91      {
92          if (guess[j] == magic[j])
93          {
94              rightPosition = rightPosition + 1;
95          }
96      }
97      return rightPosition;
98  }
99  //函数功能：统计guess和magic数字一致（不管位置是否一致）的个数
100 int IsRightDigit(int magic[],int guess[])
101 {
102     int rightDigit = 0;
103     int j, k;
104     for (j=0; j<4; ++j)
105     {
106         for (k=0; k<4; ++k)
107         {
108             if (guess[j] == magic[k])
109             {
110                 rightDigit = rightDigit + 1;
111             }
112         }
113     }
114     return rightDigit;
115 }
```

17.3　2048数字游戏

1. 实验内容

2048是一款风靡全球的益智类数字游戏。请编程实现一个2048游戏。

【设计思路提示】为了达到良好的交互效果，接收键盘输入使用getch()函数，需要使用#include <conio.h>，这个函数不需要回车就可以得到用户输入的控制字符。

2. 实验要求

游戏设计要求如下。

1）游戏方格为$N*N$，游戏开始时方格中只有一个数字。

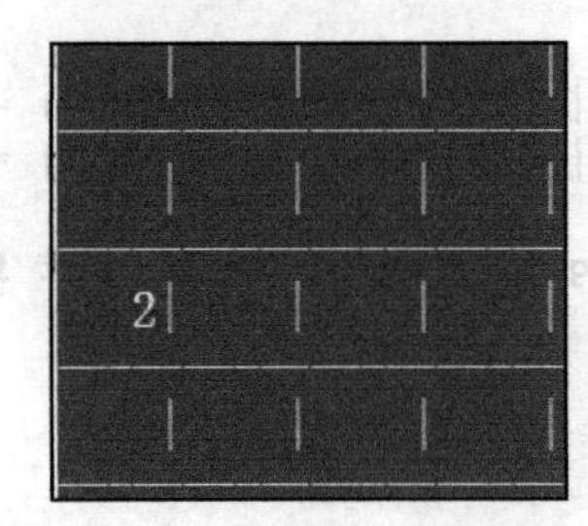

2）玩家分别使用a、d、w、s键向左、向右、向上、向下移动方块中的数字，按q键退出游戏。

3）在用户选择移动操作后，在方格中寻找可以相加的相邻且相同的数字，检测方格中相邻的数字是否可以相消得到大小加倍后的数字。依靠相同的数字相消，同时变为更大的数字来减少方块的数目，并且加大方块上的数字来完成游戏。例如，玩家移动一下，两个2相遇变为一个4，两个4相遇变为一个8，同理有16、32、64、128、256、512、1024、2048，以此类推。

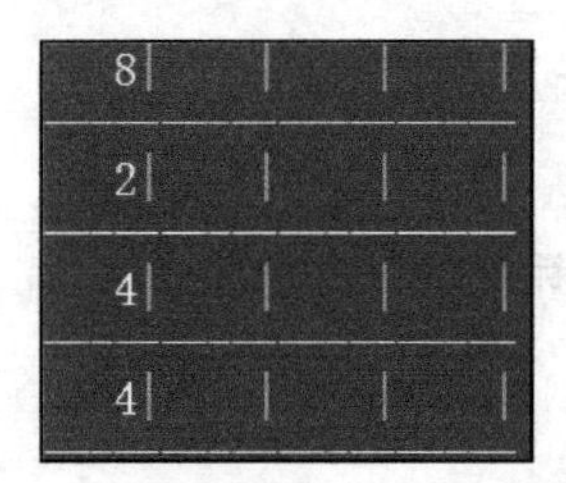

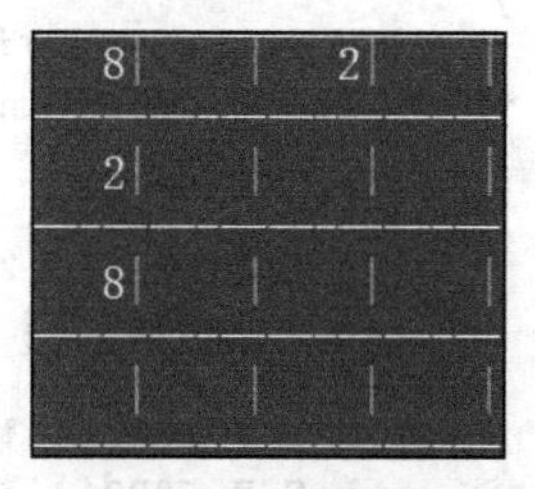

4）玩家每次移动数字方块后都会新增一个方块2或者4，增加2的概率大于增加4的概率。

5）若所有的方格都填满，还没有加到2048，则游戏失败。

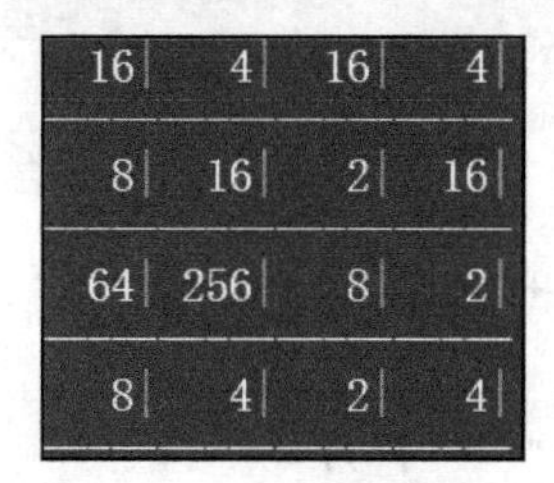

3. 实验参考程序

```
1    #include <stdio.h>
2    #include <stdlib.h>
3    #include <time.h>
4    #include <windows.h>
5    #include <conio.h>
6    #define N 4
7    void CreateNumber(int a[][N]);
8    void Print(int a[][N]);
9    int Judge(int a[][N]);
10   void Do(int a[][N]);
11   void Left(int a[][N]);
12   void Right(int a[][N]);
13   void Up(int a[][N]);
14   void Down(int a[][N]);
15   void MoveLeft(int a[][N]);
16   void MoveRight(int a[][N]);
17   void MoveUp(int a[][N]);
18   void MoveDown(int a[][N]);
19   void AddDown(int a[][N]);
20   void AddUp(int a[][N]);
21   void AddLeft(int a[][N]);
22   void AddRight(int a[][N]);
23   int main(void)
24   {
```

```
25      int a[N][N] = {{0}};
26      int b;
27      do{
28          system("cls");
29          CreateNumber(a);// 新增一个数字方块
30          Print(a);       // 显示游戏界面中的 N*N 方格
31          Do(a);          // 输入玩家的键盘操作
32          b = Judge(a);   // 判断所有格子是否都已填满
33      }while (b == 0);    // 若尚未填满，则游戏继续
34      return 0;
35  }
36  // 函数功能：生成 N*N 方格中新增数字方块的随机位置
37  void CreateNumber(int a[][N])
38  {
39      int b,c;
40      int d[3] = {2, 2, 4}; // 新增 2 的概率大于新增 4 的概率
41      srand((unsigned int)time(NULL));
42      do{
43          b = rand() % N;
44          c = rand() % N;
45      }while (a[b][c] != 0);// 若随机位置处已有数字，则重新生成
46      a[b][c] = d[rand()%3];// 随机位置处随机放入 2 或 4
47  }
48  // 函数功能：显示游戏界面中的 N*N 方格
49  void Print(int a[][N])
50  {
51      int i,j;
52      for (i=0; i<N; ++i)
53      {
54          for (j=0; j<N; ++j)
55          {
56              if (a[i][j] == 0)
57                  printf("    |");
58              else
59                  printf("%4d|", a[i][j]);
60          }
61          printf("\n");
62          for (j=0; j<N; ++j)
63          {
64              printf("---");
65          }
66          printf("\n");
67      }
68      printf("\n");
69  }
70  // 函数功能：判断所有格子是否都已填满，返回 1 表示填满，返回 0 表示尚未填满
71  int Judge(int a[][N])
72  {
73      int i, j;
74      for (i=0; i<N; ++i)
75      {
76          for (j=0; j<N; ++j)
77          {
78              if (a[i][j] == 0)
79              {
80                  return 0;
81              }
82          }
83      }
84      return 1;
```

```
85  }
86  //函数功能：输入玩家的键盘操作，按a、s、d、w键分别代表左、下、右、上
87  void Do(int a[][N])
88  {
89      char b;
90      b = getch();
91      switch (b)
92      {
93      case 'a':
94          Left(a);  //左移，寻找可以相加的数字
95          break;
96      case 's':
97          Down(a);  //下移，寻找可以相加的数字
98          break;
99      case 'd':
100         Right(a); //右移，寻找可以相加的数字
101         break;
102     case 'w':
103         Up(a);    //上移，寻找可以相加的数字
104         break;
105     case 'q':
106         exit(0);
107     default:
108         Do(a);
109         break;
110     }
111 }
112 //函数功能：向左移动，寻找可以相加的数字
113 void Left(int a[][N])
114 {
115     MoveLeft(a);
116     AddLeft(a);
117 }
118 //函数功能：向右移动，寻找可以相加的数字
119 void Right(int a[][N])
120 {
121     MoveRight(a);
122     AddRight(a);
123 }
124 //函数功能：向上移动，寻找可以相加的数字
125 void Up(int a[][N])
126 {
127     MoveUp(a);
128     AddUp(a);
129 }
130 //函数功能：向下移动，寻找可以相加的数字
131 void Down(int a[][N])
132 {
133     MoveDown(a);
134     AddDown(a);
135 }
136 //函数功能：向下移动数字
137 void MoveDown(int a[][N])
138 {
139     int i, j, k, b;
140     for (i=0; i<N; ++i)
141     {
142         b = N-1;
143         while (b != 0)
144         {
```

```
145             // 从下到上找第一个为 0 的点
146             for (j=b; (j>=0)&&(a[j][i]!=0); j--);
147             if (j < 0) // 第 i 列没找到为 0 的点就继续找下一行
148             {
149                 break;
150             }
151             // 找第一个为 0 的点上方第一个非 0 点
152             for (k=j-1; (k>=0)&&(a[k][i]==0); k--);
153             if (k < 0) // 第一个为 0 的点上方没有非 0 点就退出内层循环继续找下一行
154             {
155                 break;
156             }
157             a[j][i] = a[k][i];
158             a[k][i] = 0;
159             b = j - 1;
160         }
161     }
162 }
163 // 函数功能: 向上移动数字
164 void MoveUp(int a[][N])
165 {
166     int i, j, k, b;
167     for (i=0; i<N; ++i)
168     {
169         b = 0;
170         while (b != N)
171         {
172             // 从上到下找第一个为 0 的点
173             for (j=b; (j<N)&&(a[j][i]!=0); ++j);
174             if (j > N-1) // 第 i 列没找到为 0 的点就退出内层循环继续找下一行
175             {
176                 break;
177             }
178             // 找第一个为 0 的点下方第一个非 0 点
179             for (k=j+1; (k<N)&&(a[k][i]==0); ++k);
180             if (k > N-1) // 第一个为 0 的点下方没有非 0 点就继续找下一行
181             {
182                 break;
183             }
184             a[j][i] = a[k][i];
185             a[k][i] = 0;
186             b = j + 1;
187         }
188     }
189 }
190 // 函数功能: 向左移动数字
191 void MoveLeft(int a[][N])
192 {
193     int i, j, k, b;
194     for (i=0; i<N; ++i)
195     {
196         b = 0;
197         while (b != N)
198         {
199             // 从左到右找第一个为 0 的点
200             for (j=b; (j<N)&&(a[i][j]!=0); ++j);
201             if (j > N-1) // 第 i 行没找到为 0 的点就退出内层循环继续找下一行
202             {
203                 break;
204             }
```

```
205                //找第一个为 0 的点右侧的第一个非 0 点
206                for (k=j+1; (k<N)&&(a[i][k]==0); ++k);
207                if (k > N-1) //第一个为 0 的点右侧没有非 0 点就继续找下一行
208                {
209                    break;
210                }
211                a[i][j] = a[i][k]; //第一个非 0 点左移到左侧第一个 0 点位置
212                a[i][k] = 0;       //第一个非 0 点的位置置为 0
213                b = j + 1;         //第 i 行第一个 0 点的位置右移
214            }
215        }
216 }
217 //函数功能: 向右移动数字
218 void MoveRight(int a[][N])
219 {
220        int i, j, k, b;
221        for (i=0; i<N; ++i)
222        {
223            b = N-1;
224            while (b != 0)
225            {
226                //从右到左找第一个为 0 的点
227                for (j=b; (j>=0)&&(a[i][j]!=0); j--);
228                if (j < 0) //第 i 行没找到为 0 的点就退出内层循环继续找下一行
229                {
230                    break;
231                }
232                //找第一个为 0 的点左侧第一个非 0 点
233                for (k=j-1; (k>=0)&&(a[i][k]==0); k--);
234                if (k < 0) //第一个为 0 的点左侧没有非 0 点就继续找下一行
235                {
236                    break;
237                }
238                a[i][j] = a[i][k];
239                a[i][k] = 0;
240                b = j - 1;
241            }
242        }
243 }
244 //函数功能: 向下把两个相邻的相同数字加起来
245 void AddDown(int a[][N])
246 {
247        int i, j;
248        for (i=0; i<N; ++i)
249        {
250            for(j=N-1; j>0; j--)
251            {
252                if (a[j][i] == a[j-1][i])
253                {
254                    a[j][i] *= 2;
255                    a[j-1][i] = 0;
256                }
257            }
258        }
259 }
260 //函数功能: 向右把两个相邻的相同数字加起来
261 void AddRight(int a[][N])
262 {
263        int i, j;
264        for (i=0; i<N; ++i)
```

```
265     {
266         for (j=N-1; j>0; j--)
267         {
268             if (a[i][j] == a[i][j-1])
269             {
270                 a[i][j] *= 2;
271                 a[i][j-1] = 0;
272             }
273         }
274     }
275 }
276 //函数功能：向上把两个相邻的相同数字加起来
277 void AddUp(int a[][N])
278 {
279     int i, j;
280     for (i=0; i<N; ++i)
281     {
282         for (j=0; j<N-1; ++j)
283         {
284             if (a[j][i] == a[j+1][i])
285             {
286                 a[j][i] *= 2;
287                 a[j+1][i] = 0;
288             }
289         }
290     }
291 }
292 //函数功能：向左把两个相邻的相同数字加起来
293 void AddLeft(int a[][N])
294 {
295     int i, j;
296     for (i=0; i<N; ++i)
297     {
298         for (j=0; j<N-1; ++j)
299         {
300             if (a[i][j] == a[i][j+1])
310             {
302                 a[i][j] *= 2;
303                 a[i][j+1] = 0;
304             }
305         }
306     }
307 }
```

【思考题】

请设计一个计分方法，对2048游戏玩家的水平进行评分。

17.4　贪吃蛇游戏

1. 实验内容

请编写一个贪吃蛇游戏。

2. 实验要求

游戏设计要求如下。

1）游戏开始时，显示游戏窗口，窗口内的点用“.”表示，同时在窗口中显示贪吃蛇，蛇头用@表示，蛇身用“#”表示，游戏者按任意键开始游戏。

2）用户使用键盘方向键↑、↓、←、→来控制蛇在游戏窗口内上、下、左、右移动。

3）在没有用户按键操作的情况下，蛇自己沿着当前方向移动。

4）在蛇所在的窗口内随机地显示贪吃蛇的食物，食物用“*”表示。

5）实时更新蛇的长度和位置。

6）当蛇的头部与食物在同一位置时，食物消失，蛇的长度增加一个字符“#”，即每吃到一个食物，蛇身长出一节。

7）当蛇头到达窗口边界或蛇头即将进入身体的任意部分时，游戏结束。

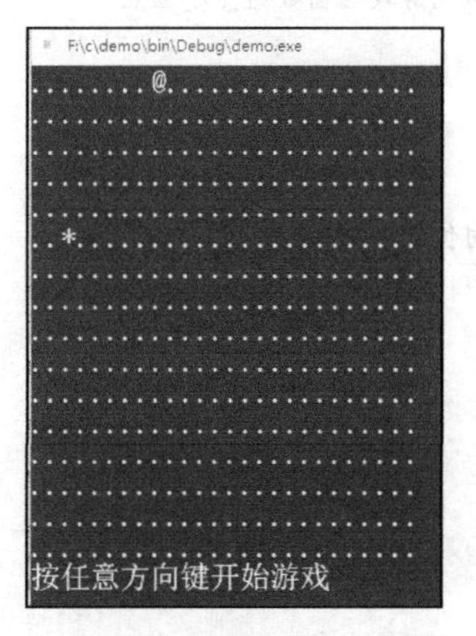

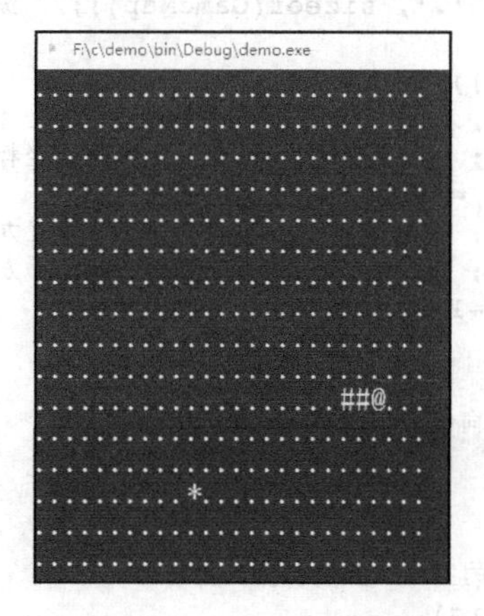

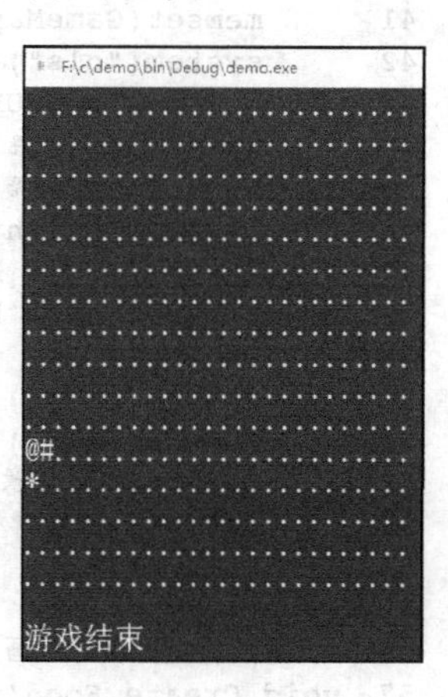

3. 实验参考程序

```
1   #include <stdio.h>
2   #include <stdlib.h>
3   #include <conio.h>
4   #include <string.h>
5   #include <time.h>
6   #include <windows.h>
7   #define H 16  //游戏画面高度
8   #define L 26  //游戏画面宽度
9   const char Shead = '@';//蛇头
10  const char Sbody = '#';//蛇身
11  const char Sfood = '*';//食物
12  const char Snode = '.';//游戏画面上的空白点
13  const int  dx[4] = {0, 0, -1, 1}; //-1和1分别对应上、下移动，距离为1
14  const int  dy[4] = {-1, 1, 0, 0}; //-1和1分别对应左、右移动，距离为1
15  char GameMap[H][L];     //游戏画面数组
16  int  sum = 1;  //蛇身的长度
17  int  over = 0; //为1时程序结束
18  struct Snake
19  {
20      int x, y; //蛇的坐标位置
21      int now;  //取值0、1、2、3分别对应左、右、上、下移动
22  } Snake[H*L];
23  void Initial(void);
24  void Create_Food(void);
25  void Show(void);
26  void ShowGameMap(void);
27  void Button(void);
28  void Move(void);
29  void CheckBorder(void);
30  void CheckHead(int x, int y);
```

```
31 int main(void)
32 {
33     Initial();
34     Show();
35     return 0;
36 }
37 //函数功能：初始化
38 void Initial(void)
39 {
40     int hx, hy;
41     memset(GameMap, '.', sizeof(GameMap));//初始化游戏画面数组为小圆点
42     system("cls");
43     srand(time(NULL));
44     hx = rand() % H;     //随机生成蛇头位置的x坐标
45     hy = rand() % L;     //随机生成蛇头位置的y坐标
46     GameMap[hx][hy] = Shead; //定位蛇头
47     Snake[0].x = hx;     //定位蛇头在画面上的垂直方向位置
48     Snake[0].y = hy;     //定位蛇头在画面上的水平方向位置
49     Snake[0].now = -1;   //蛇不动
50     Create_Food();       //随机生成食物
51     ShowGameMap();       //显示游戏画面
52     printf("按任意方向键开始游戏\n");
53     getch();
54     Button();
55 }
56 //函数功能：在游戏画面的空白位置随机生成食物
57 void Create_Food(void)
58 {
59     int fx, fy;
60     while (1)
61     {
62         fx = rand() % H;
63         fy = rand() % L;
64         if (GameMap[fx][fy] == '.')
65         {
66             GameMap[fx][fy] = Sfood;//在随机生成的坐标位置显示食物
67             break;
68         }
69     }
70 }
71 //函数功能：循环刷新游戏画面，直到游戏结束
72 void Show(void)
73 {
74     while (1)
75     {
76         Sleep(500);
77         Button();  //接收用户键盘输入，并执行相应的操作和数据更新
78         Move();
79         if (over)
80         {
81             printf("\n游戏结束\n");
82             getchar();
83             break;
84         }
85         system("cls");
86         ShowGameMap();
87     }
88 }
89 //函数功能：显示游戏画面
90 void ShowGameMap(void)
```

```
91 {
92     int i, j;
93     for (i=0; i<H; i++)
94     {
95         for (j=0; j<L; j++)
96         {
97             printf("%c", GameMap[i][j]);
98         }
99         printf("\n");
100    }
101 }
102 //函数功能：检测键盘操作，接收用户键盘输入，并执行相应的操作和数据更新
103 void Button(void)
104 {
105     int  key;
106     if (kbhit() != 0)
107     {
108         while (kbhit() != 0)
109         {
110             key = getch();
111         }
112         switch (key)
113         {
114         case 75:  //左方向键
115             Snake[0].now = 0;
116             break;
117         case 77:  //右方向键
118             Snake[0].now = 1;
119             break;
120         case 72:  //上方向键
121             Snake[0].now = 2;
122             break;
123         case 80:  //下方向键
124             Snake[0].now = 3;
125             break;
126         default:
127             Snake[0].now = -1;
128         }
129     }
130 }
131 //函数功能：若用户按了方向键，则移动蛇的位置，按其他键不移动
132 void Move(void)
133 {
134     int i, x, y;
135     if (Snake[0].now == -1) return;
136     x = Snake[0].x;
137     y = Snake[0].y;
138     GameMap[x][y] = '.';
139     Snake[0].x = Snake[0].x + dx[Snake[0].now];
140     Snake[0].y = Snake[0].y + dy[Snake[0].now];
141     CheckBorder();  //边界碰撞检测
142     CheckHead(x, y);
143     for (i=1; i<sum; i++)
144     {
145         if (i == 1)      //蛇尾恢复为背景
146         {
147             GameMap[Snake[i].x][Snake[i].y] = '.';
148         }
149         if (i == sum - 1)  //原来吃掉食物的位置变成蛇尾
150         {
```

```
151             Snake[i].x = x;
152             Snake[i].y = y;
153             Snake[i].now = Snake[0].now;
154         }
155         else //蛇身向前移动
156         {
157             Snake[i].x = Snake[i+1].x;
158             Snake[i].y = Snake[i+1].y;
159             Snake[i].now = Snake[i+1].now;
160         }
161         GameMap[Snake[i].x][Snake[i].y] = '#';
162     }
163 }
164 //函数功能：边界碰撞检测
165 void CheckBorder(void)
166 {
167     if (Snake[0].x < 0 || Snake[0].x >= H || Snake[0].y < 0 || Snake[0].y >= L)
168     {
169         over = 1;//碰到边界则游戏结束
170     }
171 }
172 //函数功能：检测蛇头是否能吃掉食物或碰到自身
173 void CheckHead(int x, int y)
174 {
175     if (GameMap[Snake[0].x][Snake[0].y] == '.')//碰到空白则更新蛇头位置
176     {
177         GameMap[Snake[0].x][Snake[0].y] = '@';
178     }
179     else if (GameMap[Snake[0].x][Snake[0].y] == '*')//碰到食物则吃掉食物
180     {
181         GameMap[Snake[0].x][Snake[0].y] = '@';
182         Snake[sum].x = x;
183         Snake[sum].y = y;
184         Snake[sum].now = Snake[0].now;
185         GameMap[Snake[sum].x][Snake[sum].y] = '#';
186         sum++;          //蛇身变长
187         Create_Food();  //产生新的食物
188     }
189     else //碰到自己则游戏结束
190     {
191         over = 1;
192     }
193 }
```

【思考题】

请修改程序，使贪吃蛇能在每吃到一个食物时，不仅蛇身长出一节，而且游戏者得10分，同时在画布下方显示分数累计结果。当贪吃蛇的头部撞击到游戏场景边框或者蛇的身体时游戏结束，并显示游戏者最后得分。

17.5 飞机大战

1. 实验内容

请编程实现一个飞机大战游戏。

【设计思路提示】使用kbhit()函数检测用户是否有键盘输入，若有键盘输入，则该函数返回1，否则返回0。在用户没有键盘输入时，if (kbhit()) 后面的语句不会被执行，从而避免出现程序需要等待用户输入，而用户没有输入时游戏就暂停的问题。

2. 实验要求

游戏设计要求如下。

1）在游戏窗口中显示我方飞机和多架敌机，敌机的位置随机产生。

2）用户使用a、d、w、s键分别控制我方飞机向左、向右、向上、向下移动。

3）用户使用空格键发射激光子弹。

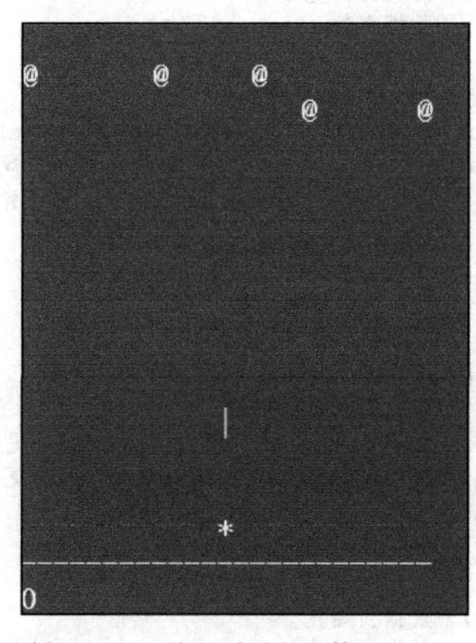

4）在没有用户按键操作的情况下，敌机自行下落。

5）如果用户发射的激光子弹击中敌机，则敌机消失，同时随机产生新的敌机，每击中一架敌机就给游戏者加1分，如果敌机跑出游戏画面，则敌机消失，同时随机产生新的敌机，每跑出游戏画面一架敌机就给游戏者扣1分。

6）当游戏者的积分达到一定值后，敌机下落速度变快。

7）当游戏者的积分达到一定值后，我方飞机发射的子弹变厉害，单束激光子弹变成多束的闪弹。

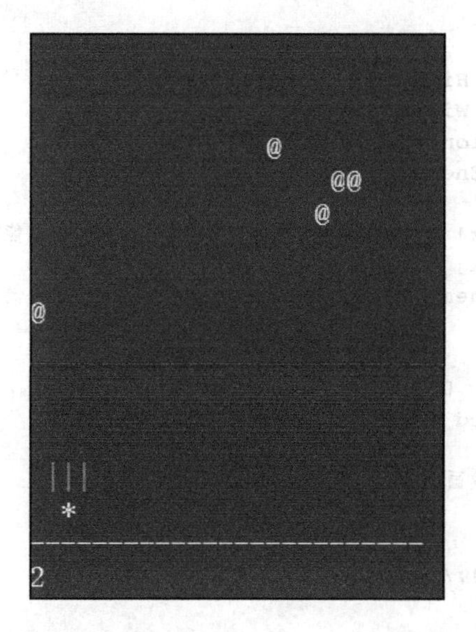

8）如果我方飞机撞到敌机，则游戏结束。

3. 实验参考程序

```
1   #include <stdio.h>
2   #include <stdlib.h>
3   #include <conio.h>
4   #include <time.h>
5   #include <windows.h>
6   #define High 15     //游戏画面高度
7   #define Width 25    //游戏画面宽度
8   #define EnemyNum 5  //敌机个数
9   // 全局变量
10  int position_x,position_y; //飞机位置
11  int enemy_x[EnemyNum], enemy_y[EnemyNum];  //EnemyNum个敌机的位置
12  int canvas[High][Width] = {{0}}; //二维数组存储游戏画布中对应的元素
13                          // 0为空格，1为飞机*，2为子弹|，3为敌机@
14  int score;              //得分
15  int BulletWidth;        //子弹宽度
16  int EnemyMoveSpeed;     //敌机移动速度
17  //自定义函数
18  void Initialize(void);//数据的初始化
19  void Show(void) ;       //显示游戏画面
20  void UpdateWithoutInput(void); //与用户输入无关的更新
21  void UpdateWithInput(void);    //与用户输入有关的更新
22  //主函数
23  int main(void)
24  {
25      Initialize();   //数据初始化
26      while (1)       //游戏循环执行
27      {
28          Show();    //显示游戏画面
29          UpdateWithoutInput();  //与用户输入无关的更新
30          UpdateWithInput();     //与用户输入有关的更新
31      }
32      return 0;
33  }
34  //函数功能：数据的初始化
35  void Initialize(void)
36  {
37      int k;
38      position_x = High-1;
39      position_y = Width/2;
40      canvas[position_x][position_y] = 1;
41      for (k=0; k<EnemyNum; ++k)
42      {
43          enemy_x[k] = rand() % 2;              //取能被2整除的随机数
44          enemy_y[k] = rand() % Width;
45          canvas[enemy_x[k]][enemy_y[k]] = 3; //存储游戏画布中敌机的元素
46      }
47      score = 0;
48      BulletWidth = 0;
49      EnemyMoveSpeed = 20;
50  }
51  //函数功能：显示游戏画面
52  void Show(void)
53  {
54      system("cls");//清屏
55      int i,j;
```

```
56        for (i=0; i<High; ++i)
57        {
58            for (j=0; j<Width; ++j)
59            {
60                if (canvas[i][j] == 0)
61                    printf(" ");   // 输出空格
62                else if (canvas[i][j] == 1)
63                    printf("*");   // 输出飞机 *
64                else if (canvas[i][j] == 2)
65                    printf("|");   // 输出子弹 |
66                else if (canvas[i][j] == 3)
67                    printf("@");   // 输出敌机 @
68            }
69            printf("\n");
70        }
71        for (j=0; j<Width; ++j)
72        {
73            printf("-");
74        }
75        printf("\n%d\n",score);
76        Sleep(20); //程序会停在那行 50 毫秒，然后继续
77    }
78    //函数功能：与用户输入无关的更新
79    void UpdateWithoutInput(void)
80    {
81        int i, j, k;
82        srand(time(NULL));
83        for (i=0; i<High; ++i)
84        {
85            for (j=0; j<Width; ++j)
86            {
87                if (canvas[i][j] == 2) //画布中某位置发现子弹
88                {
89                    for (k=0; k<EnemyNum; ++k)
90                    {
91                        if ((i==enemy_x[k]) && (j==enemy_y[k]))  //子弹击中敌机
92                        {
93                            score++;            // 分数加 1
94                            //达到一定积分后，敌机下落速度变快
95                            if (score%5==0 && EnemyMoveSpeed>3)
96                            {
97                                //减小下落的时间间隔，让敌机下落速度变快
98                                EnemyMoveSpeed--;
99                            }
100                           if (score%5 == 0)     //达到一定积分后，子弹变厉害
101                           {
102                               BulletWidth++;
103                           }
104                           //被击中的敌机消失变为空格
105                           canvas[enemy_x[k]][enemy_y[k]] = 0;
106                           enemy_x[k] = rand() % 2;     //随机产生新敌机 x 坐标
107                           enemy_y[k] = rand() % Width;//随机产生新敌机 y 坐标
108                           //记录新产生的敌机在画布中的位置
109                           canvas[enemy_x[k]][enemy_y[k]] = 3;
110                           canvas[i][j] = 0;       //子弹消失
111                       }
112                   }
113                   //子弹向上移动
```

```
114                 canvas[i][j] = 0;        //原位置上的子弹消失
115                 if (i > 0)
116                 {
117                 //子弹向上移动到新的位置，记录子弹在游戏画布中的位置
118                 canvas[i-1][j] = 2;
119                 }
120             }
121         }
122     }
123     static int speed = 0;        //静态变量speed，初始值是0
124     if (speed < EnemyMoveSpeed) //计数器小于阈值继续计数，等于阈值才让敌机下落
125     {
126         speed++;
127     }
128     for (k=0; k<EnemyNum; ++k)
129     {
130         //敌机撞到我机
131         if ((position_x==enemy_x[k]) && (position_y==enemy_y[k]))
132         {
133             printf("Game over!\n");
134             Sleep(3000);
135             system("pause");  //等待用户按一个键，然后返回
136             exit(0);
137         }
138         if (enemy_x[k] >= High)    //敌机跑出显示屏幕
139         {
140             canvas[enemy_x[k]][enemy_y[k]] = 0;//敌机消失变为空格
141             enemy_x[k] = rand() % 2;             //随机产生新敌机的x坐标
142             enemy_y[k] = rand() % Width;         //随机产生新敌机的y坐标
143             //记录新产生的敌机在画布中的位置
144             canvas[enemy_x[k]][enemy_y[k]] = 3;
145             score--;  //减分
146         }
147         //speed相当于一个计数器，EnemyMoveSpeed相当于一个阈值
148         //每隔EnemyMoveSpeed下落一次
149         //EnemyMoveSpeed越小，下落的时间间隔越小，相当于敌机下落速度越快
150         if (speed == EnemyMoveSpeed)
151         {
152             // 敌机下落
153             for (k=0; k<EnemyNum; ++k)
154             {
155                 //原位置上的敌机消失变为空格
156                 canvas[enemy_x[k]][enemy_y[k]] = 0;
157                 enemy_x[k]++; //敌机下落
158                 speed = 0;    //计数器恢复为0，重新开始计数
159                 //记录新产生的敌机在画布中的位置
160                 canvas[enemy_x[k]][enemy_y[k]] = 3;
161             }
162         }
163     }
164 }
165 //函数功能：与用户输入有关的更新
166 void UpdateWithInput(void)
167 {
168     char input;
169     int k;
170     if (kbhit())  // 判断是否有输入
171     {
```

```
172             input = getch();  //从键盘获取一个字符，不必输入回车
173             //根据用户的不同输入来移动
174             if (input == 'a' && position_y > 0)
175             {
176                 canvas[position_x][position_y] = 0;
177                 position_y--;  // 位置左移
178                 canvas[position_x][position_y] = 1;
179             }
180             else if (input == 'd' && position_y < Width-1)
181             {
182                 canvas[position_x][position_y] = 0;
183                 position_y++;  // 位置右移
184                 canvas[position_x][position_y] = 1;
185             }
186             else if (input == 'w')
187             {
188                 canvas[position_x][position_y] = 0;
189                 position_x--;  // 位置上移
190                 canvas[position_x][position_y] = 1;
191             }
192             else if (input == 's')
193             {
194                 canvas[position_x][position_y] = 0;
195                 position_x++;  // 位置下移
196                 canvas[position_x][position_y] = 1;
197             }
198             else if (input == ' ')  // 发射子弹
199             {
200                 int left = position_y - BulletWidth; //子弹增加，向左边扩展
201                 int right = position_y + BulletWidth;//子弹增加，向右边扩展
202                 if (left < 0)  //子弹左边界超出画布左边界
203                 {
204                     left = 0;
205                 }
206                 if (right > Width-1)//子弹右边界超出画布右边界
207                 {
208                     right = Width - 1;
209                 }
210                 for (k=left; k<=right; ++k)  //发射闪弹
211                 {
212                     //发射子弹的初始位置在飞机的正上方
213                     canvas[position_x-1][k] = 2;
214                 }
215             }
216         }
217 }
```

17.6 Flappy bird

1. 实验内容

请编程实现一个Flappy bird游戏。

【设计思路提示】游戏画面中的障碍物原则上应该是静止不动的，运动的是小鸟，小鸟从左向右飞行，但是这样将会导致小鸟很快就飞出屏幕，所以采用相对运动的方法，即让障碍物从右向左运动，障碍物在最左边消失后就在最右边循环出现，从而造成小鸟从左向右运

动的假象。

若想重复在同一个位置绘制障碍物，需要定位光标的位置，这就要使用 Windows API 中定义的一种结构体 COORD，用于表示一个字符在控制台屏幕上的坐标，其定义为：

```
typedef struct_COORD
{
    SHORT X; //水平坐标
    SHORT Y; //垂直坐标
}COORD;
```

同时，使用 Windows API 函数 GetStdHandle()，从一个特定的标准设备（例如标准输出）中取得一个句柄，这个句柄是一个用来标识不同设备的数值。然后，使用 Windows API 函数 SetConsoleCursorPosition() 定位光标的位置。这个封装后的定位光标到（x, y）坐标点的函数如下：

```
void Gotoxy(int x, int y)
{
    COORD pos = {x, y};
    HANDLE hOutput = GetStdHandle(STD_OUTPUT_HANDLE);// 获得标准输出设备句柄
    SetConsoleCursorPosition(hOutput, pos);          // 定位光标位置
}
```

2. 实验要求

游戏设计要求如下。

1）在游戏窗口中显示从右向左运动的障碍物，显示三根柱子墙。

2）用户使用空格键控制小鸟向上移动，以不碰到障碍物为准，即需要从柱子墙的缝隙中穿行，确保随机产生的障碍物之间的缝隙大小可以足够小鸟通过。

3）在没有用户按键操作的情况下，小鸟受重力影响会自行下落。

4）进行小鸟与障碍物的碰撞检测，如果没有碰到，则给游戏者加 1 分。

5）如果小鸟碰到障碍物或者超出游戏画面的上下边界，则游戏结束。

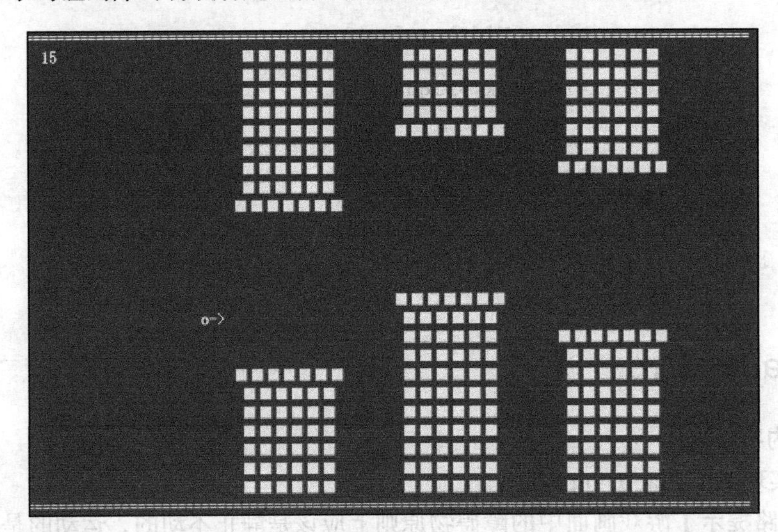

3. 实验参考程序

```
1   #include <stdio.h>
2   #include <stdlib.h>
```

```
3   #include <conio.h>
4   #include <time.h>
5   #include <windows.h>
6
7   #define DIS 22
8   #define BLAN 9    //上下两部分柱子墙之间的缝隙
9   typedef struct bird
10  {
11      COORD pos;
12      int score;
13  } BIRD;
14  BOOL SetConsoleColor(unsigned int wAttributes); //设置颜色
15  void Gotoxy(int x, int y);//定位光标
16  BOOL SetConsoleColor(unsigned int wAttributes); //设置颜色
17  void CheckWall(COORD wall[]);//显示柱子墙体
18  void PrtBird(BIRD *bird);//显示小鸟
19  int CheckWin(COORD *wall, BIRD *bird);//检测小鸟是否碰到墙体或者超出上下边界
20  void Begin(BIRD *bird);//显示上下边界和分数
21  //主函数
22  int main(void)
23  {
24      BIRD bird = {{22, 10}, 0};//小鸟的初始位置
25      COORD wall[3] = {{40, 10},{60, 6},{80, 8}}; //柱子的初始位置和高度
26      int i;
27      char ch;
28      while (CheckWin(wall, &bird))
29      {
30          Begin(&bird); //清屏并显示上下边界和分数
31          CheckWall(wall);//显示柱子墙
32          PrtBird(&bird);//显示小鸟
33          Sleep(200);
34          if (kbhit()) //检测到有键盘输入
35          {
36              ch = getch();//输入的字符存入ch
37              if (ch == ' ')//输入的是空格
38              {
39                  bird.pos.Y -= 1; //小鸟向上移动一格
40              }
41          }
42          else //未检测到键盘输入
43          {
44              bird.pos.Y += 1;//小鸟向下移动一格
45          }
46          for (i=0; i<3; ++i)
47          {
48              wall[i].X--; //柱子墙向左移动一格
49          }
50      }
51      return 0;
52  }
53  //函数功能：定位光标
54  void Gotoxy(int x, int y)//void Gotoxy(COORD pos)
55  {
56      COORD pos = {x, y};
57      HANDLE hOutput = GetStdHandle(STD_OUTPUT_HANDLE);//获得标准输出设备句柄
58      SetConsoleCursorPosition(hOutput, pos);        //定位光标位置
59  }
60  //函数功能：设置颜色
```

```
61  BOOL SetConsoleColor(unsigned int wAttributes)
62  {
63      //一共有16种文字颜色、16种背景颜色，组合有256种。传入的参数值应当小于256
64      //字节的低4位控制前景色，高4位控制背景色，高亮+红+绿+蓝
65      HANDLE hOutput = GetStdHandle(STD_OUTPUT_HANDLE);
66      if (hOutput == INVALID_HANDLE_VALUE)
67      {
68          return FALSE;
69      }
70      return SetConsoleTextAttribute(hOutput, wAttributes);
71  }
72  //函数功能：显示柱子墙体
73  void CheckWall(COORD wall[])
74  {
75      int i;
76      srand(time(0));
77      COORD temp = {wall[2].X + DIS, rand() % 13 + 5};//随机产生一个新的柱子
78      if (wall[0].X < 10)  //超出预设的左边界
79      {
80          wall[0] = wall[1];//最左侧的柱子墙消失，第二个柱子变成第一个
81          wall[1] = wall[2];//第三个柱子变成第二个
82          wall[2] = temp;  //新产生的柱子变成第三个
83      }
84      for (i=0; i<3; ++i)//每次显示三个柱子墙
85      {
86          //显示上半部分柱子墙
87          temp.X = wall[i].X + 1;//向右缩进一格显示图案
88          SetConsoleColor(0x0C); //设置黑色背景，亮红色前景
89          for (temp.Y=2; temp.Y<wall[i].Y; temp.Y++)//从第2行开始显示
90          {
91              Gotoxy(temp.X, temp.Y);
92              printf("■■■■■■");
93          }
94          temp.X--;//向左移动一格显示图案
95          Gotoxy(temp.X, temp.Y);
96          printf("■■■■■■■");
97          //显示下半部分柱子墙
98          temp.Y += BLAN;
99          Gotoxy(temp.X, temp.Y);
100         printf("■■■■■■■");
101         temp.X++; //向右缩进一格显示图案
102         temp.Y++; //在下一行显示下面的图案
103         for (; (temp.Y)<26; temp.Y++)//一直显示到第25行
104         {
105             Gotoxy(temp.X, temp.Y);
106             printf("■■■■■■");
107         }
108     }
109 }
110 //函数功能：显示小鸟
111 void PrtBird(BIRD *bird)
112 {
113     SetConsoleColor(0x0E); //设置黑色背景，亮黄色前景
114     Gotoxy(bird->pos.X, bird->pos.Y);//Position(bird->pos);
115     printf("o->");
116 }
117 //函数功能：检测小鸟是否碰到墙体或者超出上下边界，是则返回0，否则分数加1并返回1
118 int CheckWin(COORD *wall, BIRD *bird)
```

```
119 {
120     if (bird->pos.X >= wall->X) //小鸟的横坐标进入柱子坐标范围
121     {
122         if (bird->pos.Y <= wall->Y || bird->pos.Y >= wall->Y + BLAN)
123         {
124             return 0; //小鸟的纵坐标碰到上下柱子,则返回0
125         }
126     }
127     if (bird->pos.Y < 1 || bird->pos.Y > 26)
128     {
129         return 0; //小鸟的位置超出上下边界,则返回0
130     }
131     (bird->score)++;  //分数加1
132     return 1;
133 }
134 //函数功能:显示上下边界和分数
135 void Begin(BIRD *bird)
136 {
137     system("cls");
138     Gotoxy(0, 26); //第26行显示下边界
139     printf("=================================================="
140            "==================================");
141     Gotoxy(0, 1); //第1行显示上边界
142     printf("=================================================="
143            "==================================");
144     SetConsoleColor(0x0E);//设置黑色背景,亮黄色前景
145     printf("\n%4d", bird->score);//第1行显示分数
146 }
```

17.7 井字棋游戏

1. 实验内容

任务1：编写一个双人对弈的井字棋游戏。

【设计思路提示】首先定义一个3行3列的二维数组board，将其中所有元素全部赋值为空格字符。然后两个玩家轮流落子，重绘棋盘，判断胜负，不断重复以上步骤，直到出现平局或者一方胜出为止。

任务2：编写一个简单的人机对弈的井字棋游戏。

2. 实验要求

任务1：使用多文件编程实现X方和O方的对弈，X方和O方对弈时只在一个棋盘界面上进行下棋，不要在多个地方输出棋盘。游戏规则：X方先行，有一方棋子三个连成一条直线即为胜出，棋盘中9个棋盘格子落子满，且没有一方三子连线，则为平局。

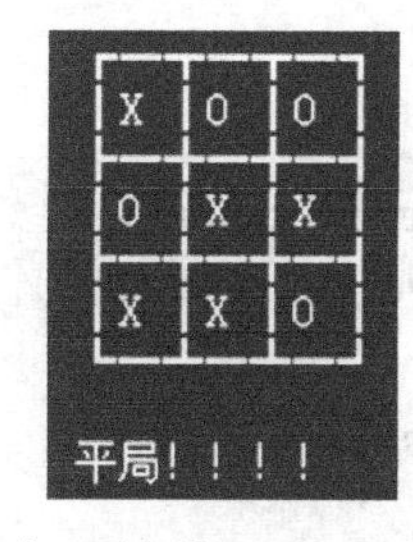

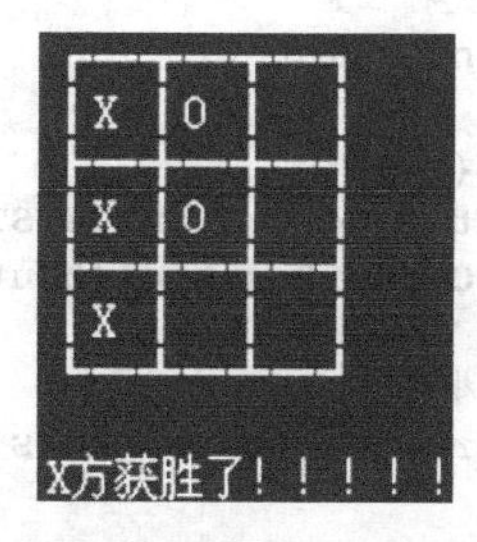

任务2：玩家为X方，计算机为O方，假设计算机没有智能，每次都是随机地在空格

里选择一个位置落子。其余要求和游戏规则同任务 1。

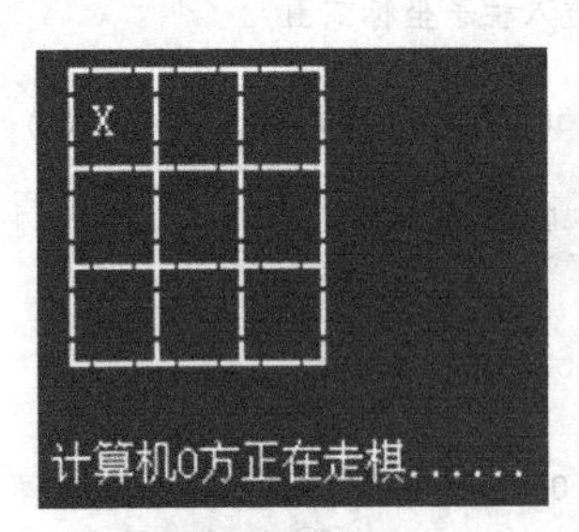

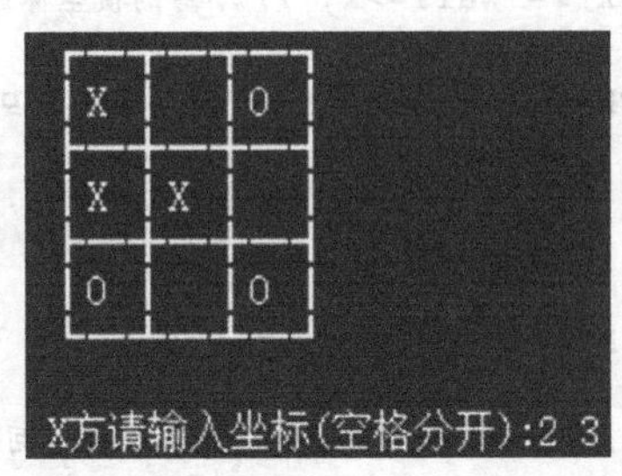

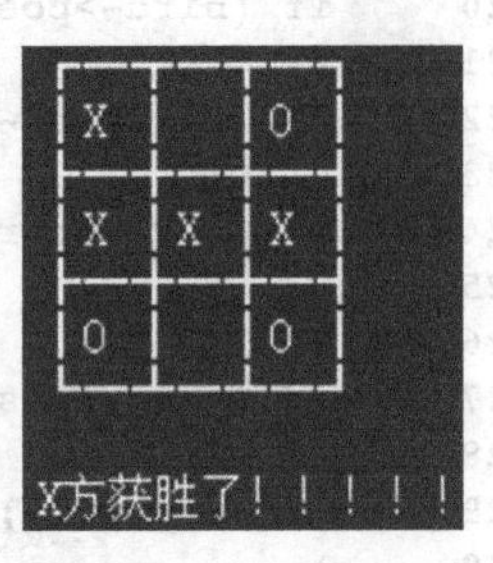

3. 实验参考程序

任务 1 的参考程序：

```
1   //头文件 game.h
2   #ifndef GAME_H_INCLUDED
3   #define GAME_H_INCLUDED
4   #define ROWS 6
5   #define COLS 6
6   void init_board(char board[ROWS][COLS]);
7   void goto_xy(int x,int y);
8   void print_board(char board[ROWS][COLS]);
9   void play_game(char board[ROWS][COLS]);
10  char check_win(char board[ROWS][COLS]);
11  void player_move(char board[ROWS][COLS],char player);
12  #endif
13  //game.c 文件
14  #include "game.h"
15  #include <stdio.h>
16  #include <stdlib.h>
17  #include <time.h>
18  #include <windows.h>
19  //函数功能：初始化棋盘
20  void init_board(char board[ROWS][COLS])
21  {
22      int i = 0;
23      int j = 0;
24      for (i = 0; i < ROWS; i++)
25      {
26          for (j = 0; j < COLS; j++)
27          {
28              board[i][j] = ' ';
29          }
30      }
31  }
32  //函数功能：定位光标位置
33  void goto_xy(int x,int y)
34  {
35      COORD pos={x,y};
36      HANDLE hOut = GetStdHandle(STD_OUTPUT_HANDLE);
37      SetConsoleCursorPosition(hOut,pos);
38  }
39  //函数功能：绘制棋盘
40  void print_board(char board[ROWS][COLS])
41  {
42      system("mode con cols=60 lines=20");
43      goto_xy(13,1);
```

```
44      printf(" ┌───┬───┬───┐ ");
45      goto_xy(13,2);
46      printf(" │ %c │ %c │ %c │ ",board[0][0],board[0][1],board[0][2]);
47      goto_xy(13,3);
48      printf(" ├───┼───┼───┤ ");
49      goto_xy(13,4);
50      printf(" │ %c │ %c │ %c │ ",board[1][0],board[1][1],board[1][2]);
51      goto_xy(13,5);
52      printf(" ├───┼───┼───┤ ");
53      goto_xy(13,6);
54      printf(" │ %c │ %c │ %c │ ",board[2][0],board[2][1],board[2][2]);
55      goto_xy(13,7);
56      printf(" └───┴───┴───┘ ");
57  }
58  //函数功能：玩家落子
59  void player_move(char board[ROWS][COLS],char player)
60  {
61      int x = 0;
62      int y = 0;
63      int inputError = 0;
64      while (1)
65      {
66          goto_xy(13,9);
67          printf("\t\t\t\t");
68          goto_xy(13,9);
69          if (inputError == 0)
70              printf("%c方请输入坐标(空格分开):",player);
71          else
72              printf("输入错误,%c方请重新输入坐标(空格分开):",player);
73          scanf("%d%d", &x, &y);
74          if (x<1||x>3||y<1||y>3)
75              inputError = 1;
76          else
77          {
78              if (board[x-1][y-1] == ' '&&(player=='x'||player=='X'))
79              {
80                  board[x-1][y-1] = 'X';
81                  return;
82              }
83              else if (board[x-1][y-1] == ' '&&(player=='o'||player=='O'))
84              {
85                  board[x-1][y-1] = 'O';
86                  return;
87              }
88              else
89              {
90                  inputError=1;
91              }
92          }
93      }
94  }
95  //函数功能：判断胜负
96  char check_win(char board[ROWS][COLS])
97  {
98      int i = 0;
99      for (i = 0; i < 3; i++)
100     {
101         if ((board[i][0] == board[i][1]) && (board[i][1] == board[i][2])
```

```
102             && (board[i][1] != ' '))
103         {
104             return 'p';
105         }
106     }
107     for (i = 0; i < 3; i++)
108     {
109         if ((board[0][i] == board[1][i]) && (board[1][i] == board[2][i])
110             && (board[1][i] != ' '))
111         {
112             return 'p';
113         }
114     }
115     if ((board[0][0] == board[1][1]) && (board[1][1] == board[2][2])
116         && (board[1][1] != ' '))
117     {
118         return 'p';
119     }
120     if ((board[0][2] == board[1][1]) && (board[1][1] == board[2][0])
121         && (board[1][1] != ' '))
122     {
123         return 'p';
124     }
125 }
126 //函数功能：开始游戏过程，玩家轮流落子并判断胜负
127 void play_game(char board[ROWS][COLS])
128 {
129     char ret;
130     int count = 0;
131     while (1)
132     {
133         player_move(board,'X');
134         count++;
135         print_board(board);
136         if ((ret = check_win(board)) == 'p')
137         {
138             goto_xy(13,9);
139             printf("X方获胜了！！！！！\n");
140             break;
141         }
142         if (count >=  9)
143         {
144             goto_xy(13,9);
145             printf("平局！！！！\n");
146             break;
147         }
148         player_move(board,'O');
149         count++;
150         print_board(board);
151         if ((ret = check_win(board)) == 'p')
152         {
153             goto_xy(13,9);
154             printf("O方获胜了！！！！\n");
155             break;
156         }
157         if (count >= 9)
158         {
159             goto_xy(13,9);
```

```
160             printf("平局！！！！\n");
161             break;
162         }
163     }
164 }
165 //main.c 文件
166 #include "game.h"
167 #include <stdio.h>
168 #include <time.h>
169 #include <stdlib.h>
170 int main(void)
171 {
172     char board[ROWS][COLS] = { 0 };
173     init_board(board);
174     print_board(board);
175     play_game(board);
176     return 0;
177 }
```

任务2的参考程序：

```
1   // 头文件 game.h
2   #ifndef GAME_H_INCLUDED
3   #define GAME_H_INCLUDED
4   #define ROWS 6
5   #define COLS 6
6   void init_board(char board[ROWS][COLS]);
7   void goto_xy(int x,int y);// 绘制棋盘时使坐标轴协调
8   void print_board(char board[ROWS][COLS]);// 绘制棋盘
9   void play_game(char board[ROWS][COLS]);
10  char check_win(char board[ROWS][COLS]);
11  void player_move(char board[ROWS][COLS]);
12  void com_move(char board[ROWS][COLS]);
13  #endif
14  //game.c 文件
15  #include "game.h"
16  #include <stdio.h>
17  #include <stdlib.h>
18  #include <time.h>
19  #include <windows.h>
20  // 函数功能：初始化棋盘
21  void init_board(char board[ROWS][COLS])
22  {
23      int i = 0;
24      int j = 0;
25      for (i = 0; i < ROWS; i++)
26      {
27          for (j = 0; j < COLS; j++)
28          {
29              board[i][j] = ' ';
30          }
31      }
32  }
33  // 函数功能：定位光标位置
34  void goto_xy(int x, int y)
35  {
36      COORD pos = {x,y};
37      HANDLE hOut = GetStdHandle(STD_OUTPUT_HANDLE);
```

```
38      SetConsoleCursorPosition(hOut, pos);
39  }
40  //函数功能：绘制棋盘
41  void print_board(char board[ROWS][COLS])
42  {
43      system("mode con cols=60 lines=20");
44      goto_xy(13, 1);
45      printf(" ┌───┬───┬───┐ ");
46      goto_xy(13, 2);
47      printf(" │ %c │ %c │ %c │ ",board[0][0],board[0][1],board[0][2]);
48      goto_xy(13, 3);
49      printf(" ├───┼───┼───┤ ");
50      goto_xy(13, 4);
51      printf(" │ %c │ %c │ %c │ ",board[1][0],board[1][1],board[1][2]);
52      goto_xy(13, 5);
53      printf(" ├───┼───┼───┤ ");
54      goto_xy(13, 6);
55      printf(" │ %c │ %c │ %c │ ",board[2][0],board[2][1],board[2][2]);
56      goto_xy(13, 7);
57      printf(" └───┴───┴───┘ ");
58  }
59  //函数功能：计算机落子
60  void com_move(char board[ROWS][COLS])//new
61  {
62      int x = 0;
63      int y = 0;
64      srand((unsigned)time(NULL));
65      while (1)
66      {
67          x = rand() % 3;
68          y = rand() % 3;
69          if (board[x][y] == ' ')
70          {
71              goto_xy(13, 9);
72              printf("\t\t\t\t");
73              goto_xy(13, 9);
74              printf("计算机O方正在走棋......");
75              Sleep(1500);
76              board[x][y] = 'O';
77              return;
78          }
79      }
80  }
81  //函数功能：玩家落子
82  void player_move(char board[ROWS][COLS])
83  {
84      int x = 0;
85      int y = 0;
86      int inputError = 0;
87      while (1)
88      {
89          goto_xy(13, 9);
90          printf("\t\t\t\t");
91          goto_xy(13, 9);
92          if (inputError == 0)
93              printf("X方请输入坐标(空格分开):");
94          else
95              printf("输入错误,X方请重新输入坐标(空格分开):");
```

```
96          scanf( "% d%d ", &x , &y);
97          if(x<1 || x>3 || y<1 || y>3)
98              inputError = 1;
99          else
100         {
101             if (board[x-1][y-1] == ' ')
102             {
103                 board[x-1][y-1] = 'X';
104                 return;
105             }
106             else
107             {
108                 inputError = 1;
109             }
110         }
111     }
112 }
113 //函数功能：判断胜负
114 char check_win(char board[ROWS][COLS])
115 {
116     int i = 0;
117     for (i = 0; i < 3; i++)
118     {
119         if ((board[i][0] == board[i][1]) && (board[i][1] == board[i][2])
120             && (board[i][1] != ' '))
121         {
122             return 'p';
123         }
124     }
125     for (i = 0; i < 3; i++)
126     {
127         if ((board[0][i] == board[1][i]) && (board[1][i] == board[2][i])
128             && (board[1][i] != ' '))
129         {
130             return 'p';
131         }
132     }
133     if ((board[0][0] == board[1][1]) && (board[1][1] == board[2][2])
134         && (board[1][1] != ' '))
135     {
136         return 'p';
137     }
138     if ((board[0][2] == board[1][1]) && (board[1][1] == board[2][0])
139         && (board[1][1] != ' '))
140     {
141         return 'p';
142     }
143 }
144 //函数功能：开始游戏过程，玩家轮流落子并判断胜负
145 void play_game(char board[ROWS][COLS])
146 {
147     char ret;
148     int count = 0;
149     while (1)
150     {
151         player_move(board);
152         count++;
153         print_board(board);
```

```
154         if ((ret = check_win(board)) == 'p')
155         {
156             goto_xy(13, 9);
157             printf("X方获胜了！！！！！\n");
158             break;
159         }
160         if (count >=  9)
161         {
162             goto_xy(13, 9);
163             printf("平局！！！！\n");
164             break;
165         }
166         com_move(board);
167         count++;
168         print_board(board);
169         if ((ret = check_win(board)) == 'p')
170         {
171             goto_xy(13, 9);
172             printf("计算机获胜了！！！\n");
173             break;
174         }
175         if (count >= 9)
176         {
177             goto_xy(13, 9);
178             printf("平局！！！！\n");
179             break;
180         }
181     }
182 }
183 //main.c文件
184 #include "game.h"
185 #include <stdio.h>
186 #include <time.h>
187 #include <stdlib.h>
188 int main(void)
189 {
190     char board[ROWS][COLS] = { 0 };
191     init_board(board);
192     print_board(board);
193     play_game(board);
194     return 0;
195 }
```

17.8　杆子游戏

1. 实验内容

请编程实现一个杆子游戏。

2. 实验要求

游戏设计要求如下。

1）在游戏窗口中显示两岸的墙体，小人站在一个岸边上。

2）在没有用户按键操作的情况下，另一个岸边有一个竖直的杆子自行随时间做上下伸缩运动，长度随伸缩运动而变化。

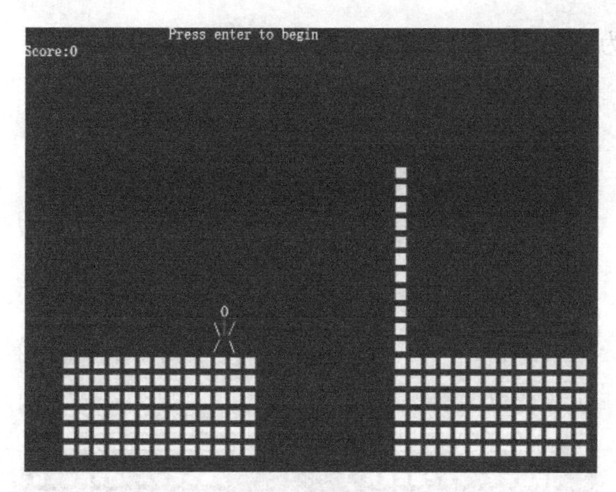

3）用户看准时机及时按下回车键（或其他按键）让杆子在合适的长度倒下。

4）如果杆子长度刚好在两个岸边搭起一座桥，那么小人开始借助桥梁从左岸走到右岸，到达右岸后，除分数加 1 外，游戏重新开始，即小人重新回到左岸，杆子继续做上下伸缩运动。

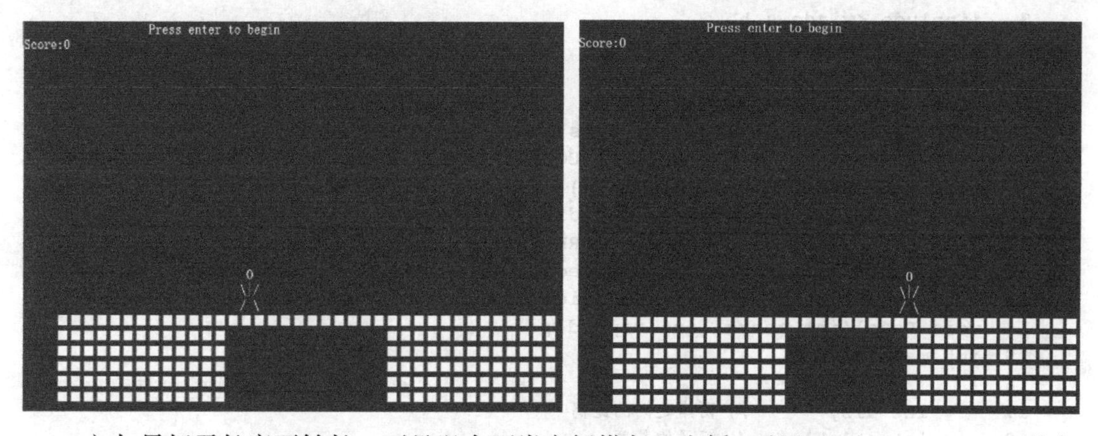

5）如果杆子长度不够长，不足以在两岸之间搭起一座桥，那么显示“ You failed! 按任意键重新开始”，同时分数重置为 0，用户按任意键后，游戏重新开始。

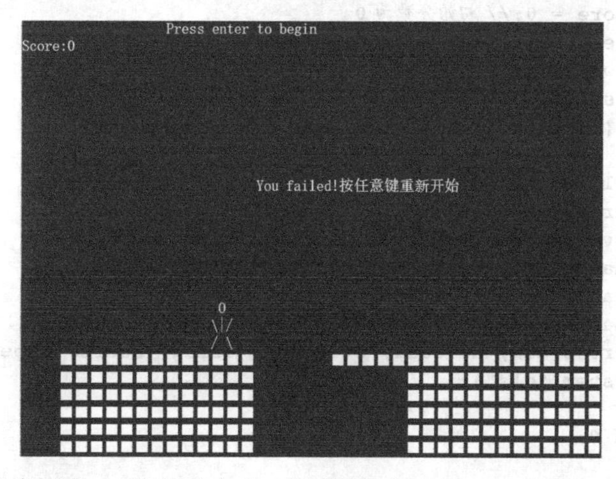

6）如果杆子长度过长，砸到了小人，则显示“ You have been slain! 按任意键重新开

始”，同时分数重置为0，用户按任意键后，游戏重新开始。

3. 实验参考程序

```
1   #include <stdio.h>
2   #include <stdlib.h>
3   #include <windows.h>
4   #include <time.h>
5   #include <conio.h>
6   void Gotoxy(int x, int y);
7   void Wall(COORD wall[], int *dis);
8   void ChangeStick(COORD wall[], COORD *stick, int *sticklen, int speed);
9   void Person(COORD wall[], int a);
10  int  Compare(int sticklen, int dis, int *score);
11  void Across(int dis, int a, COORD wall[], int sticklen, int *flag,
12              int score, int *speed);
13  void Round(int x, int y, int sticklen);
14  void Level(int score, int *speed);
15  int main(void)
16  {
17      int dis;         //两岸之间的距离
18      int sticklen; //杆子的长度
19      int a = 0;     //小人的初始位置
20      int flag = 0; //-1表示小人死亡；0表示杆子不够长；1表示成功
21      int score = 0;//初始分数为0
22      int speed = 1;//初始速度为0
23      COORD wall[2];
24      COORD stick;
25      while (flag != 1)
26      {
27          Wall(wall, &dis);
28          Person(wall, a);
29          Level(score, &speed);
30          ChangeStick(wall, &stick, &sticklen, speed);
31          flag = Compare(sticklen, dis, &score);
32          Round(stick.X, stick.Y, sticklen);
33          Across(dis, a, wall, sticklen, &flag, score, &speed);
34          system("cls");
35      }
36      return 0;
37  }
38  //函数功能：定位光标
```

```
39  void Gotoxy(int x, int y)
40  {
41      COORD pos;
42      pos.X = x - 1;
43      pos.Y = y - 1;
44      SetConsoleCursorPosition(GetStdHandle(STD_OUTPUT_HANDLE),pos);
45  }
46  //函数功能：显示两岸的墙体
47  void Wall(COORD wall[], int *dis)
48  {
49      COORD temp;
50      srand((unsigned int)(time(NULL)));
51      wall[0].X = 6;
52      wall[0].Y = 20;
53      wall[1].X = (rand() % 16) / 2 * 2 + 44;
54      wall[1].Y = 20;
55      *dis = wall[1].X - wall[0].X - 13 * 2;
56      temp.X = wall[0].X;
57      for (temp.Y=wall[0].Y; temp.Y<=wall[0].Y+5; temp.Y++)
58      {
59          Gotoxy(temp.X, temp.Y);
60          printf("■■■■■■■■■■■■■");
61      }
62      temp.X = wall[1].X;
63      for (temp.Y=wall[1].Y; temp.Y<=wall[1].Y+5; temp.Y++)
64      {
65          Gotoxy(temp.X, temp.Y);
66          printf("■■■■■■■■■■■■■");
67      }
68  }
69  //函数功能：显示上下伸缩的杆子
70  void ChangeStick(COORD wall[], COORD *stick, int *sticklen, int speed)
71  {
72      int flag = 1;//1表示伸长，0表示缩短
73      stick->X = wall[1].X;
74      stick->Y = wall[1].Y - 1;
75      COORD temp;
76      temp.Y = stick->Y;
77      while (!kbhit())
78      {
79          if (flag == 1)
80          {
81              Gotoxy(stick->X, temp.Y);
82              printf("■");
83              temp.Y--;
84              Sleep(230-speed*20);
85              if (temp.Y <= 5)
86              {
87                  flag = 0;
88              }
89          }
90          if (flag == 0)
91          {
92              temp.Y++;
93              Gotoxy(stick->X, temp.Y);
94              printf(" ");
95              Sleep(230-speed*20);
96              if (temp.Y >= 19)
```

```
97              {
98                  flag = 1;
99              }
100         }
101     }
102     getch();
103     *sticklen = stick->Y - temp.Y;
104 }
105 //函数功能：显示小人
106 void Person(COORD wall[], int a)
107 {
108     Gotoxy(wall[0].X+13*2-5+a, 17);
109     printf("O");
110     Gotoxy(wall[0].X+13*2-6+a, 18);
111     printf("\\|/");
112     Gotoxy(wall[0].X+13*2-6+a, 19);
113     printf("/ \\");
114 }
115 //函数功能：显示倒下来的杆子
116 void Round(int x, int y, int sticklen)
117 {
118     int a, b;
119     for (a=x,b=y; b>=y-sticklen+1; --b)
120     {
121         Gotoxy(a, b);
122         printf("  ");
123         Gotoxy(a-2*y+2*b-2, b);
124         printf("■");
125         Sleep(100);
126         Gotoxy(a-2*y+2*b-2, b);
127         printf("  ");
128         Gotoxy(a-2*y+2*b-2, y+1);
129         printf("■");
130         Sleep(100);
131     }
132 }
133 //函数功能：比较和判断杆子的长度是否会砸到小人
134 int Compare(int sticklen, int dis, int *score)
135 {
136     int flag;
137     if (2*sticklen>=dis && 2*sticklen<=dis+3)//杆子长度刚好小人通过
138     {
139         flag = 1;     //1表示成功
140         (*score)++;   //加分
141     }
142     else if (2*sticklen < dis)//杆子不够长，小人过不去
143     {
144         flag = 0;     //0表示失败
145         (*score) = 0;//分数置为0
146     }
147     else                  //杆子过长砸到了小人
148     {
149         flag = -1;    //-1表示小人死亡
150         (*score) = 0;//分数置为0
151     }
152     return flag;
153 }
154 //函数功能：小人通过柱子搭建的桥
```

```
155 void Across(int dis, int a, COORD wall[], int sticklen, int *flag,
156             int score, int *speed)
157 {
158     if (*flag == 1)  //如果杆子砸不到小人
159     {
160         for (a=0; a<=dis+6; ++a)
161         {
162             Gotoxy(wall[0].X+13*2-6+a, 17);
163             printf(" ");
164             Gotoxy(wall[0].X+13*2-7+a, 18);
165             printf("    ");
166             Gotoxy(wall[0].X+13*2-7+a, 19);
167             printf("  ");
168             Person(wall, a);
169             Sleep(200);
170         }
171         Gotoxy(wall[1].X-dis/2-5, 10);
172         Level(score, speed); //显示分数
173         *flag = -1;    //重置flag，使游戏继续
174         return;
175     }
176     else if (*flag == 0) //如果杆子不够长
177     {
178         Gotoxy(wall[1].X-dis/2-10, 10);
179         printf("You failed! 按任意键重新开始");
180         system("pause>nul");
181     }
182     else   //如果小人被杆子砸到导致死亡
183     {
184         Gotoxy(wall[0].X+13*2-6+a, 17);
185         printf("\\/");
186         Gotoxy(wall[0].X+13*2-6+a, 18);
187         printf(" - O");
188         Gotoxy(wall[0].X+13*2-6+a, 19);
189         printf("/\\ ");
190         Gotoxy(wall[1].X-dis/2-15, 10);
191         printf("You have been slain! 按任意键重新开始");
192         system("pause>nul");// 暂停命令，执行时显示“请按任意键继续 . . .”
193     }
194 }
195 //函数功能：显示分数，控制速度
196 void Level(int score, int *speed)
197 {
198     *speed = score;
199     if ((*speed) > 10)
200     {
201         (*speed) = 10;
202     }
203     Gotoxy(20, 1);
204     printf("Press enter to begin\n");
205     printf("Score:%d", score);
206 }
```

17.9 俄罗斯方块

1. 实验内容

请编程实现一个俄罗斯方块游戏。

【设计思路提示】为避免画面局部更新也需要重绘整个屏幕，从而导致画面闪烁的问题，设计一个光标定位函数和一个方块擦除函数，通过先定位光标以擦除局部图形，然后定位光标到新位置再重绘局部图形，来避免画面闪烁。

2. 实验要求

游戏设计要求如下。

1）在窗口中显示游戏池。

2）游戏开始时，在窗口内随机地产生和显示即将下落的方块，方块有 7 种不同的形状，当一个方块出现在游戏池中时，需同时生成下一个即将出现的方块，显示在游戏池的右侧。

3）用户分别使用 a、d、s 键控制方块向左、向右、向下移动。

4）用户使用 w 键改变方块的朝向，针对 4 个方向有 4 种变形模式。

5）在没有用户按键操作的情况下，方块受重力影响会自行下落。

6）实时更新下落方块的位置，下落速度与游戏者获得的分数成正比。

7）当出现满行时，给游戏者加分，并显示游戏者的得分和下落速度。

8）判断方块初始区域是否被占用，若被占用，表明方块的叠加高度超过了游戏池的高度，此时游戏结束。

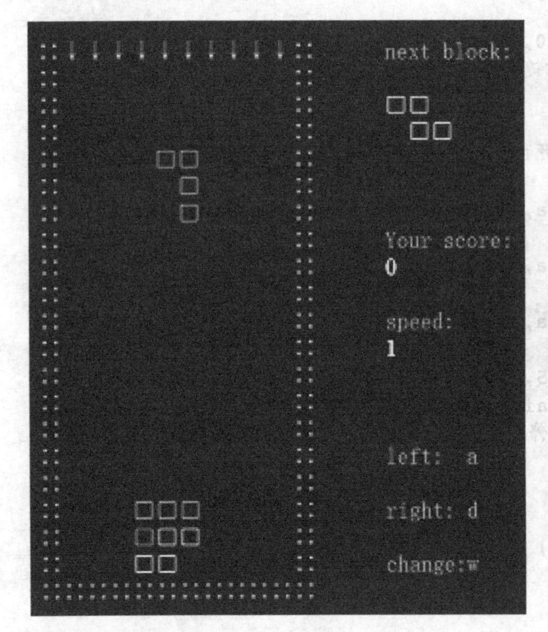

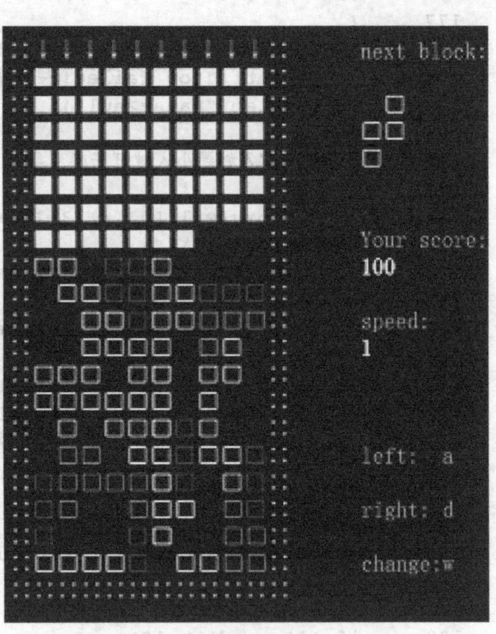

3. 实验参考程序

```
1   #include <stdio.h>
2   #include <stdlib.h>
3   #include <windows.h>
4   #include <conio.h>
5   #include <time.h>
6   void Start(void);
7   void Init(void);                         // 初始化游戏池与方块数据
8   void PrintGameBorder(void);              // 打印开始界面
9   void PrintGame(void);                    // 打印游戏池
10  void ShowBlock(void);                    // 打印方块
11  void ShowInformation(void);              // 打印各种信息
```

```
12  void KbDeal(void);                  // 处理键盘消息
13  void Change(void);                  // 判断并变形
14  void Erase(void);                   // 擦除方块
15  void Write(void);                   // 将当前方块写入游戏池
16  int IsMove(int x, int y);           // 判断是否可以移动
17  int IsOver(void);                   // 判断游戏是否结束
18  int CheckFullLine(void);            // 检测满行
19  void DeletFullLine(int x);          // 删除满行
20  void Gotoxy(int x, int y);          // 设置光标位置
21  void GotoxyforGame(int x, int y);   // 设置游戏界面坐标
22  void HideCursor(int hide);          // 隐藏光标
23  BOOL SetColor(WORD wAttributes);    // 设置颜色
24
25  unsigned short map[21][12];         // 游戏数组: 21 行 12 列
26  //方块数组: 7 种方块类型, 4 个方向的变形序号, 3*3 大小
27  unsigned short block[7][4][9] = {
28          {{1, 0, 0, 1, 0, 0, 1, 0, 0},{1, 1, 1, 0, 0, 0, 0, 0, 0},
29           {1, 0, 0, 1, 0, 0, 1, 0, 0},{1, 1, 1, 0, 0, 0, 0, 0, 0}},
30          {{1, 0, 0, 1, 1, 0, 0, 1, 0},{0, 1, 1, 1, 1, 0, 0, 0, 0},
31           {1, 0, 0, 1, 1, 0, 0, 1, 0},{0, 1, 1, 1, 1, 0, 0, 0, 0}},
32          {{0, 1, 0, 1, 1, 0, 1, 0, 0},{1, 1, 0, 0, 1, 1, 0, 0, 0},
33           {0, 1, 0, 1, 1, 0, 1, 0, 0},{1, 1, 0, 0, 1, 1, 0, 0, 0}},
34          {{1, 1, 0, 1, 0, 0, 1, 0, 0},{1, 1, 1, 0, 0, 1, 0, 0, 0},
35           {0, 1, 0, 0, 1, 0, 1, 1, 0},{1, 0, 0, 1, 1, 1, 0, 0, 0}},
36          {{1, 1, 0, 0, 1, 0, 0, 1, 0},{0, 0, 1, 1, 1, 1, 0, 0, 0},
37           {1, 0, 0, 1, 0, 0, 1, 1, 0},{1, 1, 1, 1, 0, 0, 0, 0, 0}},
38          {{1, 1, 0, 1, 1, 0, 0, 0, 0},{1, 1, 0, 1, 1, 0, 0, 0, 0},
39           {1, 1, 0, 1, 1, 0, 0, 0, 0},{1, 1, 0, 1, 1, 0, 0, 0, 0}},
40          {{0, 1, 0, 1, 1, 1, 0, 0, 0},{0, 1, 0, 0, 1, 1, 0, 1, 0},
41           {1, 1, 1, 0, 1, 0, 0, 0, 0},{0, 1, 0, 1, 1, 0, 0, 1, 0}}};;
42  struct s_block                                  //存储方块信息的结构体
43  {
44      int x;                                      //方块 x 坐标
45      int y;                                      //方块 y 坐标
46      int type;                                   //方块类型
47      int n;                                      //方块四种变形序号
48      int nextType;                               //下一个方块类型
49      int nextN;                                  //下一个方块四种变形序号
50      int sco;                                    //得分
51      int speed;                                  //速度
52  } bl;
53  //主函数
54  int main(void)
55  {
56      Start();
57      return 0;
58  }
59  //函数功能: 启动游戏
60  void Start()
61  {
62      int line;
63      int flag = 1;
64      system("cls");                    // 清屏
65      Init();                           // 初始化 map 和 block
66      HideCursor(0);                    // 隐藏光标 (0 为隐藏, 1 为显示)
67      PrintGameBorder();                // 打印开始界面
68      srand((unsigned int) time(NULL)); // 初始化随机数种子
69      bl.sco = 0;                       //分数初始化为 0
```

```
70      bl.speed = 0;                       //速度初始化为0
71      for (bl.nextN=rand() % 4, bl.nextType=rand() % 7; flag!=0 ; Sleep(300))
72      {
73          bl.x = 5;
74          bl.y = 1;
75          bl.n = bl.nextN;              //更新当前方块的变形序号
76          bl.type = bl.nextType;        //更新当前方块的类型
77          bl.nextN = rand() % 4;        //随机生成下一方块的变形序号
78          bl.nextType = rand() % 7; //随机生成下一方块的类型
79          bl.speed = bl.sco / 100;  //更新速度，与分数成正比
80          ShowInformation();
81          while (1)
82          {
83              KbDeal();                              //处理键盘消息
84              ShowBlock();                           //打印方块
85              Sleep((unsigned long) (300 - bl.speed * 100)); //延时
86              if (IsMove(bl.x, bl.y + 1))       //判断是否可以移动
87              {
88                  Erase();                    //擦去原位置上的方块
89                  bl.y++;
90                  ShowBlock();                //显示新位置上的方块
91              }
92              else
93              {
94                  Write();
95                  ShowBlock();
96                  while ((line = CheckFullLine())!=0)
97                  {
98                      DeletFullLine(line);
99                      PrintGame();
100                 }
101                 if (IsOver())               //判断游戏是否结束
102                 {
103                     flag = 0;
104                 }
105                 break;
106             }
107         }
108     }
109 }
110 //函数功能：初始化游戏池与方块数据
111 void Init(void)
112 {
113     int i, j;
114     for (i=0; i<21; ++i)
115     {
116         for (j=0; j<12; ++j)
117         {
118             map[i][j] = 0;
119         }
120     }
121     for (i=0; i<21; ++i)
122     {
123         map[i][0] = -1;
124         map[i][11] = -1;
125     }
126     for (i=0; i<12; ++i)
127     {
```

```
128         map[20][i] = -1;
129     }
130 }
131 //函数功能：打印游戏边框
132 void PrintGameBorder(void)
133 {
134     int i;
135     GotoxyforGame(0, 0);
136     SetColor(2);
137     for (i=0; i<12; ++i)
138     {
139         printf(" ↓ ");
140     }
141     for (i=0; i<20; ++i)
142     {
143         GotoxyforGame(0, i);
144         printf(" ∷ ");
145     }
146     for (i=0; i<20; ++i)
147     {
148         GotoxyforGame(11, i);
149         printf(" ∷ ");
150     }
151     GotoxyforGame(0, 20);
152     for (i=0; i<12; ++i)
153     {
154         printf(" ∷ ");
155     }
156     GotoxyforGame(15, 10);
157     printf("speed:");
158     GotoxyforGame(15, 7);
159     printf("Your score:");
160     GotoxyforGame(15, 0);
161     printf("next block:");
162     GotoxyforGame(15, 15);
163     printf("left:  a");
164     GotoxyforGame(15, 17);
165     printf("right: d");
166     GotoxyforGame(15, 19);
167     printf("change:w");
168     GotoxyforGame(25, 2);
169     SetColor(7);
170 }
171 //函数功能：打印游戏池
172 void PrintGame(void)
173 {
174     int i, j;
175     for (i=1; i<20; ++i)
176     {
177         for (j=1; j<=10; ++j)
178         {
179             GotoxyforGame(j, i);
180             if (map[i][j])
181             {
182                 SetColor(map[i][j]);
183                 printf(" □ ");
184             }
185             else
```

```
186                 {
187                     printf(" ");
188                 }
189             }
190         }
191         SetColor(7);
192 }
193 //函数功能: 显示3*3的方块, 坐标为1的位置显示方块, 否则不显示
194 void ShowBlock(void)
195 {
196     int i, j;
197     for (i=0; i<3; ++i)
198     {
199         for (j=0; j<3; ++j)
200         {
201             GotoxyforGame(bl.x + j, bl.y + i);
202             if (block[bl.type][bl.n][i * 3 + j] == 1)
203             {
204                 SetColor(bl.type + 9);//根据方块的类型显示颜色
205                 printf("□");    //坐标为1的位置显示方块
206             }
207         }
208     }
209 }
210 //函数功能: 打印游戏过程中的各种信息
211 void ShowInformation(void)
212 {
213     int i, j;
214     for (i=0; i<3; ++i)
215     {
216         for (j=0; j<3; ++j)
217         {
218             GotoxyforGame(15 + j, 2 + i);
219             printf(" ");                                    //擦除上一个方块
220         }
221     }
222     for (i=0; i<3; ++i)
223     {
224         for (j=0; j<3; ++j)
225         {
226             GotoxyforGame(15 + j, 2 + i);
227             if (block[bl.nextType][bl.nextN][i*3+j] == 1)  //打印下一个方块
228             {
229                 SetColor(bl.nextType + 9);
230                 printf("□");
231             }
232         }
233     }
234     SetColor(6 | 11);
235     GotoxyforGame(15, 8);
236     printf("%d", bl.sco * 100);//打印分数
237     GotoxyforGame(15, 11);
238     printf("%d", bl.speed + 1);//打印速度
239     SetColor(7);
240 }
241 //函数功能: 处理键盘消息
242 void KbDeal(void)
243 {
```

```
244     char ch = 0;
245     while (kbhit()) //检测是否有键盘输入
246     {
247         ch = getch();//接收键盘输入
248         if (ch == 'a' || ch == 'A')//左移
249         {
250             if (IsMove(bl.x - 1, bl.y))
251             {
252                 Erase();
253                 bl.x--;
254             }
255         }
256         if (ch == 'd' || ch == 'D')//右移
257         {
258             if (IsMove(bl.x + 1, bl.y))
259             {
260                 Erase();
261                 bl.x++;
262             }
263         }
264         if (ch == 's' || ch == 'S')//下移
265         {
266             if (IsMove(bl.x, bl.y + 1))
267             {
268                 Erase();
269                 bl.y++;
270             }
271         }
272         if (ch == 'w' || ch == 'W') //方块变形
273         {
274             Change();
275         }
276     }
277 }
278 //函数功能：判断方块是否可以变形，是则变形并修改bl.n
279 void Change(void)
280 {
281     int flag = 1, i, j;
282     int k = (bl.n + 1) % 4; //随机生成方块的变形序号
283     for (i=0; i<3; ++i)
284     {
285         for (j=0; j<3; ++j)
286         {
287             if (map[bl.y + i][bl.x + j] && block[bl.type][k][i*3+j])
288             {
289                 flag = 0;
290             }
291         }
292     }
293     if (flag)
294     {
295         Erase();
296         bl.n = k;
297     }
298 }
299 //函数功能：用空格擦除方块，以避免全屏刷新引起的闪烁
300 void Erase(void)
301 {
```

```
302     int i, j;
303     for (i=0; i<3; ++i)
304     {
305         for (j=0; j<3; ++j)
306         {
307             GotoxyforGame(bl.x + j, bl.y + i);
308             if (block[bl.type][bl.n][i*3+j] == 1)
309             {
310                 printf(" ");
311             }
312         }
313     }
314 }
315 //函数功能：将当前状态写入游戏数组
316 void Write(void)
317 {
318     int i, j;
319     for (i=0; i<3; ++i)
320     {
321         for (j=0; j<3; ++j)
322         {
323             if (block[bl.type][bl.n][i*3+j] > 0)
324             {
325                 map[bl.y + i][bl.x + j] = bl.type + 9;
326             }
327         }
328     }
329 }
330 //函数功能：判断是否可以移动，是则返回1，x、y为移动后的坐标，否则返回0
331 int IsMove(int x, int y)
332 {
333     int i, j;
334     for (i=0; i<3; ++i)
335     {
336         for (j=0; j<3; ++j)
337         {
338             if (map[y + i][x + j] != 0 && block[bl.type][bl.n][i*3+j] != 0)
339             {
340                 return 0;
341             }
342         }
343     }
344     return 1;
345 }
346 //函数功能：判断游戏是否结束，若结束则打印结束界面
347 int IsOver(void)
348 {
349     int i, flag = 0, j;
350     for (i=1; i<=10; ++i)
351     {
352         if (map[1][i] > 0)
353         {
354             flag = 1;
355         }
356     }
357     if (flag)
358     {
359         for (i=1; i<20; ++i)
```

```
360         {
361             for (j=1; j<=10; ++j)
362             {
363                 GotoxyforGame(j, i);
364                 printf("■");
365                 Sleep(25);
366             }
367         }
368         GotoxyforGame(3, 10);
369         printf("GAME OVER");
370         GotoxyforGame(0, 20);
371     }
372     return flag;
373 }
374 //函数功能：检测是否有满行
375 int CheckFullLine(void)
376 {
377     int i, j, flag = 1;
378     for (i=0; i<20; ++i)
379     {
380         flag = 1;
381         for (j=1; j<11; ++j)
382         {
383             if (map[i][j] == 0)
384             {
385                 flag = 0;
386             }
387         }
388         if (flag)
389         {
390             bl.sco++;  //有满行则加分
391             return i;
392         }
393     }
394     return 0;
395 }
396 //函数功能：删除满行
397 void DeletFullLine(int x)
398 {
399     int i, j;
400     for (i=x; i>1; --i)
401     {
402         for (j=0; j<12; ++j)
403         {
404             map[i][j] = map[i - 1][j];
405         }
406     }
407 }
408 //函数功能：隐藏光标，hide为0表示隐藏，hide为1表示显示
409 void HideCursor(int hide)
410 {
411     CONSOLE_CURSOR_INFO cursor_info = {1, hide};
412     SetConsoleCursorInfo(GetStdHandle(STD_OUTPUT_HANDLE), &cursor_info);
413 }
414 
415 //函数功能：定位光标
416 void Gotoxy(int x, int y)
417 {
```

```
418     COORD pos;
419     pos.X = x;     //横坐标
420     pos.Y = y;     //纵坐标
421     SetConsoleCursorPosition(GetStdHandle(STD_OUTPUT_HANDLE), pos);
422 }
423 //函数功能：设置游戏界面坐标
424 void GotoxyforGame(int x, int y)
425 {
426     COORD pos;
427     pos.X = 2 * x + 4;  //横坐标
428     pos.Y = y + 2;      //纵坐标
429     SetConsoleCursorPosition(GetStdHandle(STD_OUTPUT_HANDLE), pos);
430 }
431 //函数功能：设置颜色
432 BOOL SetColor(unsigned short wAttributes)
433 {
434     //一共有16种文字颜色、16种背景颜色，组合有256种。传入的值应当小于256
435     HANDLE hConsole = GetStdHandle(STD_OUTPUT_HANDLE);
436     if (hConsole == INVALID_HANDLE_VALUE)
437     {
438         return FALSE;
439     }
440     return SetConsoleTextAttribute(hConsole, wAttributes);
441 }
```

【思考题】

由于采用每次重绘的方式刷新整个游戏画面，使得飞机大战游戏画面的闪烁现象比较严重，请参考俄罗斯方块游戏中通过定位光标擦除局部图形并在新位置重绘图形的方式修改飞机大战游戏。

推荐阅读

算法导论（原书第3版）

作者：Thomas H.Cormen, Charles E.Leiserson, Ronald L.Rivest, Clifford Stein

译者：殷建平 徐 云 王 刚 刘晓光 苏 明 邹恒明 王宏志

ISBN：978-7-111-40701-0 定价：128.00元

全球超过50万人阅读的算法圣经！算法标准教材。

世界范围内包括MIT、CMU、Stanford、UCB等国际名校在内的1000余所大学采用。

“本书是算法领域的一部经典著作，书中系统、全面地介绍了现代算法：从最快算法和数据结构到用于看似难以解决问题的多项式时间算法；从图论中的经典算法到用于字符串匹配、计算几何学和数论的特殊算法。本书第3版尤其增加了两章专门讨论van Emde Boas树（最有用的数据结构之一）和多线程算法（日益重要的一个主题）。”

—— Daniel Spielman，耶鲁大学计算机科学系教授

“作为一个在算法领域有着近30年教育和研究经验的教育者和研究人员，我可以清楚明白地说这本书是我所见到的该领域最好的教材。它对算法给出了清晰透彻、百科全书式的阐述。我们将继续使用这本书的新版作为研究生和本科生的教材及参考书。”

—— Gabriel Robins，弗吉尼亚大学计算机科学系教授

推荐阅读

数据结构与算法：Python语言实现

作者：[美] 迈克尔・T. 古德里奇 等 ISBN：978-7-111-60660-4 定价：109.00元

数据结构与抽象：Java语言描述（原书第4版）

作者：[美] 弗兰克 M.卡拉诺 等 ISBN：978-7-111-56728-8 定价：139.00元

数据结构与算法分析：Java语言描述（原书第3版）

作者：[美] 马克・艾伦・维斯 ISBN：978-7-111-52839-5 定价：69.00元

数据结构、算法与应用——C++语言描述（原书第2版）

作者：[美] 萨特吉・萨尼 ISBN：978-7-111-49600-7 定价：79.00元

算法设计与应用

作者：[美] 迈克尔 T. 古德里奇 等 ISBN：978-7-111-58277-9 定价：139.00元

算法基础

作者：[美] 罗德・斯蒂芬斯 ISBN：978-7-111-56092-0 定价：79.00元